여행은

꿈꾸는 순간,

시작된다

리얼
국내여행

여행 정보 기준

이 책은 2024년 1월까지 취재한 정보를 바탕으로 만들었습니다.
정확한 정보를 싣고자 노력했지만, 여행 가이드북의 특성상
책에서 소개한 정보는 현지 사정에 따라 수시로 변경될 수 있습니다.
변경된 정보는 개정판에 반영해 더욱 실용적인 가이드북을 만들겠습니다.

한빛라이프 여행팀 ask_life@hanbit.co.kr

리얼 국내여행

초판 발행 2021년 6월 1일
개정 2판 2쇄 2024년 2월 26일

지은이 배나영 / **펴낸이** 김태헌
총괄 임규근 / **책임편집** 고현진 / **편집** 김윤화
디자인 천승훈 / **일러스트** 이예연
영업 문윤식, 조유미 / **마케팅** 신우섭, 손희정, 김지선, 박수미, 이해원 / **제작** 박성우, 김정우

펴낸곳 한빛라이프 / **주소** 서울시 서대문구 연희로 2길 62 한빛빌딩
전화 02-336-7129 / **팩스** 02-325-6300
등록 2013년 11월 14일 제25100-2017-000059호
ISBN 979-11-93080-09-2 14980, 979-11-85933-52-8 14980(세트)

한빛라이프는 한빛미디어(주)의 실용 브랜드로 우리의 일상을 환히 비추는 책을 펴냅니다.

이 책에 대한 의견이나 오탈자 및 잘못된 내용에 대한 수정 정보는 한빛미디어(주)의 홈페이지나 아래 이메일로
알려주십시오. 잘못된 책은 구입하신 서점에서 교환해 드립니다. 책값은 뒤표지에 표시되어 있습니다.

한빛미디어 홈페이지 www.hanbit.co.kr / 이메일 ask_life@hanbit.co.kr
페이스북 facebook.com/goodtipstoknow / 포스트 post.naver.com/hanbitstory

지금 하지 않으면 할 수 없는 일이 있습니다.
책으로 펴내고 싶은 아이디어나 원고를 메일(writer@hanbit.co.kr)로 보내주세요.
한빛라이프는 여러분의 소중한 경험과 지식을 기다리고 있습니다.

대한민국을 가장 멋지게 여행하는 방법

리얼
국내여행

배나영 지음

한빛라이프

배나영 남다른 취재력과 감각 있는 필력을 여러 매체에서 인정받아 자유기고가와 여행작가로 일한다. 포털사이트의 기획자에서 뮤지컬 배우에 이르는 폭넓은 경험을 자양분 삼아 글을 쓴다. SBS 라디오 오디션 '국민 DJ를 찾습니다'에서 금상을 수상한 재주를 살려 유튜브에서 책을 소개하는 채널 '배나영의 Voice Plus+'를 운영하고, EBS 〈세계테마기행〉, 〈한국의 둘레길〉 등 다양한 여행 프로그램에 출연한다. 해돋이와 해넘이가 아름다운 곳, 광활한 자연과 인간의 문명이 조화로운 곳을 사랑한다. 지은 책으로 《리얼 다낭》, 《리얼 방콕》, 《리얼 코타키나발루》 등이 있다.

인스타그램 @lovelybaena **네이버 인플루언서** @배나영 **유튜브** 배나영의 Voice Plus+

사랑스럽고 자랑스러운
우리 땅 여행

봄이면 벚꽃 흐드러진 하동을 지나 춘향이 그네를 타던 남원을 거닙니다.
여름이면 동남아 휴양지 부럽지 않은 동해의 투명한 바다로 뛰어듭니다.
가을이면 순천의 금빛 갈대밭을 사르르 어루만지는 바람 소리를 듣습니다.
겨울이면 눈 덮인 자작나무 숲길을 자박자박 걷습니다.

네, 국내여행이 참 좋습니다.
아름답고 정겹습니다. 맛있고 풍성합니다. 어느 해외 여행지 부럽지 않습니다.

혼자 보기 아까웠던 아름다운 경치를 담았습니다.
부모님 모시고, 아이를 데리고 가족끼리 나들이하던 기쁨을 담았습니다.
친구들과 함께 깔깔대며 골목을 걷던 재미와
조용한 풍경에 스며들어 느긋하게 즐기던 여유를 담았습니다.
우리네 삶과 맞닿은 생생한 문화와 살아 있는 역사를 담았습니다.
왁자지껄한 시장의 먹거리, 따뜻한 이웃들의 인심을 담았습니다.

여행을 떠나고 싶을 때 언제든 책을 펼치면
금실로 수놓은 듯 귀한 풍경 속으로 스며들어
마치 여행하는 기분을 느낄 수 있도록 정성껏 지은 글과 사진을 담았습니다.

《리얼 국내여행》과 함께 언제나 건강하고 편안하게 여행하시길 바랍니다.

배나영 드림

Special Thanks To

여행자 마을의 김미경 님, 윤유섭 님, 강진섭 님, 송권의 님, 박동화 님, 류남이 님, 여행의 추억을 쌓아준 변혜림 님, 백창현 님, 박지양 님, 박근이 님, 송휘범 님, 이호 님, 취재와 맛집 탐방을 도와준 박승용 님, 안동원 님, 배재현 님, 오원호 님, 우지경 님, 한동엽 님, 김대종 님, 흔쾌히 울릉도 정보를 제공해주신 조은요 님, 덕분에 근사하고 풍성한 책을 만듭니다. 애정을 담뿍 담아 함께 기획해주셨던 신미경 편집자님, 세심하고 꼼꼼하게 다시금 어루만져주신 김윤화 편집자님, 박성숙 교열자님, 천승훈 디자이너님, 이예연 일러스트레이터님, 든든하고 고맙습니다. 여행을 마치고 돌아오는 길을 언제나 행복하게 해주는 동동이와 부모님께 다시 한번 감사드립니다.

차
례

CONTENTS

CONTENTS
차례

PART 02

진짜 강원도를
만나는 시간

CONTENTS
차례

PART 03

진짜 경기도를
만나는 시간

PART 04

진짜 충청도를
만나는 시간

CONTENTS
차례

대한민국을 가장 멋지게 여행하는 방법

KOREA

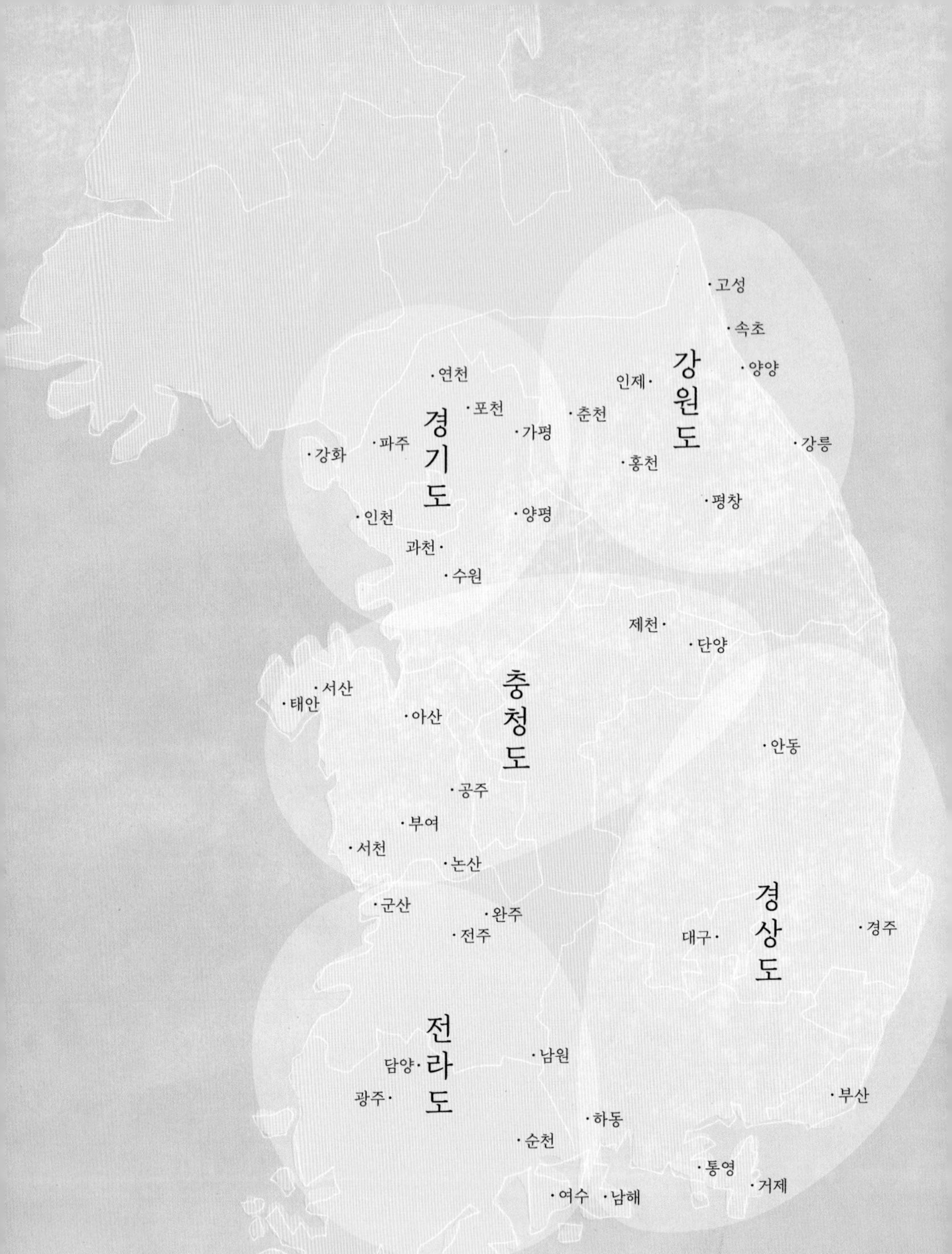

·고성
·속초
·양양
강원도
인제·
춘천·
·강릉
경기도
·연천
·포천
·가평
·파주
·강화
·홍천
·평창
·인천
·양평
과천·
·수원
제천·
·단양
충청도
·서산
·태안
·아산
·안동
·공주
·부여
·서천
·논산
경상도
·군산
·완주
·전주
대구·
·경주
전라도
담양·
·남원
광주·
·부산
·하동
·순천
·통영
·거제
·여수 ·남해

012

우리나라의 5개 도를 여행하다
한눈에 보는 대한민국

우리나라의 행정구역은 특별시, 광역시, 도, 특별자치도, 특별자치시로 이루어진다. 이 책에서는 5개의 도, 즉 강원도, 경기도, 충청도, 전라도, 경상도로 파트를 나누고 구성상 각 도와 인접한 광역시를 해당 도에 포함시켰다. 또한 자동차, 버스, 기차로 여행할 수 있는 도시 위주로 선정했다. 산과 계곡, 바다와 섬, 강과 평야가 사이좋게 공존하는 우리나라 5개 도, 43개 도시, 59개 테마를 따라 여행을 떠나보자.

· 울릉도

· 독도

강원도
우리나라에서 제주도와 더불어 가장 청정한 여행지로 손꼽히는 지역이다. 태백산맥의 동쪽으로는 태평양과 이어지는 푸른 바다, 서쪽으로는 산과 계곡이 어우러진 풍경들이 기다린다.

경기도
주말이면 도시를 떠나 자연을 찾는 사람들로 붐빈다. 바다를 볼 수 있는 인천이나 역사가 살아 있는 강화도와 수원, 대공원과 과학관이 있는 과천까지 개성 있는 여행지가 많다.

충청도
얕은 바다와 섬들이 붉은 낙조를 선사한다. 내륙의 바다 청풍호를 둘러싼 단양과 제천의 경치가 수려하고, 백제의 수도였던 공주와 부여, 국립생태원이 자리한 서천 등 여행지가 하나같이 매력적이다.

전라도
전주의 한옥마을부터 담양의 소쇄원을 거쳐 남원과 여수까지 옛 정취를 따라 여행할 수 있다. 더욱이 음식이 맛있기로 유명한 지역이라 밥 한 끼만 제대로 먹고 와도 여행을 참 잘한 기분이 든다.

경상도
유서 깊은 여행지인 안동과 경주에서부터 도시의 세련미와 옛 정취가 공존하는 대구와 부산, 남해의 매력을 뽐어내는 통영과 거제, 동쪽 끝의 울릉도와 독도까지 볼거리가 수두룩하다.

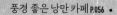
풍경 좋은 낭만 카페 P.056

물길 따라 시원한 드라이브 P.024

아이랑 동물 보러 나들이 P.044

문학으로 스며드는 시간 P.039

지역을 대표하는 향토 음식 P.046

아드레날린 샘솟는 액티비티 P.026

부모님과 추억 쌓는 여행 P.045

다정하게 반겨주는 마을 여행 P.030

싱싱한 해산물과의 만남 P.054

사부작사부작 걷는 길 P.032

매력 만점 미술관 & 박물관 P.041

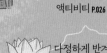

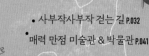

맛 좋은 술 한 잔의 흥 P.058

입안이 행복해지는 간식 맛집 P.052

우리나라 사계절 여행 P.016
계절을 담은 사진 명소 P.018

살아 있는 근현대 역사 여행 P.038

맛 찾아 전국 시장 탐방 P.050

하늘로 날아오르는 케이블카 P.028

산과 바다를 품은 천년 사찰 P.034

마음을 채우는
동네 서점 P.040

바라만 봐도 좋은 바다 P.020

─ 분위기까지
 향긋한 카페 P.055

신비로운
섬 그리고 섬 P.029

SURFYY BEACH

• 강렬한 인생 사진 촬영지 P.036

─────────

'어디'보다 '무엇'이 중요하다면
취향 따라 즐기는 테마 여행

─────────

'여기에 가야겠어!' 하고 떠나는 여행도 있지만 어떤 날은 무언
가를 채우기 위해 떠날 장소를 찾기도 한다. 바다가 보고 싶고,
조용히 숲길을 걷고 싶고, 소중한 사람과 함께 여행하고 싶은
데 어디로 가야 할지 몰라서 막막했다면 24개 테마로 이루어
진 이 나침반을 따라가 보자.

일 년 동안의 호사
우리나라 사계절 여행

©윤유섭

**상큼한
봄 여행지**

봄이면 하동의 십리벚꽃길엔 여리여리한 분홍 꽃비가 내리고, 남원 광한루원의 버드나무엔 연둣빛 물이 오른다. 담양의 죽녹원이나 메타세쿼이아길을 걸으며 맡는 봄 내음 또한 싱그럽다. 과천과 전주의 동물원에서는 동물들이 기지개를 켜고, 양평과 가평의 봄 풍경은 드라이브를 부추긴다.

©오원호

**시원한
여름 여행지**

여름에 바다로 첨벙 뛰어드는 즐거움을 누리고 싶다면 동해나 서해로 가자. 서핑을 좋아한다면 고성과 양양으로, 해수욕을 좋아한다면 속초로 떠나자. 얕은 물에서 물놀이를 즐기고 싶다면 만리포나 안면도의 꽃지 해수욕장이 제격이다. 장마가 끝난 뒤에는 울릉도와 독도까지 날씨가 쾌청하다.

일 년 내내 여름이나 겨울만 계속된다면 얼마나 지루할까. 계절이 바뀌는 순간 우리나라의 매력에 눈이 번쩍 뜨인다.
같은 곳을 방문해도 계절마다 새로운 모습을 보여준다. 사계가 선사하는 아름다운 풍경을 찾아 떠나보자.

**낭만적인
가을 여행지**

가을은 색으로 온다. 황금빛으로 물든 홍천의 은행나무 숲이나 순천만의 갈대밭이 걷기 좋다. 풍경과 어우러진 안동의 병산서원도 근사하고 태안의 수목원도 다채로운 빛깔로 맞아준다. 청풍호의 유람선을 타기에도 딱 좋은 계절이다.

©김미경

**포근한
겨울 여행지**

인제의 자작나무 숲이나 오대산 전나무 숲은 흰 눈이 소복이 쌓인 겨울에 더욱 반짝인다. 맑은 날은 대관령 목장에서 근사한 설경을 만날 수 있다. 따뜻한 여행이 그립다면 남쪽의 통영이나 여수, 부산을 돌아보자. 신선한 해산물을 마음껏 먹을 수 있어 더 좋다.

오래도록 간직하고픈 찰나의 절경
계절을 담은 사진 명소

봄이면 꽃비가 내리는
하동 십리벚꽃길

그대 모습은 보랏빛처럼
고성 하늬라벤더팜

3월 말부터 4월 초까지 여리여리한 분홍빛을 머금은 꽃송이가 만개해 터널을 이루면 더할 나위 없이 아름다운 꽃길이 펼쳐진다. 낭만적인 분위기를 즐기려면 새벽부터 부지런히 출발하자. P.417

봄에서 여름으로 넘어갈 무렵이면 넓은 농장이 은근한 보라색으로 물들어 이국적인 모습으로 변한다. 6월부터 7월까지 라벤더가 절정을 이룬다. 라벤더아이스크림을 베어 물면 입 안에도 라벤더 향이 가득 퍼진다. P.086

계절을 잘 맞춰 방문해야 장소의 매력을 100% 느낄 수 있는 여행지가 있다.
때로는 오래 들여다보는 것보다 때를 맞춰 보아야 사랑스러운 법이다.

사람 키보다 더 큰 갈대의 숲
서천 신성리 갈대밭

여름의 초록 물결도 싱그럽지만 9월
부터 갈대꽃이 은빛으로 살랑이며
갈대밭에 운치를 더한다. 푸른 하늘
아래 갈대가 따뜻한 색으로 변하는
10월에 거닐기 좋다. P.263

황금빛 가을을 나눠요
홍천 은행나무 숲

해마다 은행나무가 노랗게 물드는
10월 한 달 동안 정성껏 가꾼 숲을 일
반에 공개한다. 사유지를 무료로 개
방하는 만큼 나무를 아끼는 마음으
로 둘러보자. P.144

한들한들 팜파스와 핑크뮬리
태안 청산수목원

연꽃 피어나는 여름 연못도, 빨갛게
흐드러진 홍가시나무길도 멋지지만
청산수목원이 가장 인기 있는 시기는
팜파스와 핑크뮬리를 동시에 볼 수
있는 9월과 10월이다. P.250

오늘따라 바다가 보고 싶어
바라만 봐도 좋은 바다

바다라고 다 같은 바다가 아니다. 일출이나 일몰이 아름다운 바다,
해수욕하기 좋은 바다, 캠핑이나 차박하기 좋은 해변,
백사장부터 검은 모래 해수욕장까지 《리얼 국내여행》이
선택한 38곳의 바닷가로 떠나보자.

고성
속초
양양   동해

강릉

·강화
·서울
인천   SURFYY BEACH

·서산
태안   공주
서   부여
해   군산·
전주   ·대구

광주·   ·부산

통영· ·거제
여수·
남
해

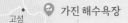
가진 해수욕장

송지호 해수욕장

교암리 해수욕장

천진 해수욕장

따끈한 커피가 담긴 피크닉 바구니 챙겨 쉬어가자 P.081

고성

속초

영금정

속초 해수욕장

외옹치 바다향기로

대포항

바다로 뻗은 해돋이 정자도, 그 밑의 포장마차도 좋다 P.093

낙산 해수욕장

양양

파도 소리가 발밑에서 올라오는 데크길 P.099

서피비치

하조대

절벽 위 하조대와 200년 수령의 소나무가 굽어보는 바다 P.108

죽도정

작은 정자가 놓인 풍경이 이래봬도 양양 8경 P.115

주문진항

날이 적당해서 방파제 위에 오르기 좋았다 P.129

안목 해변

강릉

카페 거리에서 커피나 한잔 하고 올까 P.121

정동진 해수욕장

서울 정동 쪽으로 무박 2일 해돋이 관광열차 여행 P.129

송지호 해수욕장
차박 초보들이 가장 좋아하는 넓고 아름다운 해변 P.087

교암리 해수욕장
예쁜 카페와 빵집이 많아 조용히 머물기 좋은 바다 P.083

천진 해수욕장
아기자기한 카페와 펜션에서 시원한 여름방학 P.083

속초 해수욕장
여름 바다 느낌 풀풀, 시내에서 가까워 더 좋다 P.099

대포항
근사한 야경도 보고 물회도 한 그릇 먹고, 회는 포장이요! P.093

낙산 해수욕장
호텔과 펜션이 코앞에 있어 방 안에서도 보이는 바다 P.115

서피비치
서핑부터 낮맥까지 동해 최고의 핫플이 나야 나! P.107

석모도 📍

석모도까지 달려가면 노을이 예쁜 민머루 해수욕장이 짠! P.197

📍 강화도

강화

서울

손돌목돈대에 서면 어지럽던 상념이 싹 정리되는 기분 P.193

인천

길이가 3km나 되는 한적한 해수욕장과 국내 최대 사구 P.246

희고 고운 모래밭을 지나 맑고 얕은 물에 발을 담근다 P.245

신두리 해안 사구 📍
신두리 해수욕장 🏖
만리포 해수욕장 🏖

태안

서산

백사장항 🏖

📍 간월암

꽃지 해수욕장 🏖

꽃게다리 아래서 가을 전어와 가을 새우를 맛보자 P.248

유채길을 지나면 바다 위로 둥실 떠오르는 암자 P.248

할매바위, 할배바위 뒤로 아름다운 낙조 감상 P.247

공주

부여

ⓒ강진섭

대장봉 📍

맨 끝섬 봉우리에 올라서야 보이는 섬들의 어깨동무 P.305

📍 장항 스카이워크

군산

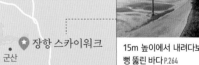

15m 높이에서 내려다보는 뻥 뚫린 바다 P.264

전주

수평선이 펄럭이는 다도해
남해

밤바다의 열기도 아침 바다
의 개운함도 좋아라 P.393

높은 건물들에 둘러싸인
이국적인 해변 P.399

그대여, 그대여, 너와 함께
걷고 싶다 P.334

몽돌에 스치는 파도 소리에
잔잔해지는 마음 P.438

해녀들의 정성이 더해진
바다의 맛 P.404

대구

사랑의 전설을 품은 송도 구
름 산책로와 케이블카 P.388

연화리 해물포장마차촌

오랑대공원

해운대 해수욕장

광안리 해수욕장

통영 케이블카 타고 동양의
나폴리를 한눈에! P.430

부산

송도
해상케이블카

흰여울
문화마을

매미성

하염없이 바다를 바라보
고 싶은 날이면 P.405

만성리
검은 모래 해수욕장

통영

거제

여수 거북선대교

강구안과 통영항

바람의 언덕

여수

여차 홍포 해안도로 전망대

바다가 손에 잡힐 듯한 해
안 산책로를 걸어요 P.380

여수 밤바다의 낭만을 즐기러
낭만포차 거리로 가자 P.339

드라이브로 즐기는 거제의
바다 P.437

거제의 언덕에서 세찬 바람을 맞
으면 사라지는 근심 걱정 P.438

풍경 속으로 씽씽 달려보자
물길 따라 시원한 드라이브

드라이브는 답답한 마음을 싹 날려버리고 시원한 바람을 온몸으로 맞으며 기분 전환하기 딱 좋다.
마음에 쏙 드는 음악을 틀고 파노라마처럼 펼쳐지는 풍경 속을 달려보자.

서울 근교 데이트 코스
양평, 가평을 지나 춘천까지

춘천 가는 기차 대신 춘천 가는 드라이브는 어떨까? 주차
장을 잘 갖춘 예쁜 카페와 미술관, 꽃놀이하기 좋은 수목
원을 들르며 북한강을 따라 올라가는 길이 참 좋다.
▷▷▷ 양평 드라이브 P.168

섬 속의 섬까지 드라이브
강화도와 석모도를 지나 교동도까지

배를 타야 들어갈 수 있었던 섬 석모도와 교동도에 다리가
놓여 이제는 강화도의 주변 섬까지 돌아보는 코스로 드라
이브가 가능하다. 진달래 피는 계절에는 강화도로 가는 도
로가 꽉 막힌다. ▷▷▷ 강화 P.188

깊은 바다 위로 달려보자
바다 위로 달리는 고군산군도

군산의 비응항에서 야미도까지 바다
위에 놓인 10km 남짓한 새만금방조
제를 달리면 하늘을 나는 듯 바다 위
를 걷는 듯 몽환적이다. 장자도 P.305까
지 이어지는 길이 근사하다.

강원도 동쪽 바다를 끼고
7번 국도의 추억을 따라서

고성의 북쪽에서 부산의 남쪽을 잇
는 7번 국도는 여전히 인기 많은 드라
이브 코스다. 겨울에는 해가 낮아 무
척 눈이 부시니 남쪽에서 북쪽으로
운전하기를 권한다.

한려수도의 아름다움
여수에서 남해 지나 통영과 거제로

한려수도는 여수에서 남해를 지나 통
영과 거제 P.436까지 아우르는 물길로,
아름답기로 손꼽히는 국립공원이다.
바다와 가장 가까운 길을 따라 달리면
예쁜 경치를 볼 수 있다.

두근두근 짜릿한 모험
아드레날린 샘솟는 액티비티

우리도 서핑하러 갈까?
양양 서핑

제주도까지 가지 않아도 강원도 곳곳에서 서핑이 가능하다. 특히 양양의 서피비치 P.107와 죽도 해수욕장은 서핑 초보부터 전문가까지 모두 즐기기 좋은 파도 맛집이다.

단양에 가면 하늘을 날아야지
단양 패러글라이딩

눈 질끈 감고 뛰다 보면 두둥실 하늘로 솟아오른다. 남한강이 흘러가는 단양의 풍경이 한눈에 펼쳐진다. 커피를 마시며 패러글라이딩을 즐기는 사람을 구경해도 좋다. P.229

비봉산 정상에 오르는 방법
제천 모노레일

전자동으로 움직이는 무인 모노레일이 급경사를 타고 산을 오른다. 안전벨트를 하고 가만히 앉아 있어도 손에 땀이 나지만, 비봉산 정상의 한가로운 풍경에 마음을 놓는다. P.234

떠나는 건 기본이요, 떠난 김에 에너지를 발산하고픈 여행자들이라면 미리 액티비티를 예약해도 좋다.
서핑부터 루지까지 아드레날린을 뿜뿜 발산하게 만드는 액티비티를 소개한다.

안전하게 스피드를 즐겨요
여수 루지

시선은 낮아지고 속도는 빨라진다. 중간중간 브레이크를 밟아도 체감 속도가 느리지 않다. 1km 남짓한 트랙을 따라 시원하게 내려갔다가 리프트를 타고 흥분을 가라앉힌다. P.331

찰랑이는 물소리에 힐링
춘천 카누

물레길은 물 위에 있는 길이다. 의암호의 물레길 따라 카누를 타고 노를 저으며 붕어섬과 중도를 만나러 가자. 다양한 업체에서 인원에 맞추어 여러 코스를 제공한다. P.150

심장이 쫄깃해지는 점프
아산 스카이어드벤처

영인산 자연휴양림에서 갈대숲을 지나 아기자기한 꽃길을 따라 언덕 위로 오르면 약 600m 길이의 집라인을 타고 산속으로 점프해서 주차장까지 쉽게 돌아갈 수 있다. P.240

호수 위를 날아 바다 위로 둥실
하늘로 날아오르는 케이블카

카페를 가도 루프톱 카페를 선호하는 당신, 도시마다 전망대에는 꼭 올라가 보는 당신,
새처럼 날아올라 아름다운 경치를 내려다보고 싶은 당신에게 케이블카를 권한다.

볼록한 산들을 감싸는 호수 뷰
제천 청풍호반케이블카

케이블카를 타고 둥실거리며 비봉산 정상으로 가는 길에
산과 호수의 절묘한 조화를 맛본다. 비봉산 정상에서 내
려다보면 청풍호를 왜 내륙의 바다라 부르는지 절로 이해
된다. P.234

날아와요~ 부산항에~
부산 송도 해상케이블카

송도 해수욕장을 지나 바다 위로 둥실 떠오르면 송도 구
름산책로에서 용궁구름다리까지 맑고 푸른 부산 앞바다
가 너울거린다. 크고 작은 배 너머로 흰여울문화마을이 보
인다. P.388

낭만적인 여수 바다 위에서
여수 해상케이블카

알록달록한 고소동 벽화 거리와 빨간 하멜 등대를 배경으
로 환상적인 쪽빛 물결이 펼쳐진다. 양쪽의 탑승장 주변으
로 오동도, 일출정, 돌산공원 등 둘러볼 곳도 많아 여행자
에게 사랑받는 장소다. P.332

미륵산의 전망대 탐험
통영 케이블카

케이블카를 타고 올라가 미륵산 전망대에서 다도해를 내
려다본다. 전망대에서 미륵산 정상까지 걸어가다 보면 박
경리 묘소 전망대, 통영항 전망대, 한려수도 전망대가 줄
줄이 멋진 경치를 선보인다. P.430

여정마저 즐거운 섬 속으로
신비로운 섬 그리고 섬

배를 타야 닿을 수 있어 더욱 매력적인 섬으로 가자.
뱃길을 따라 흘러들어온 사람들에게만 내어주는 부드러운 섬의 품속으로.

우리 땅의 아름다움을 찾아서
울릉도와 독도

배를 타고 서너 시간을 가야 하지만 울릉도는 그럴 만한 가
치가 충분하다. 날씨 운이 따라야 하는 독도는 도착만 해
도 감동이다. 〈울릉도 트위스트〉와 〈독도는 우리 땅〉을 신
나게 불러 젖히며 우리 땅의 아름다움을 만나러 가자. P.442

동백나무 우거진 동백섬
거제도와 지심도

봄날을 사모하는 동백나무가 겨우내 그리움을 가득 담은
붉은 눈물을 뚝뚝 흘리면 사방에 동백꽃 향기가 넘쳐난
다. 거제도에서 배를 타고 15분이면 동백섬 지심도에 도
착한다. P.440

통영에서 떠나는 뱃놀이
통영의 한산도

통영에서는 여객선 터미널과 유람선 터미널에서 소매물
도, 욕지도, 연화도, 장사도 같은 섬으로 여행을 떠날 수
있다. 가까운 한산도는 배가 자주 다니니 슬쩍 다녀와도
좋다. 한산도에서는 이충무공 유적을 방문하자. P.431

사계절 모두 아름다운 섬
춘천 남이섬과 가평 자라섬

춘천 가는 길목에 자리한 남이섬 P.151은 10분 정도 배를
타고 들어가는데, 어느 계절에 가도 다채로운 모습으로
반겨준다. 차를 타고 갈 수 있는 자라섬 P.182은 피크닉이나
캠핑을 하기 좋다.

옛 정취로 가득한 동네 산책
다정하게 반겨주는 마을 여행

돌멩이의 귀여운 변신
속초 상도문 돌담마을

낮은 돌담이 이어지는 마을 곳곳에 세심하게 놓은 돌멩이들이 때로는 참새가, 때로는 고양이가 되어 여행자들을 맞이한다. 조용하고 아늑해 머물기 좋다. P.097

전통과 현대가 공존하는 동네
전주 한옥마을

기와집 700여 채가 나란한 전주 한옥마을에는 경기전과 전주향교, 오목대 같은 볼거리도 많고, 한옥 카페와 한옥 스테이도 즐비하다. 고운 한복을 입고 사뿐히 걸어보자. P.273

마천루가 빽빽한 도심을 벗어나 조용하고 다정한 마을을 찾아가자.
타박타박 발걸음 소리를 들으며 나만의 속도로 마을을 한 바퀴 돌고 나면 기분이 환해진다.

최 부자댁이 이랬구나
경주 교촌마을

경주향교를 비롯한 전통 한옥들이 모인 마을이다. 사방 100리 안에 굶는 사람이 없게 했다는 경주 최 부자댁이 바로 여기에 있다. 한정식이나 전통 음료, 경주법주도 파니 쉬엄쉬엄 둘러보자. P.351

온 마을에 내려앉은 평온함
고성 왕곡마을

처마를 길게 늘어뜨린 한옥이 독특하다. 국내 유일의 북방식 가옥을 만날 수 있으며, 영화 〈동주〉의 촬영지이기도 하다. 한 번도 전쟁에 휘말린 적 없다는 평온한 마을 덕에 마음도 잔잔해진다. P.085

낙동강이 휘감아 도는 길지
안동 하회마을

부용대에서 내려다보는 하회마을은 둥그스름하다. 마을 한복판에 우뚝 선 삼신당 느티나무에서는 성스러움이 느껴진다. 마을로 들어서면 양진당, 충효당 같은 으리으리한 건물들과 만송정 숲이 반겨준다. P.365

그저 걷기만 해도 좋아라
사부작사부작 걷는 길

오래도록 많은 사람이 지나다녀야 길이 난다. 모든 길에는 꾹꾹 다져진 시간의 켜가 숨어 있다.
길을 따라 풍경을 걷고 문화를 걷고 역사를 걷는다. 그렇게 여행길을 걷는다, 인생길처럼.

과거와 현재가 스며든 성곽
수원 수원화성 둘레길

도시를 둘러싼 성곽 위에 올라 이상을 꿈꾸던 왕의 도
시를 내려다보고, 성곽 아래로 내려가 현실을 살아가
는 왁자지껄한 사람들과 마주한다. 화성행궁과 벽화
거리까지 볼거리도 많다. P.209

역사를 살아온 사람들의 자취
대구 근대문화 골목길

사람 사는 흥미로운 이야기가 펼쳐지는 골목이다. 청
라언덕에서 계산성당을 지나 약령시까지 가는 길에 시
인도 만나고 독립운동가도 만난다. 미도다방 쌍화차가
이 골목길의 화룡점정이다. P.413

낙화암으로 향하는 숲길
부여 부소산성길

산성의 자취는 그리 크지 않지만 부여의 왕자들이 다
녔다는 왕자의 길을 따라 숲길을 걷다 보면 백마강을
내려다보는 절벽 위에서 낙화암을 만난다. 가끔 다람
쥐가 길을 안내한다. P.259

아기자기한 골목에서 보물찾기
경주 황리단길

황리단길을 남북으로 잇는 큰길은 차도와 인도가 불분
명해 걷기 좋은 길은 아니다. 하지만, 큰길 양쪽으로 뻗
은 골목에 숨겨진 근사한 카페와 맛집을 찾아 사진 찍
는 재미가 쏠쏠하다. P.354

바다와 마주한 가슴이 울렁울렁
울릉도 행남 해안 산책로

동해의 절경을 감상하는 길 중에서도 행남 해안 산책
로는 발군이다. 영롱한 물빛을 반사하는 바닷속을 들
여다보면 물고기 떼가 보일 정도. 그늘이 적으니 모자
와 선크림을 필수로 챙기자. P.443

마음을 비우고 절경을 담다
산과 바다를 품은 천년 사찰

금수산 자락 의상대 아래
제천 정방사

바다 같은 호수가 저 멀리 내려다보인다. 절 앞까지 오르막을 걸어온 모든 수고로움이 싹 날아가는 풍경. 신라시대에 이렇게 높은 곳에 절을 지은 정성이 놀랍다. P.237

바닷속 용궁처럼 멋들어진 절
부산 해동용궁사

십이지신상이 일렬로 늘어선 입구를 지나 108계단을 내려가면 바다에서 솟아난 용궁처럼 해동용궁사가 우뚝 섰다. 대웅보전과 진신사리탑, 해수관음대불이 근사하다. P.403

천년을 살아낸 사찰들이 아름다운 풍경을 지키고 섰다. 단청이 예쁜 대웅전과 미소가 그윽한
해수관음상을 만나 발그레한 마음을 나누면 발 딛고 선 이 땅이 바로 극락일지도.

동해의 절경을 마주하다
양양 낙산사

규모가 어마어마해서 경내에 볼거리
가 많다. 의상대사가 지은 원통보전,
홍련암, 의상대사가 수행하던 의상대
와 거대한 해수관음상이 경치와 조
화를 이룬다. P.114

금산과 남해가 어우러진 풍경
남해 금산 보리암

새 나라를 세우겠다는 소원을 들어준
영험한 산에 비단을 하사하기로 했던
태조 이성계는 산 이름을 금산으로
지어 약속을 지켰다. 일출로도 유명하
니 새해 소원을 빌러 떠나보자. P.421

반짝이는 해를 품다
여수 향일암

거북이가 바다로 뛰어드는 산세를 보
고 이곳에 머물며 기도하던 원효대사
가 관세음보살을 만났다고 한다. 좁은
바위 틈바구니를 지나 향일암에 오르
면 따뜻한 햇살이 새삼 반갑다. P.337

드라마 속 주인공처럼
강렬한 인생 사진 촬영지

신복고 사진은 이곳이오
논산 선샤인스튜디오

야외 스튜디오 중 진짜 개화기 느낌 물씬 나는 곳이 여기 말고 또 있으랴. 양품점에서 한복이나 개화기 의상을 빌려 입고 사진을 찍으면 내가 바로 드라마의 주인공! P.265

들어는 봤나 롤라장
순천 순천드라마촬영장

1960년대에서 1980년대로 시간을 되돌린다. 교복이나 교련복으로 갈아입고 번듯한 롤라장과 영화관으로 가보자. 옛날 드라마에서 보던 달동네의 골목길이 정겹다. P.325

여행 후 남는 건 사진뿐이라는데, 이왕이면 멋진 옷을 차려입고 삼각대도 챙겨 들고 나가 보자.
더 필요한 건? 인기 촬영지에 시간 딱 맞춰 1등으로 입장하는 센스!

고구려에 잘 오셨습니다
단양 온달관광지

수많은 영화와 드라마를 촬영한 곳이다. 흔한 1층짜리 한옥이 아니라 2층, 3층으로 세워진 고구려시대의 건물이 웅장하다. 당시의 화사한 복식을 대여해 기념사진을 남겨보자. P.230

달고나 냄새 가득한 골목
군산 경암동 철길마을

까만 얼룩무늬 교련복에 책가방 들고, 긴 치마 교복에 머리 묶고, 달고나 냄새 가득한 철길마을을 돌아보자. 의상 대여점만큼 사진관이 많으니 전문가의 손길을 빌려도 좋다. P.301

차원을 넘나드는 환상의 문
부산 아홉산숲

근사한 소나무 숲을 지나면 드라마 촬영지였던 대나무 숲이 펼쳐진다. 당간 지주 아래 서서 대나무 숲을 스치는 바람 소리를 들으면 어느새 환상의 세계로 들어선 기분이다. P.404

기억해야 할 우리 곁의 역사
살아 있는 근현대 역사 여행

반만년을 이어온 우리의 자랑스러운 역사는 역사책이나 박물관에만 있지 않다.
근현대사를 조용히 끌어안은 여행지들이 의외로 가까이 있다.

한국 전쟁 이후 피난민의 터전
부산 초량 이바구길

해방 이후부터 인구가 늘어난 부산 원도심에 한국 전쟁 이후 피난민이 몰려들었다. 부산역에서 168계단을 지나 이바구공작소에 이르는 길을 걸으며 이곳의 역사와 일상을 둘러보자. P.389

이북에서 내려온 실향민의 마을
속초 아바이마을

전쟁만 끝나면 서둘러 고향으로 돌아가겠다며 고향과 가까운 속초에 자리를 잡은 아바이들이 여전히 그곳에 산다. 속초에 가면 아바이순대도 맛보고 칠성조선소에도 들러보자. P.091

철마를 타고 달리고 싶다
파주 임진각

달리고 싶은 철마가 멈춰선 그곳, 남북을 이어주던 철도의 교량이 속절없이 끊어 있다. 전망대와 지하 벙커, 평화누리공원까지 둘러보자. 언젠가 철교 너머를 여행할 수 있기를 꿈꾸면서. P.187

자유로운 날들에 감사하며
광주 5·18기념공원

봄기운이 사방을 간질이면 잊지 말아야 할 역사를 잊지 않기 위해 공원을 거닌다. 가족과 이웃을 지키기 위해 탄압과 맞서 싸운 사람들을 추모하는 공간이 공원 지하에 마련되어 있다. P.307

누구나 한때 문학을 꿈꾸었으므로
문학으로 스며드는 시간

책 한 권만 있으면 방구석 세계여행도 떠나는 요즘, 말맛을 잘 살린 우리말 소설 한 권 들고
우리 땅을 여행해보자. 어쩌면 여행 끝에 영감을 받아 근사한 시 한 수 읊을 수도 있고!

한국 문학의 거장
박경리

동학혁명부터 근대사까지 아우르는 대하소설 《토지》의
작가 박경리는 통영에서 태어나 통영에 묻혔다. 문학사에
길이 남을 그의 문학과 인생을 박경리기념관에서 만나볼
수 있다. P.427

1930년대 한국 문학의 축복
김유정

밑바닥 인생들을 해학적이고 적나라하게 그려낸 김유정
의 고향을 찾아가자. 《동백꽃》, 《봄봄》 같은 소설 속 주
인공들이 실제로 살았던 춘천 실레마을에 생가를 복원하
고 기념관을 세웠다. P.154

메밀꽃 필 무렵에는 봉평
이효석

평창에 가을이 오면 봉평은 흐드러
지게 핀 메밀꽃 세상으로 변한다. 새
하얀 메밀꽃밭 사이로 장돌뱅이 허생
원과 동이의 대화가 애틋하게 되살아
난다. P.137, 138

서정적인 소설의 배경 양평
황순원

소년과 소녀의 싱그러운 한때를 그린
《소나기》의 배경인 양평에 작가 황
순원을 기념하는 소나기마을을 세웠
다. 문학관에도 볼거리가 많고 야외
산책로와 공원도 아름답다. P.178

전주 한옥마을 속 문학관
최명희

전주에서 나고 자란 최명희는 일제
강점기의 남원을 배경으로 한 소설
《혼불》을 썼다. 최명희문학관은 규
모는 작지만 체험할 수 있는 다양한
프로그램이 많기로 유명하다. P.276

책 좋아하는 참새들의 방앗간
마음을 채우는 동네 서점

서점 안에 은은하게 감도는 책 냄새, 종이 결에 마음을 쓰는 주인의 다정한 손길, 동네 서점 특유의 분위기를
찾아 나서볼까. 여행 중에 책 읽을 시간이 없어도 좋다. 책만큼 오래 남을 기념품도 없을 테니.

다양한 책과 굿즈의 향연
통영 봄날의 책방

산뜻한 서점 안에 통영 출신 작가들의 작품들, 통영에서
만 만나는 특별판 책들을 판매한다. 에코백, 지도, 엽서 같
은 굿즈도 많아 기념품을 사기에도 좋다. 옆에 전혁림미술
관이 있으니 같이 둘러보자. P.428

햇살 쏟아지는 통유리 아래
속초 동아서점

속초에서 3대째 이어지는 동아서점에는 속초를 기념할
만한 책들을 모아두었다. 손 글씨로 만든 속초 지도부터
독립 출판물도 다루어 지역을 아우르는 독립 서점 역할도
한다. P.100

바닷가에서 커피 한잔
부산 손목서가

느긋한 고양이와 은은한 커피 향이 반긴다. 그냥 카페가
아니고 엄연한 서점이다. 주인장의 책을 고르는 안목을 믿
는다면 커피콩 고르는 안목도 믿어보자. 인심도, 뷰도, 커
피 맛도 좋다. P.381

싱그러운 흙냄새와 그윽한 책 냄새
단양 새한서점

찾아가기가 쉽진 않지만 서가를 거닐기만 해도 싱그러운
흙냄새가 물씬 풍겨 힐링이 된다. 대부분이 중고 책이지만
세심하게 고른 신간과 굿즈도 비치해 책을 고르는 기쁨이
있다. P.231

이색 볼거리와 재미가 한가득!
매력 만점 미술관 & 박물관

해외여행 할 때 꼬박꼬박 들르던 미술관과 박물관을 찾아가 보자. 찡한 감동과 은근한 재미를 느낄 차례.
유물이나 작품 옆에 써둔 깨알 같은 설명도 우리말이라 참 좋다.

가까운 미술관으로 드라이브
양평 구하우스 미술관

입구로 들어설 때까지는 느끼지 못한 넓고 높은 전시관에 국내외 유명 작가들의 작품 300여 점이 빼곡하다. 안목 좋은 친구의 집에 초대받은 듯 행복한 기분이 든다. P.171

커피에 대한 거의 모든 것
강릉 커피커퍼 박물관

입장료에 커피 한 잔이 포함되어 있으며 박물관 안의 우아한 공간에서 커피를 마실 수 있다. 수백 년 동안 향기를 머금은 커피 관련 유물들 덕에 커피 맛도 새롭다. P.122

자랑스러운 활자의 강국
춘천 책과인쇄박물관

이렇듯 강렬한 냄새로 기억에 남는 박물관이 또 있을까 싶을 만큼 진한 잉크 냄새로 환대한다. 이곳에선 활자들이 고고하게 숨을 쉰다. 이름자 새긴 활자 하나를 기념으로 챙겨보자. P.153

수원화성의 진가를 찾아서
수원 수원화성박물관

익숙해지면 가치를 잘 모르기 마련이다. 늘 보던 수원화성이 얼마나 근사한 건축물인지, 건축 방법은 또 얼마나 과학적인지, 화성행도는 얼마나 예술적인지 찬찬히 살펴보자. P.211

공룡부터 우주여행까지
과천 국립과천과학관

대여섯 번 방문해도 전시물을 다 관람하지 못할 정도로 볼거리도, 체험 거리도 넘쳐난다. 아이와 함께 간다면 과학관 앞 놀이터에서만 한나절을 보낼 각오를 해야 한다. P.217

동물원 옆 미술관
과천 국립현대미술관

서울동물원과 서울랜드 사이에서 차분하게 관람객을 맞는다. 어린이미술관을 잘 꾸며놓아 가족 나들이에도 좋다. 서울과 과천을 잇는 무료 아트 버스를 이용하면 편리하다. P.215

백제의 섬세한 예술품
부여 국립부여박물관

백제는 공주를 수도로 삼은 웅진시대를 거쳐 부여를 중심으로 사비시대를 열었다. 백제금동대향로를 비롯한 섬세하고 아름다운 백제의 문화유산들을 만날 수 있다. P.260

황금의 나라 신라를 찾아서
경주 국립경주박물관

신라역사관, 신라미술관, 특별전시관, 월지관 등 전시관 건물이 여럿이고, 박물관 뜰에 전시된 석조품만 1,100점이 넘는다. 볼거리가 많으니 시간을 넉넉하게 잡고 가자. P.353

가양주의 전통을 이어가요
전주 전주전통술박물관

한옥마을 안에 위치한 박물관으로 규모는 작은 편이지만, 술 빚는 과정을 모형으로 살펴보고 직접 술을 빚는 체험을 할 수 있다. 모주를 시음하고 우리 집 가양주를 빚어보자. P.277

이토록 방대한 소장품
강릉 참소리 축음기박물관·에디슨 과학박물관·손성목 영화박물관

손성목 관장은 60년 동안 축음기를 비롯한 다양한 에디슨의 발명품을 수집해왔다. 축음기와 오르골, 영사기와 환등기에 이르는 방대한 수집품을 건물 3개에 나누어 전시한다. P.128

세계의 모든 탈이 한자리에
안동 하회세계탈박물관

국보로 인정받은 하회탈뿐만 아니라 우리나라의 무형문화재로 지정된 탈들이 개성 있는 표정으로 맞이한다. 5개의 전시관에서 세계 30여 개국의 탈을 구경할 수 있다. P.366

왕이 마시던 하동 야생차
하동 야생차박물관

우리나라 차의 역사와 다구, 하동의 차 명인을 다루는 박물관이다. 내부 전시 중 일부는 3D 동작 인식 프로그램을 이용해 가상 체험도 할 수 있다. 다례도 배울 겸 차 한잔 마시고 오자. P.419

바다의 화가를 만나러
통영 전혁림미술관

아름다운 풍경을 보면 그림 같다고 표현하지만 전혁림미술관에서는 그림이 풍경 같다. 색채의 마술사로 불리던 전혁림 화백이 통영의 바다를 푸르게 담아낸 화폭에 출렁, 파도가 친다. P.428

독도가 왜 우리 땅이냐 물으면
울릉도 독도박물관

독도를 방문해도 다 볼 수 없었던 독도 구석구석을 실시간으로 만난다. 우산국, 울릉도 쟁계, 의용수비대로 이어지는 독도의 역사를 살펴볼 수 있다. 다양한 영상 자료도 준비되어 있다. P.446

즐길 거리 많은 아이들의 놀이터
아이랑 동물 보러 나들이

유아차가 필요한 아이부터 신나게 뛰어다니는 아이까지 싫증 내지 않고 나들이할 만한 곳으로는
단연 동물원이 최고. 도시락 들고 돗자리 챙겨 나가면 어른들도 하루가 즐겁다.

아침부터 저녁까지 신나는 하루
과천 서울대공원

아이들은 동물 구경도 좋아하지만 열대조류관 앞 조약돌
냇가와 악어 미끄럼틀에서 더 신이 난다. 유아의 경우 동
물원 정문으로 올라가는 길에 나오는 어린이 동물원에서
놀면 더 즐겁다. P.216

동물들과 조금 더 친해져볼까
전주 전주동물원

아기자기한 동물원에서 사육사들이 직접 손 글씨로 써서
붙여둔 설명을 읽으며 동물과 친해진다. 띄엄띄엄 평상이
놓여 쉬어가기도 좋다. 드림랜드에는 어린이가 타기 좋은
놀이기구도 많다. P.280

목장길 따라 가족 나들이
평창 대관령양떼목장

초원 위에 하얀 구름처럼 양 떼가 모여 있다. 아이들은 체
험장에서 양과 눈을 맞추며 먹이를 준다. 건초를 오물거리
며 먹는 양도, 신나게 먹이를 주는 아이도 행복해하는 시
간이다. P.143

실내도 야외도 널찍한 공간
서천 국립생태원

동물원, 식물원, 수족관을 합쳐둔 만큼 규모가 엄청나게
크다. 야외에 사진 찍기 좋은 연못과 더불어 거미와 버섯
으로 둘러싸인 거대한 놀이터가 있으니 아이와 여유롭게
놀고 가자. P.264

하루라도 젊을 때 하루라도 함께
부모님과 추억 쌓는 여행

여행하기 좋은 때는 어쩌면 부모님과 함께 여행할 수 있는 때가 아닐까. 오르막이나 내리막이 심하지 않고,
다리 아플 땐 언제든 앉아 쉴 수 있으면서 나오길 참 잘했다는 생각이 드는 여행지를 골랐다.

편안하게 앉아 유람하자
제천 충주호관광선 청풍나루

비행기를 자주 타긴 어려워도 유람선 정도는 마음만 먹으
면 쉽게 탈 수 있다. 꽃놀이 다음으로 좋은 게 유유자적한
뱃놀이 아닌가. 바람이 차지 않은 짱한 날은 풍경이 더욱
좋다. P.236

계절별 먹거리 체험
양평 수미마을

마을 프로그램이 계절별로 워낙 알차 일단 인원수대로 예
약만 해두면 하루가 풍성해진다. 딸기도 따고, 뗏목도 타
고, 메기도 잡고, 알밤도 구우며 가족들과 새록새록 추억
을 쌓아보자. P.177

온천 여행 가는 김에
아산 외암민속마을

운치 있는 마을길을 걸으며 고택도 구경하고, 전통차도 마
시고, 내친김에 막걸리에 부침개도 먹어보자. 근처에 온양
온천, 아산온천이 유명하니 온천 여행을 겸해 함께 들러
도 좋다. P.239

수학여행의 추억을 되살려
경주 대릉원

부모님의 수학여행지는 십중팔구 경주일 것이다. 어른들
의 옛 기억과는 사뭇 달라진 대릉원으로 떠나보자. 불국
사 앞에서 흑백 기념사진을 찍던 부모님의 어린 시절 추억
에 맞장구치면서. P.349

놓칠 수 없는 이곳만의 별미
지역을 대표하는 향토 음식

똑같은 배추김치를 담가도 집집마다 맛이 다른데
전국 각지의 음식 맛이야 말할 것도 없다. 각 지역의 문화와
역사를 버무린 맛있는 음식을 먹으러 여행을 떠나보자.

춘천 막국수

시원한 동치미 국물 부어 먹자 P.159

춘천 닭갈비

철판에 볶아 먹을까,
숯불에 구워 먹을까 P.158

인천 짜장면

한국의 짜장면은
인천이 원조 P.203

인
천
·

부여 연잎밥

찹쌀, 잡곡, 견과류와 대추를
연잎에 싸서 찐 영양밥 P.261

서천 모시전과 모시된장

파 대신 모시를 썰어 넣은 모시전과
시골 된장의 맛 P.264

부
여
·

서
천
·

고
성

고성 물회

오독오독한 가자미, 해삼에
매콤 시원한 국물 P.081

속
초

속초 아바이순대

귀해서 아버지만 드렸다는
이북식 순대 P.091

속초 생선구이

토실토실한 생선을 쫄깃하게
구워 먹자 P.092

춘
천

강
릉

평
창

강릉 초당순두부

맑은 바닷물을 간수로 만든
고소한 순두부 P.131

강릉 감자옹심이

강원도 감자를 동글게 뭉친
쫄깃한 옹심이 P.132

평창 봉평 메밀막국수

쌉싸름한 메밀 맛이 살아 있는
막국수 P.139

제
천

제천 송어회

고소한 콩가루와 새콤한 초장에
비벼 먹는 송어회 P.237

전주 콩나물국밥

달걀 반숙, 김가루, 다대기를 푼
얼큰한 국물에 콩나물 가득 P.285

전주비빔밥

색색의 나물 위에 살포시 올리는
달걀노른자와 육회 P.284

남원 추어탕과 추어숙회

걸쭉한 추어탕 한 그릇에
기운이 번쩍! P.321

전주 •

남원 •

담양 •

담양 죽순국수

어린 대나무의 새순이 국수와
어우러져 아삭아삭 P.314

하동 재첩

담백하고 심심한데 계속
먹게 되는 중독성 P.419

하동 •

남해 •

여수 •

통영 •

여수 돌게장

달콤 짭조름한 간장게장에
밥 한 공기 게 눈 감추듯 P.340

여수 장어탕

실한 장어가 듬뿍, 진하고
깊은 국물 P.341

여수 선어회

부드럽고 감칠맛 나는 삼치에
민어에 방어까지 P.339

남해 멸치쌈밥

맑은 물에서 키워낸
죽방멸치찌개 P.422

안동 ·

안동 간고등어
감칠맛이 살아 있는
짭조름한 고등어 P.373

울릉도 홍합밥
잘게 썬 붉은 홍합을
양념장에 쓱쓱 P.446

안동 헛제삿밥
푸짐하게 기분 좋게 차려 먹는
제사 음식 P.373

울릉도 산채비빔밥
맛과 향이 뛰어난
울릉도 산나물 P.445

부산 ·

부산 돼지국밥
진한 돼지 육수에
푸짐한 편육 P.393

부산 밀면
시원한 육수에 말아 나오는
쫄깃한 면발 P.400

통영 멍게비빔밥
참기름 넣고 비벼 먹는
바다의 향기 P.434

통영 다찌
여럿이 해산물을 실컷 먹고
싶은 날 P.435

통영 충무김밥
오징어와 석박지를
곁들인 김밥 P.435

통영 우짜와 빼때기죽
서민들의 애환을 달래던
한 그릇 음식 P.434

인심도 좋고 손맛도 좋아
맛 찾아 전국 시장 탐방

강화 풍물시장
밴댕이회무침

사자발쑥 향기가 감도는 강화 풍물시장에서는 화문석도 팔고, 순무김치도 판다. 2층에는 밴댕이회무침을 파는 식당이 많다. 밥에 넣고 쓱쓱 비벼 강화 인삼막걸리를 곁들이면 그야말로 별미. P.197

단양구경시장
마늘만두

마늘로 유명한 단양에서 자신 있게 내놓는 만두다. 쫄깃한 찹쌀 만두피 안에 육즙 머금은 소가 꽉 찼다. 토실한 새우살, 고소한 갈빗살, 잘 익은 김치까지 모두 맛있다. P.231

속초관광수산시장
닭강정

홍게 도시락, 새우튀김 같은 다양한 먹거리 사이에서 관광객들이 가장 많이 찾는 곳은 닭강정집. 물엿을 넣어 만든 닭강정은 식어도 바삭바삭하니 포장해 가기도 좋다. P.093

전주 남부시장
피순대

남부시장 안에 피순대집이 여럿이다. 피순대는 일반 당면 순대와 달리 채소와 돼지고기, 돼지 선지를 많이 넣어 더욱 진한 색과 맛을 낸다. 순대 국물이 엄청나게 얼큰하다. P.284

> 시장 구경이 재미난 이유 중 하나는 아마 시장에서 사 먹는 주전부리가 꽤나 별미여서가 아닐까.
> 유명한 시장에는 그만큼 유명한 먹거리와 맛집이 꼭 있다.

부산 광안시장
박고지김밥

테이블 하나 없는 작은 김밥집에 사람들이 줄을 선다. 박고지우엉김밥, 김치말이김밥, 참치말이김밥 이 3가지가 메뉴의 전부다. 꾹꾹 눌러 싼 김밥이 맛있고 푸짐해 만족스럽다. P.395

안동 구시장
안동찜닭

안동 구시장에서 생닭도 팔고 통닭도 팔던 집들이 찜닭을 팔기 시작하면서 유명해졌다. 큼지막한 닭고기에 감자와 당근, 두툼한 당면을 듬뿍 넣어 단짠단짠하게 볶아낸다. P.375

통영 활어시장
회

통영 앞바다에서 새벽부터 잡아온 싱싱한 물고기들이 빨간 대야 속에서 펄떡인다. 회를 포장해가도 좋고 차림 비용을 내고 먹어도 좋다. 저녁쯤 되면 덤이 늘어나니 흥정을 서두르자. P.433

순천 웃장
돼지국밥

시장 한쪽에 국밥 골목이 따로 있다. 인원수대로 국밥을 주문하면 따끈하고 푸짐한 수육을 서비스로 내온다. 웃장 인심을 한번 맛보면 국밥을 먹기 위해 순천까지 가게 된다. P.327

간식 먹을 배는 따로 있지
입안이 행복해지는 간식 맛집

크림빵 마니아라면 달빵이지
안동 월영교달빵

폭신한 빵 안에 크림이 가득 들었다. 팥, 흑임자, 요거트, 녹차, 딸기 다섯 종류의 크림이 은근한 맛을 낸다. 산뜻한 크림이 입 안에서 살살 녹아 앉은 자리에서 5개쯤은 거뜬하다. P.372

친절한 사장님의 식사빵
부산 럭키베이커리

시장 구석의 작은 빵집에서 정성을 다해 빵을 굽는다. 문을 열자마자 인기 메뉴가 동날 정도로 손님들의 사랑을 받는다. 일단 한번 맛을 보면 다시 찾게 된다. P.394

추억의 단팥빵과 야채빵
군산 이성당

기본을 지킨 음식이 맛도 좋다면, 빵도 그럴 것이다. 이성당의 효자 상품은 단팥빵과 야채빵. 적당하게 달달한 단팥빵, 사각한 식감이 살아 있는 야채빵이 오랜만에 맛있다. P.304

마늘 모양 달콤 디저트
카페 인 단양

귀여운 마늘 모양 커피 얼음에서 진짜 마늘맛이 날까 궁금해진다. 마늘 아포가토를 시키면 통마늘처럼 생긴 커피얼음과 바삭한 그래놀라 아래 아이스크림이 숨어 있다. 매우 달달하니 단맛에 진심인 사람들에게 권한다. P.231

> 맛있는 음식은 행복한 여행의 필요충분조건이다. 지역색 담은 향토 음식만큼 지역을 대표하는
> 간식거리도 맛보자. 추억의 맛을 떠올리면 즐거웠던 여행이 새록새록 떠오른다.

담백한 순두부의 맛
강릉 순두부젤라또

꾹꾹 눌러 담아준 꾸덕하고 묵직한 젤라토에 순두부가 그대로 녹아들었다. 담백하고 고소한 순두부가 은은하게 스며든 맛이다. 인절미젤라토, 흑임자젤라토를 함께 나눠 먹기를 추천한다. P.133

고급스러운 수제 초코파이
전주 PNB

수제 초코파이는 하얀 크림과 딸기잼이 들어 있는 촉촉한 초코빵을 딱딱한 초콜릿으로 코팅했다. 딸기, 치즈, 녹차 같은 다양한 초코파이가 있어 종류별로 골라 포장이 가능하다. P.287

빵지 순례 1번지
고성 고성빵가

예능 프로그램에 소개되어 더 유명해진 베이커리 카페. 스콘부터 마들렌까지 예쁜 디저트를 판매한다. 커다란 리트리버와 고양이들이 보고 싶다는 핑계로 다시 한번 찾고 싶은 곳이다. P.082

부산영화제의 간식 스타
부산 비프광장 씨앗호떡

자글자글 끓는 기름에 동그랗게 튀겨내는 건 여느 호떡과 같지만, 잘 구운 호떡을 반으로 갈라 견과류를 아낌없이 퍼 넣어 호떡이 제대로 뚱뚱해져야 부산 비프광장의 명물. P.386

짭조름한 바다의 맛
싱싱한 해산물과의 만남

우리나라가 삼면이 바다여서 좋은 점은 눈이 시원해지는 경치뿐 아니라 풍성한 해물을 맛볼 수 있어서다.
생선구이, 새우구이부터 물회와 굴밥까지 떠올리기만 해도 입맛이 돈다.

해산물의 천국은 여기
부산 연화리 해물포장마차촌

촘촘하게 늘어선 천막마다 싱싱한 해산물이 가득하다. 해물 모둠을 시키면 여러 종류의 해산물을 보기 좋게 담아낸다. 엄청나게 진하고 고소한 전복죽은 인생 전복죽으로 등극할 만하다. P.404

매콤새콤하고 시원한 물회
고성 가진항

오독오독한 가자미와 해삼, 아삭하고 달콤한 사과를 채 썰어 넣은 시원한 물회에 소면을 말아 먹는다. 전에는 청양고추가 듬뿍 들어가 맛있게 매웠는데 요즘은 매운맛이 덜하다. P.081

고소한 새우 소금구이
태안 백사장항

가을이면 통통하게 살이 오른 대하 소금구이를 먹으러 서해로 가자. 인천이나 강화도, 안면도, 홍성에서도 맛볼 수 있지만 이왕이면 대하 축제도 구경할 겸 백사장항으로 달려가자. P.248

여수 밤바다 한잔합시다
여수 낭만포차 거리

낭만포차 거리에서 시작된 여수의 해물 삼합은 화려한 비주얼과 신선함으로 무장해 입안을 행복하게 만든다. 집집마다 들어가는 해물 종류가 다르지만 보통 돌문어와 삼겹살, 관자에 새우, 김치를 더해 구워 먹는다. P.339

커피 한잔할까요, 차도 좋고요
분위기까지 향긋한 카페

자판기 커피를 뽑아 마시던 강릉 안목 해변이 카페 거리로 변신하는 동안 우리나라 곳곳에 맛과 향으로
승부하는 카페가 늘었다. 분위기와 맛, 둘 다 놓칠 수 없다면 이곳으로 가자.

메이드 인 강릉 커피
강릉 테라로사 커피공장

강릉을 커피의 고장으로 이끈 테라로사
본점에 가보자. 빵 냄새 가득한 실내 공간도 매력 있고, 시
냇물이 흐르는 야외 테이블도 생동감이 넘친다. 커피 맛
이야 말할 것도 없다. P.120

깔끔하게 단장한 양림동 카페
광주 육각커피

양림동 선교사 사택을 방문하는 사람들
이 육각커피에 들러 피크닉 세트를 대여하면서 유명해졌
다. 동남아보다 맛있다는 코코넛커피와 크림 소복한 비엔
나커피가 시그니처 메뉴. P.309

수월옥이라는 요정이 있던 자리
부여 수월옥

허물어져 가는 두 채의 건물을
단장해 하나의 카페로 만들었다.
전통 도자에 커피를 내린다. 소반이 놓인 자리에 앉아 커
피를 마셔보자. P.261

작은 공간에 강렬한 커피 향
부산 타타 에스프레소바

광안종합시장 근처에 위치한 정통
이탈리아식 에스프레소를 맛볼 수 있
는 카페다. 커피에 진심인 주인장 덕분에 맛과 향이 제대
로 담긴 커피를 만난다. P.394

저는 커피 대신 풍경을 마실게요
풍경 좋은 낭만 카페

손에 닿을 듯한 바다
강릉 곳

파란 바다를 눈에 담으며 커피 한 잔 마시고 싶은 로망이 있다면 강릉으로 가자. 아침 일찍부터 빵을 구워내 브런치와 시원한 풍경을 함께 즐기기에도 제격이다. P.119

섬과 바다가 조화로운 풍경
군산 카페 라파르

장자도 끄트머리에 등대처럼 오똑 카페 건물을 세웠다. 어디에 앉아도 고군산군도의 아름다운 섬과 바다를 볼 수 있다. 대장봉을 오가며 들르기 좋다. P.305

초록빛 대나무 숲에서 힐링
담양 카페 림

유서 깊은 대나무 숲을 그대로 두고 카페를 지었다. 작은 연못이 운치를 더한다. 커다란 유리창으로 바깥 풍경을 액자처럼 담아내 실내의 경치도 풍성하다. P.316

> **"**
> 카페를 찾는 목적은 다양하다. 카페인이 시급할 때도 있고, 쾌적한 온도가 필요할 때도 있다.
> 이왕이면 병풍처럼 풍경을 두른 곳에서 여행 기분에 흠뻑 취해보는 것도 좋다.
> **"**

튤립에서 핑크뮬리까지
춘천 유기농 카페

농원을 정원처럼 품었다. 겨울에는 온실에서 튤립을 만나고, 여름에는 수국이 활짝 피어난다. 핑크뮬리와 팜파스까지 사계절 내내 계절에 맞는 화사한 색으로 단장한다. P.157

거대한 규모의 오션 뷰 카페
여수 모이핀 오션

산토리니의 한 풍경처럼 푸른 바다를 마주한 흰 건물이 이국적이다. 청량한 여수 바다만 봐도 기분이 붕 뜨는데 단정한 북유럽풍 인테리어로 실내 분위기까지 근사하다. P.333

반짝이는 에메랄드 물빛
고성 스퀘어루트

강원도에는 수많은 해수욕장이 있지만 가진 해수욕장만큼 영롱한 에메랄드빛을 뿜어내는 곳은 드물다. 카페에 편안히 앉아 이런 바다를 볼 수 있다니 행복할 따름이다. P.080

어른이라 다행이야
맛 좋은 술 한 잔의 흥

막걸리 맛도 알고 맥주 맛도 알게 되니 먹고 싶은 것도 많고, 가고 싶은 곳도 많다.
여행 중에 어른들만의 맛집에 갈 수 있어 참 다행이다.

피자에 맥주는 진리
강릉 버드나무 브루어리

한때는 막걸리를 만들던 양조장이 한국적인 풍미를
담은 수제 맥주 브루어리로 재탄생했다. 물맛 좋기로
유명한 강릉이라 맥주 맛도 좋다. 피자 맛집이라 '피맥'
하기 딱이다. P.123

분위기만큼 맥주 맛도 좋아
순천 순천양조장

곡물을 보관하던 창고에 새로운 이야기를 입혔다. 야
외의 폐건물을 활용한 테이블도 센스 만점. '순천특별
시', '순천만', '낙안읍성' 같은 순천의 색을 덧입힌 고유
한 맥주에 반한다. P.326

위스키 바로 변신한 한옥
대구 소나무

척 봐도 부잣집이었을 근사한 한옥에 샹들리에를 늘
어뜨리고 고급스러운 테이블을 놓았다. 한옥으로는
드물게 바로 운영 중이며, 가게로 들어서면 친절한 바
텐더가 싱글몰트 위스키를 추천해준다. P.415

감바스에 대도 IPA 한잔
대구 대도양조장

젊은이들이 하나둘 모여드는 김광석길의 붉은 벽돌집
이 바로 14가지 종류의 맥주를 갖춘 대도양조장이다.
감바스가 맛있기로 유명하다. 저녁에는 야외 테이블의
분위기가 살아난다. P.415

어른들은 아이스크림이지
전주 바 차가운 새벽

남부시장 2층 청년몰에 위치한 작은 바에 들어서면 예
사롭지 않은 술 컬렉션을 만난다. '어른의 아이스크림'
을 주문하면 심 봉사가 눈을 번쩍 뜨듯 새로운 술맛을
알게 된다. P.290

카페와 레스토랑을 겸한 펍
춘천 강남1984

옛 여관이었던 건물이 방마다 테이블을 놓은 펍으로
거듭났다. 맑은 날 루프톱에 올라가 신나는 음악을 들
으며 시원한 맥주를 마시면 해외여행 부럽지 않다. 안
주도 맛있고 꽤 푸짐하다. P.161

신나게 풀파티를 즐겨보자
양양 스케줄양양

한낮의 서핑으로도 소진하지 못한 젊음의 열기를 이
곳에서 식히려는 듯 물에 발을 담그고 맥주를 마시는
사람이 한가득이다. 물은 무릎까지 오는 깊이로 수영
은 못 한다. P.110

황리단길 핫플은 나야 나
경주 황남주택

맛집과 카페가 즐비하지만 의외로 펍이 귀한 황리단길
의 핫플이다. 저녁마다 사람들이 몰려와 야외에서 왁
자지껄하게 파티 기분을 낸다. 캐주얼한 가맥집 스타
일로 부담 없이 즐길 수 있다. P.356

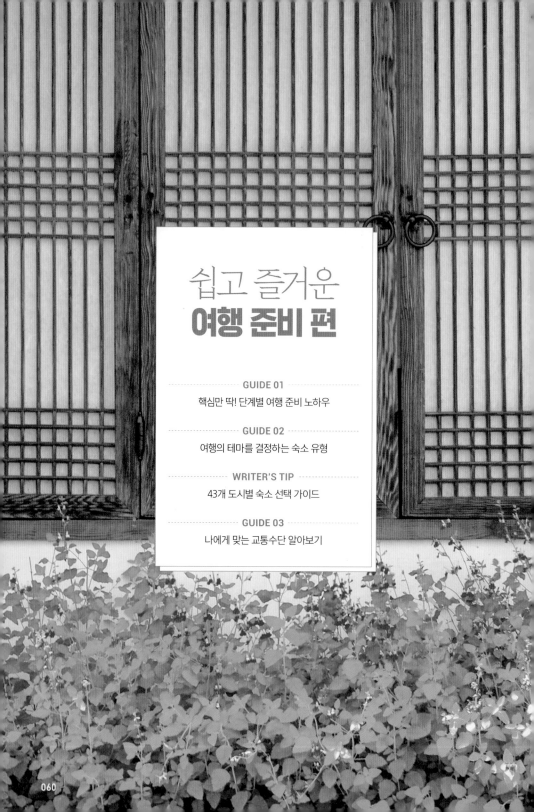

쉽고 즐거운
여행 준비 편

핵심만 딱! 단계별 여행 준비 노하우

여행의 과정 중에서 가장 행복한 시간은 설렘을 품고 여행을 준비할 때가 아닐까.
어디로 갈까, 무얼 먹을까, 어떤 옷을 챙길까, 생각만 해도 즐겁다.

STEP 01
여행 기간에 따라 도시 선택하기

가볍게 떠나는 단기 여행이 트렌드로 떠오르면서 365일 여행이 현실이 되었다. 자신의 일정에 맞춰 여행 시기를 정하
되 다음을 참고해 여행할 도시를 선정하자.

· **당일치기나 1박 2일** 서울에서 강화 여행, 부산에서 경주 여행 등 가까운 지역으로 여행
· **2박 3일** 부여나 안동 등 볼거리 많은 한 도시를 집중 탐구
· **3박 4일** 군산과 서천 여행, 고성과 속초 여행 등 인접한 2개 도시를 함께 여행
· **일주일** 전주를 지나 담양과 광주 여행, 제천과 단양을 지나 안동 여행 등 동선을 고려한 여행

WRITER'S TIP

❝어떤 도시는 한 달 살기를 해도 매일 새롭고, 어떤 도시는 하루면
다 둘러볼 수 있을 만큼 도시별 볼거리가 천차만별이에요.
하지만 볼거리는 많지 않아도 일주일 내내 머물고 싶은 여행지도 있잖아요.
그러니 여행 스타일에 맞춰 여행지를 고르는 재미를 느껴보세요.❞

STEP 02
이번 여행의 테마 정하기

똑같이 2박 3일을 여행하더라도 신나게 구경하며 돌아다니는 걸 좋아하는지, 쉬엄쉬엄 카페에 들러 여유를 즐기고 싶
은지에 따라 한 지역에서 머물지, 여러 도시를 돌아다닐지 선택한다.

· **봐도 봐도 새로운 강원도** 양양에서 속초를 지나 고성까지 동해안 따라 드라이브
· **유유자적 즐기는 강원도** 속초 시내에서 머물며 카페와 맛집 탐방

WRITER'S TIP

❝이 책에는 도시별로 여행하기 좋은 테마가 있어요.
골목을 거닐지, 맛집을 탐방할지, 미술관을 순례할지, 도시별 테마와
스폿을 참고해 여행 계획을 세워보세요.❞

가고 싶은 관광지 추리기

관광지는 여유 있게 하루 서너 곳 스폿당 여유 있게 2시간 정도 머무른다고 예상하면 오전에 한 곳, 오후에 두 곳 정도 방문할 수 있다. 다만 서천 국립생태원이나 국립과천과학관 등은 반나절은 할애해야 하는 반면 부산의 국제시장과 부평깡통시장, 부산자갈치시장은 걸어서 2시간이면 모두 둘러볼 수 있으니 관광지의 특성을 잘 살펴보자.

특별한 메뉴와 식당 정하기 지역 특산물은 한 번쯤 맛보자. 내가 고른 관광지 근처에 식당이 있는지 살펴보고, 특별한 식당에 가고 싶다면 동선을 고려해서 찜해둔다. 카페도 마찬가지. 카페에 잠깐 들러 카페인을 충전할지, 사진 찍으며 여유를 부릴지에 따라 선택지가 달라진다.

WRITER'S TIP

❝ 가려고 계획했던 여행지나 식당이 예고 없이
문을 닫을 때가 있어요. 손님이 없으면 일찍 문을 닫기도 하고요.
예기치 못한 상황에 대비해 여분의 스폿을 생각해두는 편이 좋아요.❞

일기예보에 맞춰 동선 짜기

오전에 비가 오고 오후에 갠다면 그날 방문할 서너 곳의 관광지 중에서 오전엔 카페와 박물관 등 실내를 돌아다니고, 오후에는 야외 일정을 짠다. 가장 주의해야 할 일기예보는 비보다 강풍이다. 바람이 심한 날은 야외를 돌아다닐 때는 물론 운전할 때 특히 조심해야 한다.

- 자동차로 여행한다면 떠나기 전에 미리 차를 점검하자. 차 때문에 벌어지는 자질구레한 사고를 방지할 수 있다.
- 계절에 따라 일기예보에 맞춰 와이퍼를 교체하거나 스노 체인을 준비한다.

WRITER'S TIP

❝ 저는 여행을 계획하는 날부터 그 도시의 날씨를 살펴봐요.
사진 찍는 걸 좋아해서 맑은 날을 선호하거든요.
비가 오락가락하면 스케줄을 바꿔가면서 순발력 있게 다니고요.
비 오는 날을 좋아한다면 어떤 카페에서 쉴지,
어떤 숙소에서 머물지 어울리는 계획을 세워보세요.❞

동선에 맞게 숙소 예약하기

당일치기 여행이 아니라면 동선을 짜고 나서 숙소를 예약하는 편이 낫다. 일정을 마친 곳 근처에서 숙박하는 게 가장 편리한데, 다음 날 일출을 보기 위해 여행한다면 일출 장소 근처에서, 이동 거리가 길면 중간 지점에서 묵는 편이 좋다. 또 지방 국도에는 가로등이 없는 경우가 많아 해가 진 후에 운전하면 피로도가 높아지니 참고하자.

WRITER'S TIP

❝ 저의 숙소 선택 기준은 그날의 마지막 여행지로부터의 '거리'예요.
지역의 브루어리나 펍, 가맥집 한두 군데는 꼭 들르는 터라
마음 편히 주차하고 걸어서 다녀올 수 있는 거리의 숙소를 선호합니다.❞

적절한 양의 짐 싸기

자동차로 여행한다면 짐 싸기가 쉽다. 옷 가방 하나, 메고 돌아다닐 보조 가방 하나 정도면 충분하다. 차에 텀블러와 손 세정제, 따뜻한 아우터를 실어두면 요긴하다. 기차나 비행기를 이용한다면 캐리어도 좋지만, 숙소를 자주 변경하거나 걷는 구간이 길어지면 배낭이 낫다. 우리나라는 어느 지역에나 24시간 편의점이 있으니 가볍게 떠나자.

WRITER'S TIP

❝ 여행지에서 특산품이나 기념품을 사다 보면
짐이 조금씩 늘어나곤 해요. 무거운 기념품이나 김치,
해산물 같은 먹거리는 택배로 부치세요.❞

막히는 게 싫다면 새벽에 출발!

평일 출퇴근 시간에는 차에서 진이 다 빠질 수 있고, 주말에는 서울에서 경기도로 빠져나가는 길이 엄청 북적인다. 아침 일찍 출발하는 것만으로도 여행의 질이 달라진다. 인생 사진을 남기고픈 명소가 있다면 문 여는 시간에 맞추어 방문하자. 문 여는 시간에 맞춰 간다는 '오픈어택'이라는 신조어가 괜히 생긴 게 아니다.

WRITER'S TIP

❝ 내비게이션 앱에서 도착지와 출발 시간을 입력하면
소요 시간이 나와요. 가령 오전 9시에 문을 여는 관광지에
9시 딱 맞춰 도착하려면 언제 출발해야 하는지 알 수 있어요.
휴게소에 들를 시간을 넉넉하게 계산해서 출발하세요.❞

여행의 테마를 결정하는 숙소 유형

눈부신 바다가 펼쳐진 테라스에 앉아 책이나 읽고 싶은지, 골목 구석구석을 돌며
인생 사진을 찍다 숙소에선 잠만 잘 건지, 맛있는 음식을 사다 숙소에서 먹고 마시며 즐기고 싶은지,
원하는 여행 스타일에 맞춰 숙소를 고르자.

호캉스를 놓칠 수 없지
호텔과 리조트

우리나라에도 다양한 조건을 갖춘 호텔과 리조트가 많다. 인피니티 풀과 라운지를
구비한 호텔부터 사계절 물놀이하기 좋은 워터파크, 자연 그대로 정원처럼 꾸민
리조트를 즐겨보자.

호텔스닷컴 kr.hotels.com
해외뿐 아니라 국내 호텔 리스트도 꽤 많다. 잘 고르면 국내 사이트보다 싸게 예약
할 수 있다. 10박 하면 1박을 리워드해주는 프로그램이 있다.

아고다 www.agoda.com/ko-kr
동남아의 호텔을 가장 많이 등록해둔 사이트 중 하나. 할인쿠폰이 자주 나와 저렴
하게 예약 가능할 때가 많다.

취향에 맞게 골라보자
펜션에서 한옥까지

전주에 가면 한옥마을의 한옥에서 잠을 자고 싶고, 경주에 가면 황리단길에서 밤
을 보내고 싶은 게 여행자의 마음. 바다를 향해 지은 펜션들은 전망도 좋고, 자쿠지
나 작은 수영장이 딸린 곳도 있으니 잘 골라보자. 굳이 외출하지 않아도 간단한 취
사가 가능하고, 최근에는 조식을 무료로 제공하는 곳도 늘었다.

네이버지도 map.naver.com
네이버지도 웹사이트나 앱에서 가고 싶은 지역을 펼쳐놓고 '숙박'을 검색해보자.
마음에 드는 곳의 홈페이지를 살펴보거나 네이버 예약 시스템을 이용해 예약 가능
하다.

인터파크투어 mtravel.interpark.com
국내 여행의 웬만한 숙소는 여기에 다 있다. 지역별 숙소, 테마별 숙소를 검색하기
편리하고 특가 이벤트가 자주 열린다.

스테이폴리오 www.stayfolio.com
여행에서 숙소가 가장 중요하다면, 분위기 좋은 공간에 머물며 휴양을 위한 여행
을 하고 싶다면, 독채 펜션부터 한옥까지 가격은 높지만 개성 가득한 숙소를 취향
껏 찾아보자.

취향 VS 가성비
에어비앤비 & 게스트하우스

장기 여행자가 선호하는 숙소는? 에어비앤비는 인테리어부터 방의 개수, 침대와 욕실 개수까지 취향과 니즈를 충족시킨다. 보통 게스트하우스는 저렴한 대신 게스트가 머무는 개인실 외에 거실과 부엌 등의 공간을 공유한다. 매일 밤 파티가 열리는 곳, 1인실만 운영하는 곳, 여러 개의 방 타입이 있는 곳 등 옵션이 다양하다.

에어비앤비 www.airbnb.co.kr
도시의 중심지와 가까운 숙소를 잡으면 걸어 다니며 여행하기에 편리하다. 잘만 고르면 호텔보다 더 만족스럽다. 한적한 시골에 위치한 편안한 숙소는 한 달 살기도 거뜬하다.

게스트하우스
마음에 드는 게스트하우스를 찾아 직접 홈페이지에서 예약한다. 에어비앤비, 아고다 홈페이지에서도 예약할 수 있다.

자연을 벗 삼아 힐링
숲속의집 & 캠핑

파도 소리를 들으며 오토캠핑을 하는 밤, 풀벌레 소리와 새소리가 울려 퍼지는 숲속 오두막에서 보내는 밤은 참 낭만적이다.

국립자연휴양림 숲나드e www.foresttrip.go.kr
전국의 자연휴양림에서 운영하는 숙박 시설을 사용일 6주 전부터 예약할 수 있다. 휴양림 내 숲속의집이나 휴양관뿐만 아니라 캠핑장, 오토캠핑장, 야영 데크 예약이 가능하다.

캠프링크 www.camplink.co.kr
캠핑지도에서 원하는 지역의 캠핑장을 찾아보기 편리하다. 각 캠핑장의 예약 상황과 시설 현황을 비교하며 예약할 수 있다.

가성비 훌륭한 숙소는 어디
호텔부터 모텔까지

여행지를 부지런히 돌아다니다 숙소에서는 잠만 잘 예정이라면 가성비 좋은 숙소가 최고다. 호텔부터 모텔까지 룸 컨디션을 꼼꼼하게 비교하고 선택하자.

야놀자 www.yanolja.com
선착순으로 할인해주니 숙박 지역을 정했다면 미리 예약하는 편이 좋다. 즉흥적으로 여행을 떠났을 때 선택할 수 있는 객실의 옵션이 많은 것도 장점.

여기어때 www.goodchoice.kr
다양한 할인 이벤트와 알찬 리뷰들이 있다. 리뷰를 얼마나 남기느냐에 따라 다양한 혜택을 제공한다.

43개 도시별
숙소 선택 가이드

여행의 취향에 따라 숙소의 취향도 다르겠지만
도시별로 어느 지역에서 머물면 편리한지,
어떤 종류의 숙소가 많은지 일단 한번 살펴보자.
자동차로 여행하는 사람들을 위한 팁과
도보 여행자들을 위한 팁을 골고루 담았다.

강원도에서는 어디에 머물까?

고성 P.076 해안선을 따라 지은 모던한 펜션이 많아 조용히 머물다 오기 좋다. 해수욕장을 끼고 차박이나 오토캠핑을 하는 사람도 늘었다. 해변까지 걸어 나갈 수 있는 거리에 위치한 에어비앤비도 많다.

속초 P.088 속초 고속버스터미널 근처 숙소는 속초 해수욕장이 가깝고, 청초호 북쪽에는 호수와 바다가 한눈에 보이는 뷰 맛집 호텔들이 있다. 에어비앤비 사이트에서 속초관광수산시장 근처 숙소를 잘 찾아보면 도보 여행이 편리하다.

양양 P.104 서핑을 즐긴다면 하조대 해수욕장이나 죽도 해수욕장 앞에 위치한 게스트하우스나 펜션을 예약해보자. 보드 대여와 서핑 강습을 해주는 곳을 선택할 수 있다. 낙산 해수욕장 앞에는 바다를 내려다보는 호텔과 모텔이 많고 횟집도 죽 늘어서 있다.

강릉 P.116 경포호와 경포 해변 근처에는 럭셔리한 리조트와 대형 호텔, 펜션이나 모텔까지 다양한 숙소가 몰려 있다. 시내에는 강릉역 근처 게스트하우스, 중앙시장 근처 강릉관광호텔 등의 선택지가 있다.

평창·인제·홍천 P.134 봉평에는 아기자기한 펜션이나 민박이 띄엄띄엄 흩어져 있는데, 하루면 충분히 둘러보는 지역이라 숙박하는 사람은 드물다. 평창에는 스키장과 국립공원 근처에 리조트와 콘도, 펜션이 많다. 인제에는 내린천 주위에 리버 버깅이나 래프팅을 즐길 수 있는 숙소가 있고, 홍천에는 글램핑장과 캠핑장이 많다. 겨울에 강원도 숲속의 외딴 숙소를 이용할 계획이라면 스노 체인 등을 준비하는 게 안전하다.

춘천 P.146 소양강 북쪽 강변에 뷰가 좋은 펜션과 숯불닭갈비집들이 몰려 있다. 춘천역을 이용한다면 시내 호텔이나 게스트하우스에 머물면서 식당이나 펍까지 택시로 이동하면 편리하다.

경기도에서는 어디에 머물까?

양평 P.166 　남한강 지류를 낀 경치 좋은 곳에 숨은 펜션이 많다. 용문산, 중미산 등 자연휴양림이 많아 캠핑을 하거나 숲속의집을 이용하기도 좋다. 농촌 체험 프로그램을 운영하는 마을도 많으니 특별한 하룻밤을 계획해보자.

가평 P.180 　가평에는 은근히 럭셔리한 리조트가 많아 기분 좋은 힐링이 가능하다. 최근에는 글램핑장, 캠핑장, 카라반 등 자연 속에서 머무는 숙소가 많이 늘었다. 유명한 관광지 근처에는 펜션이 모여 있으니 동선을 살펴 예약한다.

포천·연천·파주 P.184 　포천에는 국립수목원과 산정호수 사이에 캠핑장이 많다. 연천에는 한탄강 관광지를 중심으로 오토캠핑장이 여럿이다. 예부터 관광지로 유명한 산정호수 주위에는 콘도나 펜션이 즐비하다.

강화 P.188 　강화도의 예쁜 해변에는 어김없이 펜션이 있으니 취향껏 골라보자. 최근에는 규모가 큰 리조트나 풀빌라, 어린이를 위한 수영장을 갖춘 펜션이 늘었다.

인천 P.198 　차이나타운 근처에는 베스트웨스턴 하버파크호텔 외에는 대부분 오래된 모텔밖에 없으니 에어비앤비를 이용해보자. 자동차로 이동한다면 송도나 영종도에서 오션 뷰가 좋은 에어비앤비까지 선택의 폭을 넓힐 수 있다. 송도나 인천공항 근처에는 브랜드 호텔도 많다.

수원 P.208 　자동차로 여행한다면 주차하기 편리한 대형 호텔에 머물자. 수원화성 근처에 묵으면 도보로 여행하기 좋다. 호텔, 모텔, 한옥스테이, 게스트하우스 등 숙박 시설이 다양하니 거리를 고려해서 예약하면 된다.

과천 P.214 　과천의 서울대공원과 국립과천과학관 안에 캠핑장이 있다. 하지만 서울대공원 근처에는 별다른 숙박 시설이 없으니 도보 여행자라면 전철을 타고 서울까지 나오는 편이 좋다.

충청도에서는 어디에 머물까?

단양 P.222 소노문 단양이나 단양관광호텔에 묵으면 편리하다. 시내는 구경시장 근처에 펜션, 모텔, 게스트하우스가 여럿 있다. 다리안 관광지의 캠핑장을 비롯해 단양 근처의 계곡 곳곳에 펜션과 캠핑장, 오토캠핑장이 있어 청량한 공기를 즐길 수 있다.

제천 P.232 청풍호수 근처에 ES리조트, 청풍리조트를 비롯해 호수를 조망할 수 있는 펜션들이 있어 풍경을 감상하기 좋다. 의림지와 가까운 제천 시내에는 묵을 곳이 별로 없고, 시내에서 서쪽으로 조금 떨어진 곳에 포레스트 리솜이 있다. 제천과 단양이 가까우니 함께 여행한다면 동선에 맞게 숙소를 잡자.

아산 P.238 온양온천역 근처에 온천이 가능한 호텔들이 있고, 외곽으로 아산스파비스, 파라다이스스파도고 등 워터파크를 갖춘 대형 스파 리조트들이 있다. 외암마을 안에서도 숙박이 가능하고, 영인산 자연휴양림에서 숲속의집을 예약할 수 있다.

태안·서산 P.242 신두리 해수욕장에서부터 만리포 해수욕장, 안면도의 수많은 해수욕장을 따라 경치 좋은 서해안에 펜션이 이어진다. 남당항, 간월도, 황도에도 숙박 시설이 여럿 있다.

공주 P.252 공주에는 한옥마을, 한옥 스테이, 한옥 호텔이 있어 한옥 숙박이 가능하다. 금강 북쪽으로 공주 종합버스터미널이 있어 근처에 호텔과 모텔이 많다.

부여 P.256 부여에서 규모가 가장 큰 숙박 시설은 백제문화단지 앞에 자리한 롯데리조트 부여다. 시내에는 유스호스텔이나 모텔들이 띄엄띄엄 있다. 자온길에서 묵고 싶다면 에어비앤비로 머물 곳을 찾아보자.

서천·논산 P.262 서천은 바닷가 쪽에 펜션이 있긴 하지만 관광지와 거리가 있으니 지도를 보고 동선을 잘 살펴서 숙소를 정하자. 오히려 군산에서 묵는 게 나을 수도 있다. 논산에는 훈련소 근처에 펜션이 많고, 선샤인스튜디오 옆으로 깔끔한 글램핑장이 있다.

전라도에서는 어디에 머물까?

전주·완주 P.270, 292

전주와 완주는 묶어서 여행하기 좋다. 한옥마을을 중심으로 여행한다면 한옥마을 내에서 묵어야 도보 여행이 편리하다. 다만 소규모 게스트하우스가 많아 주차가 불가능하거나, 가능하더라도 주차 후 한참 걸어야 하는 경우가 많으니 숙박 예약 시 주차 가능 여부를 꼭 확인하자. 중앙동 영화의 거리 근처에는 브랜드 호텔과 관광호텔이 많으며, 젊은이들이 모여드는 객리단길의 맛집과 카페가 가까워 편리하다. 전주역에서 완주의 오성한옥마을까지 가까우니 완주의 고택에서 하룻밤 묵으며 전주와 완주를 여행해도 좋다.

군산 P.300

시내에는 라마다, 베스트웨스턴 등 브랜드 호텔이 있고, 초원사진관 근처 골목에는 게스트하우스가 많다. 군산 가구 거리 쪽으로는 주차가 편리한 모텔들이 있고, 고군산군도 쪽에는 여름 특수를 노리는 펜션들이 있다.

광주 P.306

비행기나 기차를 이용한다면 가까운 송정역 근처에 게스트하우스가 있고, 상무역 근처에 번듯한 호텔들이 있다. 금남로4가역에서 문화전당역 사이 번화가 근처에 관광호텔과 모텔이 많고, 동리단길 카페 거리 쪽에는 게스트하우스가 여럿 있다.

담양 P.312

담양 근처에는 대형 리조트, 깔끔한 펜션, 대나무를 테마로 한 펜션들이 있다. 죽녹원 안에 한옥 체험장도 있다. 시내에는 개성 있는 게스트하우스가 많다. 주로 광주와 담양을 함께 여행하는 경우가 많으니 동선에 따라 숙소를 정하자.

남원 P.318

남원 시내에는 요천을 내려다보는 좋은 위치에 켄싱턴리조트가 자리를 잡았고, 근처에 스위트호텔 남원이 있어 조용하고 깔끔하게 머물기 좋다. 요천 강변에는 주차가 편한 모텔들이 있고, 광한루원 가까이에는 게스트하우스가 여럿 있다.

순천 P.322

순천역 근처에 머물면 고급스러운 신축 호텔부터 모텔, 무인텔, 게스트하우스까지 선택의 폭이 넓고 근처에 청춘창고, 아랫장 등 볼거리가 있다. 자동차로 여행한다면 웃장이나 아랫장의 숙소 혹은 순천만 근처 펜션을 동선에 따라 선택하자.

여수 P.328

위치와 뷰를 모두 잡은 소노캄 여수를 비롯해 여수 연안을 둘러싸고 오션 뷰 펜션이 즐비하다. 중앙동 근처에서는 게스트하우스를 찾을 수 있다. 시내 관광보다 바다를 바라보며 쉬고 싶다면 돌산도에서 풀빌라, 펜션, 리조트를 찾아보자.

경상도에서는 어디에 머물까?

경주 P.346 대릉원을 중심으로 시내를 여행하는 젊은이들은 주로 황리단길에 묵는 걸 선호하고, 쉬엄쉬엄 여행하는 가족 단위 여행자들이나 골프 여행을 즐기는 사람들은 보문관광단지의 대형 리조트와 호텔을 이용한다. 황리단길 근처에는 한옥 스테이나 게스트하우스가 많지만 주차가 어려울 수 있으니 예약 전에 꼭 확인하자.

안동 P.362 안동의 동쪽에 전통리조트 구름에, 안동그랜드호텔 등의 고급 숙박 시설이 있고, 옛 안동역과 찜닭 골목 근처에는 관광호텔, 게스트하우스 등이 몰려 있다. 하회마을 안에서도 민박을 운영하니 고즈넉한 분위기를 즐기고 싶다면 예약해보자.

부산 P.376 부산은 큰 도시라서 시내 여기저기를 돌아다니면 이동시간이 길어지고 교통 체증도 심하다. 이 책에 소개한 4가지 테마를 따라 동선을 최대한 줄이는 편이 좋다.

· **영도와 감천마을**: 남포동과 부산역 근처 호텔에서 머물자. 지하철, 택시를 편리하게 이용할 수 있다.
· **광안리와 수영구**: 광안리 해변을 따라 가성비 좋은 호텔을 찾아보자.
· **해운대**: 고급 호텔도 많지만 해운대역 가까이에 게스트하우스, 에어비앤비 등 다양한 숙박 시설이 있다.
· **기장**: 아난티 힐튼이 위치해 럭셔리 여행자들을 불러 모은다. 연화리 해녀촌 근처에는 호텔과 모텔 등이 즐비하다.

대구 P.406 대구역과 반월당역 사이 번화가를 중심으로 브랜드 호텔과 모텔, 게스트하우스가 빼곡하다. 김광석길 쪽에는 게스트하우스가 많은 편. 원하는 지역에 원하는 숙박 시설이 없다면 에어비앤비에서 찾아보자. 번화가 근처 에어비앤비를 예약할 때는 주차 가능 여부를 꼭 문의하자.

하동 P.416 켄싱턴리조트가 하동의 야생차밭 너머로 자리를 잘 잡았다. 화개장터에서 쌍계사 근처에는 펜션이 모여 있고, 평사리 근처에는 민박, 게스트하우스, 오토캠핑장이 띄엄띄엄 자리하고 있다.

남해 P.420 아름다운 남해를 바라보는 아난티 남해 등 고급 리조트와 풀빌라가 속속 들어서고 있다. 동선에 맞춰 바닷가의 펜션을 예약하거나 독일마을 내 펜션을 이용하자.

통영 P.424 남쪽으로 내려가면 근사한 뷰를 자랑하는 리조트와 호텔이 많지만, 볼거리가 많은 통영을 구석구석 돌아보려면 강구안을 중심으로 숙박하는 편이 좋다. 동피랑과 여객선 터미널 사이에 게스트하우스와 작은 호텔이 많다.

거제 P.436 거제도의 동쪽 해안을 따라 대형 리조트와 호텔이 많고, 바다를 낀 마을과 해수욕장 앞에서는 펜션을 쉽게 찾을 수 있다. 조선소를 방문하는 사람이 많아 시내에는 비즈니스호텔과 레지던스가 여럿 있다.

울릉도 P.442 대아리조트가 유일한 대형 리조트였던 울릉도에 라페루즈리조트, 코스모스리조트 등 럭셔리 리조트가 늘었다. 저동항과 도동항에는 아기자기한 호텔, 펜션, 게스트하우스가 있어 도보 여행이나 택시 여행을 하기 편리하고, 새로 생긴 사동항에는 걸어 다닐 만한 숙박 시설과 맛집 등은 부족하지만 주차장이 넓어 차를 렌트하기가 수월하다.

나에게 맞는 교통수단 알아보기

우리나라는 대중교통 체계가 잘되어 있어 여행하기 편리하다.
동선에 맞게 교통수단을 선택해 여행의 질을 높여보자.

국내 여행의 든든한 동반자
자동차

운전면허만 있으면 국내 어디든 자동차로 여행할 수 있다. 차량에 따라 차박과 오토캠핑도 가능하다. 문제는 주차. 자동차 내비게이션에 목적지를 찍고 휴대폰 지도 앱으로 위성사진을 크로스 체크하면 주차장 찾기의 달인이 된다.

· 내비게이션 앱 베스트 3 T맵, 카카오내비, 네이버지도

비행기 타는 기분 내볼까
항공

우리나라에는 무려 15개의 공항이 있다. 자신이 머무는 지역에서 여행하고픈 지역으로 가는 국내선 항공편이 있는지 살펴보자. 시간을 잘 맞추면 의외로 저렴하고 편안하게 여행할 수 있다. 공항에서 인수하는 렌터카를 빌리면 근처 도시들을 여행하기에 좋다.

· 네이버 항공권 flight.naver.com

언제든지 빠르고 편리하게
KTX

기차 여행은 빠르고 편한 데다 낭만적이다. 자유기차 여행 패스 '내일로'나 '여행 주간 특별 할인'을 이용하면 더욱 저렴하다. 모바일 앱으로 승차권 예매와 탑승이 가능해 편리하다. 도착역에서 렌터카를 대여해 근처 도시들을 여행할 수 있다.

· KTX 앱 코레일톡
· SRT 앱 수서고속철도

여행하는 동안 잠시 빌려요
렌터카

서울에서 부산까지, 양양에서 여수까지 운전할 생각을 하면 아찔하다. 이럴 때는 도착하는 공항이나 기차역에서 렌터카를 대여하자. 부산, 강릉, 여수, 울릉도 등 각 지역에서 렌터카 대여가 가능하다.

· 카모아 www.carmore.kr
· 클룩 www.klook.com/ko
· 쏘카 www.socar.kr

진짜 강원도를 만나는 시간

가장 핫한 여행지로 떠나볼까
한눈에 보는 강원도

태백산맥이 굽이굽이 산수화를 그려내고 볕 잘 드는 명당엔 예쁜 정자가 서 있다.
깊고 푸른 동해에서 태평양의 내음을 실은 바람이 불어오면 맑고 투명한 공기에 발걸음이 산뜻하다.
바다와 산이 어우러진 강원도는 언제 찾아가도 아름답다.

고성

속초

양양

인제

춘천

홍천

평창

강릉

SURFYY BEACH

CITY
01

천천히 걸어야 더 예쁜 해변 마을
고성

여름에도 은근히 서늘한 바람이 불어오는 강원도의 최북단, 동해안 드라이브의 끝자락에 고성이 있다. 사람들의 발길이 잦지 않아 언제 가더라도 평온한 시간을 보낼 수 있는 곳이다. 바다와 호수, 아름다운 마을이 맞아주는 고성 여행을 즐겨보자.

청량한 바다에서 보내는 여름방학

고성의 바다는 해외의 어느 휴양지 못지않은 맑은 물빛을 자랑한다. 우리나라에서 이렇게 아름다운 바다를 만날 수 있다니 놀라울 정도. 여름엔 시원하고 겨울엔 따뜻한 카페에 앉아 고성의 바다를 오롯이 느껴보자.

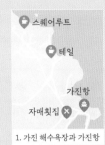

📍 스퀘어루트

📍 테일

가진항

자매횟집 ✕

1

1. 가진 해수욕장과 가진항

📍 고성빵가

2. 백도 해수욕장

📍 헬로우씨

3. 문암 해수욕장

📍 해피홀리

2

3

4

4. 교암리 해수욕장

📍 글라스하우스

5

5. 천진 해수욕장

속초
▼

0   820m

가슴이 뻥 뚫리는 시원한 바다

가진 해수욕장의 스퀘어루트

#고성바다 #루프톱카페 #뷰맛집

하염없이 바다만 바라보고 싶은 날이 있다. 그럴
땐 스퀘어루트로 가자. 파란 하늘 아래 탁 트인
바다를 보면서 커피 한잔 마실 수 있는 루프톱
카페다. 고성의 해변 중에서도 꽤 북쪽에 자리하
고, 군사 시설 때문에 최근에 개발이 시작된 지역
이라서 깨끗하고 투명한 바다를 고스란히 즐길
수 있다. 1층과 4층의 루프톱은 카페이고, 2층과
3층은 바다를 조망하며 휴식할 수 있는 스퀘어
루트 스테이 펜션이다. 전 객실이 통유리로 바다
를 볼 수 있는 오션 뷰이니 조용히 쉬러 가도 좋
다. 1층 정원에 작은 통로가 있어 해변 출입도 가
능하다.

📍 강원 고성군 죽왕면 가향길 2-7 🅿 가능 📞 0507-
1342-0604 🕐 10:00~19:00, 토·일요일 09:00~
19:00 ₩ 블랙씨드라테 8,500원, 딸기라테 7,000원,
아메리카노 5,500원 🏠 www.squarerootstay.com

파도 소리 들으며 감성 피크닉
가진 해수욕장의 테일

#거리두기스폿 #피크닉 #마들렌

'피크닉'이라는 단어에서는 설렘이 배어난다. 학교에서 단체로 버스를 타고 떠나는 소풍 말고, 아무렇게나 하고 나가도 되는 집 근처 산책 말고, 피크닉만이 주는 설렘. 테일^{Tale} 카페에 가면 피크닉 바구니를 대여해준다. 마음에 드는 바구니와 꽃무늬 담요를 챙겨 해변으로 피크닉을 떠나보자. 다행히 굵은 모래 해변이라서 모래가 막 날리지 않는다.

📍 강원 고성군 죽왕면 가진길 40-5 🅿 근처 해변길 이용 📞 0507-1437-8060 🕐 09:00~17:00 (수요일 휴무) ₩ 피크닉 세트 1인 9,000원, 파라솔 대여 10,000원, 아인슈페너 6,000원
📷 @__tail__

고성에서 맛보는 색다른 물회
가진항의 자매횟집

#강원도물회 #해삼물회 #풍경은덤

가진항에는 고성의 독특한 물회를 파는 집들이 모여 있다. 청양고추를 송송 썰어 넣은 매콤한 국물에 채 썬 사과를 듬뿍 더해 단맛을 낸다. 사각사각한 사과와 채소의 식감에 부드러운 가자미회, 오독거리는 해삼의 식감이 더해져 말이 필요 없을 정도. 보통 2인분을 기본으로 차려내는데 양도 푸짐하다. 소면까지 국물에 말아 먹으면 배가 든든하다.

📍 강원 고성군 죽왕면 가진해변길 123 가진항활어회센터 🅿 가능 📞 010-2770-5664, 033-681-1213 🕐 08:00~22:00(월요일 휴무) ₩ 고급 물회 15,000원, 스페셜 물회 20,000원(2인분부터 주문 가능)

고소한 빵 냄새 가득한
백도 해수욕장의 고성빵가

#빵맛집 #햇살맛집 #빵지순례

시골 마을 한복판에 선 깔끔한 2층짜리 건물. 1층에는 카운터와 몇 개의 테이블, 고소한 냄새를 풍기는 빵들이 놓였고, 보송보송한 햇볕이 쏟아지는 2층에는 단정한 테이블이 늘어섰다. 조각 케이크, 마들렌, 스콘, 에그타르트, 다쿠아즈까지 다양한 종류의 빵을 굽는다. 다쿠아즈를 한 입 베어 물면 입 안에서 사르르 녹는다. 빵을 사겠다고 줄을 서는 사람들이 이해가 되는 맛.

📍 강원 고성군 죽왕면 문암항길 53 나동
🅿 가능 📞 010-2956-5639
🕐 11:00~18:00(화·수요일 휴무)
₩ 아메리카노 4,500원, 마들렌 2,000원, 다쿠아즈 3,500원 📷 @033.bbanga

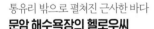

통유리 밖으로 펼쳐진 근사한 바다
문암 해수욕장의 헬로우씨

#바다사랑 #통유리오션뷰 #예쁜카페

가깝게는 문암 해수욕장부터 멀게는 백도 해수욕장까지 한눈에 조망할 수 있다. 1층에는 예쁜 색 의자들이 비치되어 야외에서 커피 한 잔 마시거나 사진을 찍기에 좋다. 2층은 전체가 통유리라 날씨와 상관없이 느긋한 시간을 보낼 수 있다. 루프톱인 3층에는 푹신하게 몸을 눕힐 수 있는 빈백 의자가 몇 개 놓여 있다. 공간뿐만 아니라 음료나 디저트에서도 주인의 정성스러운 손길이 담뿍 묻어난다.

📍 강원 고성군 죽왕면 괘진길 53-11 🅿 가능 📞 010-4669-6990
🕐 10:00~19:00 ₩ 아메리카노 6,500원, 패션프루트에이드 7,500원, 레몬에이드 7,500원 📷 @hello.sea.cafe

아담한 2층 카페에서 즐기는 바다
교암리 해수욕장의 해피홀리

#테라스뷰 #바다뷰 #단정한카페

20년 가까이 한자리를 지키고 있는 카페. 잔잔한 클래식 음악이 흐르는 실내는 골드를 포인트로 한 따뜻한 벽돌색 인테리어로 마감했다. 주인의 취향을 반영한 듯 여러 장의 LP가 꽂혀 있고, 2층 한구석엔 묵직한 느낌을 주는 벽난로가 자리했다. 하늘거리는 흰 천으로 햇살을 막아주는 2층 테라스 자리가 이 집의 매력 포인트.

📍 강원 고성군 죽왕면 천학정길 71 🅿 주차장 협소, 길가에 주차 📞 033-632-2460 🕐 10:00~18:00(화요일 휴무) 🏧 카페라테 5,500원, 레몬에이드 6,000원
📷 @cafe.happyholy

서퍼들의 아지트
천진 해수욕장의 글라스하우스

#독특한감성 #은근한여유 #서퍼스라운지

바다를 향해 온통 통유리로 마감한 카페가 아니라 낮은 컨테이너 박스들이 줄지어 섰다. '글라스하우스Glass House'는 서핑 용어다. 서퍼들이 키보다 높은 파도 속을 뚫고 나올 때 그 속이 마치 유리 집 같다고 해서 부르는 이름. 작은 마당에서 해바라기하고 앉으면 마치 서핑을 마치고 해변에 늘어져 있는 기분이 든다.

📍 강원 고성군 토성면 천진해변길 43 🅿 가능 📞 0507-1405-0046
🕐 11:00~18:00 🏧 플랫화이트 5,000원, 빅웨이브 9,000원, 선데이페일에일 8,000원 🏠 www.at-gsa.com

별 헤는 시인의 고향 같은 마을

영화 〈동주〉의 배경이었던 고즈넉한 왕곡마을, 라벤더 향기로 가득한 보랏빛 들판,
산새도 조심스럽게 소곤대는 건봉사, 파도 소리조차 청량한 바닷가를 거닐어보자.
별을 헤던 시인의 마음으로 바라보는 고성은 더욱 아름답다.

시간이 흐르는 소리에 귀 기울이는

왕곡마을

#거리두기스폿 #영화동주촬영지 #알쏠신잡거기

왕곡마을은 고려 말에 이성계의 조선 건국을 반대하
며 낙향한 함씨 가문이 은거하던 마을이었다. 조선 초
이래 강릉 최씨도 이 마을로 합류해 집성촌을 이뤘다.
길지 중의 길지란다. 그도 그럴 것이 한 번도 전쟁에
휘말린 적이 없다. 600년의 세월이 흐르는 동안 산처
럼 고요했던 마을은 여전히 평온한 모습 그대로다. 국
내에서 유일하게 북방식으로 지은 기와집과 초가집
50여 채가 마을 안에 아기자기하게 자리를 잡았다.
시인 윤동주의 이야기를 그린 영화 〈동주〉의 촬영지
였던 큰상나말집이 눈에 띈다. 너른 마당에서 윤동주
가 가족과 기념 촬영을 하던 장면이 떠오른다.

📍 강원 고성군 죽왕면 오봉리 🅿 왕곡마을 저잣거리에 주차 후 도보 8분 📞 033-631-
2120 🕐 09:00~18:00 🏠 www.wanggok.kr

큰상나말집

TIP 왕곡마을을 둘러보기 전에

왕곡마을은 영화 촬영 세트장이 아니라
실제 사람들이 거주하는 마을이니 사진
을 찍을 때 조심하자. 마을 안에 주차할
공간이 없으니 마을 북쪽의 저잣거리 주
차장을 이용한다. 홈페이지에서 숙박과
체험 프로그램 예약이 가능하다.

마음까지 보랏빛으로 물드는

하늬라벤더팜

#라벤더팜 #보랏빛정원 #인생사진

보랏빛은 마음 설레게 하는 매력이 있다.
고성의 라벤더 농장에선 매년 6월이면 우
아하고 매혹적인 보라색 꽃이 지천으로
피어나 관광객을 맞는다. 은은한 라벤더
향기가 온몸을 감싸면 그야말로 황홀해진
다. 이왕이면 꽃이 한창인 6~7월에 방문
해보자. 바람이 불어 연보랏빛 파도가 이
는 언덕에서 인생 사진을 남기면 해외의
유명한 관광지 부럽지 않다. 라벤더가 하
늘거리는 언덕 옆에는 가슴 높이께의 호밀
밭이 이어지고, 붉은 양귀비 꽃밭 한복판
에는 빨간 공중전화 부스가 상큼하게 서
있다. 메타세쿼이아 나무가 우거진 숲에서
는 향기 체험도 진행한다. 시원한 라벤더
아이스크림도 맛보자. 입 안 가득 퍼지는
라벤더 향에 입꼬리가 절로 올라간다.

📍 강원 고성군 간성읍 꽃대마을길 175 🅿 가능
📞 033-681-0005 🕐 09:30~18:00(화요일
휴무), 6월 09:00~19:00(휴무 없음), 11~4월
휴장, 폐장 1시간 전 입장 마감 ₩ 입장료 성인
6,000원, 청소년 5,000원, 초등학생 3,000원,
유아 2,000원 🏠 www.lavenderfarm.co.kr

호수와 바다가 만나는
송지호

#거리두기스폿 #송지호철새관망타워 #자전거대여

빽빽한 소나무로 둘러싸인 호수가 무척이나 아름답다. 짠물이 섞여 겨울에도 잘 얼지 않는 송지호는 철새들에게도 인기다. 송지호 철새관망타워의 카페에 앉아 바다와 호수를 한눈에 조망하노라면 신선놀음이 따로 없다. 약 4km의 호수 둘레 길을 따라 산책을 하거나 자전거를 대여해 송호정까지 둘러보자.

📍 강원 고성군 죽왕면 동해대로 6021 송지호철새관망타워 📍 가능
📞 033-680-3556 🕐 09:00~18:00(입장 마감 17:20) ₩ 무료

송지호철새관망타워

차고 맑고 투명한 바다
송지호 해수욕장

#거리두기스폿 #고성바다 #오토캠핑장

동해안 북쪽의 송지호 해수욕장은 물이 차고 맑고 투명하다. 맑은 물 너머로 길쭉하게 뻗은 죽도가 수려한 경관에 한몫을 한다. 요즘은 계절과 상관 없이 차박을 하거나 오토캠핑을 하기 위해 찾는 사람들로 붐빈다.

📍 강원 고성군 죽왕면 송지호 해수욕장 📍 가능
📞 033-680-3356 🕐 7~8월 06:00~24:00
🏠 www.songjihobeach.co.kr

금강산의 정기를 이어받은
건봉사

#전국4대사찰 #금강산자락 #진신치아사리

강원도 최북단에 자리한 건봉사는 고구려시대에 창건한 웅장한 절이다. 부처님의 진신치아사리를 봉안해 더욱 유명하다. 임진왜란 때 사명대사가 승병 6,000명을 양성했을 만큼 엄청난 규모를 자랑했으나 한국 전쟁으로 전소되었고, 현재 복원 공사를 하며 옛 모습을 되찾는 중이다.

📍 강원 고성군 거진읍 건봉사로 723 📍 가능
📞 033-682-8100 🏠 www.geonbongsa.org

CITY
02

향토 음식 맛보고 뉴트로 매력 속으로
속초

실향민이 머물던 아바이마을의 갯배와 아바이순대, 전쟁 후에 늘어난 초당두부집과 인심 좋은 생선구이집이 휴전선과 인접한 지역색을 드러낸다. 물이 맑고 모래가 고운 해수욕장 옆에는 크고 작은 항구가 있다. 드나드는 배가 많아 해산물이 풍부하고 물회가 신선하다. 옛 정취를 고스란히 간직한 자리에서 새로운 감성을 뽐어내는 뉴트로의 매력이 도시 전체를 새롭게 조망한다.

속초를 가장 멋지게
여행하는 방법

갯배를 저어 향토 음식 먹으러 가자

특별한 음식 5가지를 꼽아 오미五味라 부른다. 속초에서는 명태, 오징어순대, 물곰탕, 홍게, 생선구이를 속초 오미라 칭한다.
최근에는 닭강정에 아이스크림에 맥주까지 젊은 입맛을 겨냥한 먹거리가 늘었지만 속초 여행은 향토 음식을 맛보며 시작해보자.

갯배를 타고 바다 건너 아바이마을로
아바이마을 갯배와 아바이순대

#맛있는순대 #드라마촬영지 #갯배체험

속초시 청호동은 모래밭이라 사람이 거의 살지 않는 땅이었다. 한국 전쟁 때 이북에서 내려온 실향민들이 모여 정착촌을 이루며 아바이마을이라 불리게 되었다. 오래된 드라마 〈가을동화〉와 예능 프로그램 〈1박 2일〉에 소개되면서 마을을 찾는 사람이 늘었다. 중앙동에서 아바이마을로 가려면 물길을 건너야 하는데 이때 갯배를 이용한다. 갯배는 오직 사람의 힘으로 줄을 당겨 움직인다. 근처에서 오래 사신 어르신들은 배에 오르자마자 능숙한 솜씨로 같이 줄을 당긴다. 아바이마을에는 아바이순대, 오징어순대를 파는 실향민 음식점이 즐비하다. 크루즈 터미널이 보이는 해수욕장도 있다. 중앙동 쪽에도 아바이순대타운이 있어 들르기 편하다.

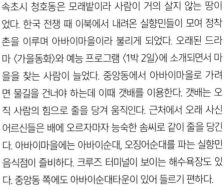

갯배 선착장
📍 강원 속초시 중앙부두길 39 🅿 아바이마을 주차장 📞 033-633-3171 🕐 04:30~23:00
💰 편도 성인 500원, 어린이·청소년 300원, 손수레 자전거 500원, 유아차·속초 시민 무료(현금만 가능)

아바이마을
📍 강원 속초시 청호로 122 🅿 가능
📞 033-633-3171 🏠 www.abai.co.kr

고원
📍 강원 속초시 아바이마을길 11-2 🅿 아바이마을 주차장 📞 0507-1444-3311 🕐 평일 09:00~20:00, 주말 07:30~20:00 💰 아바이순대 모둠(중) 37,000원, 순대국밥 10,000원

아바이순대타운 장터순대국
📍 강원 속초시 중앙로129번길 35-16 🅿 속초관광수산시장 주차장 📞 033-638-1881
🕐 07:00~21:00(목요일 휴무) 💰 아바이순대국밥 11,000원, 장터세트 30,000원

생선 굽는 냄새에 모여드는 골목

#속초생선구이 #유명맛집 #생선구이맛집

생선구이 거리와 전통시장 벽화 거리

속초의 생선구이 거리에는 유명한 집이 여럿이지만 그중 영철네 생선구이를 추천한다. 주문을 하면 부엌에서 생선을 구워서 내오는데 메로, 고등어, 가자미, 이면수, 열기까지 다섯 종류의 생선이 푸짐하다. 영철네 생선구이에서 속초관광수산시장으로 가는 골목에 '전통시장 벽화 거리'가 나온다. 100m 남짓한 짧은 골목에 속초의 역사가 촘촘히 그려져 있다.

영철네 생선구이
📍 강원 속초시 청초호반로 330 🅿️ 조광주차장, 영수증 지참 시 1시간 무료 📞 033-637-3392 🕙 09:00~20:00(목요일 휴무)
🏧 모둠 생선구이 2인 34,000원

속초의 참맛, 강원도의 별미

동명항의 외가집

#물곰탕 #동명항맛집 #강원도별미

강원도의 별미인 곰치는 '꼼치'라는 생선을 말하며 '물곰'이라는 애칭으로도 불린다. 어촌계에서 직영으로 운영하는 외가집은 싱싱한 물곰으로 탕을 끓여 냄새가 거의 없고, 지리나 매운탕 중에 선택해서 맛볼 수 있다.

📍 강원 속초시 동명항길 55 🅿️ 가능 📞 0507-1324-8577 🕙 월~목요일 07:00~19:00, 금~일요일 06:30~20:00 🏧 물곰탕 2인 40,000원, 가자미세꼬시물회 15,000원 🏠 fishhome.modoo.at

순두부촌에 위치한 순두부 맛집

콩꽃마을순두부촌의 진솔할머니순두부

#순두부촌 #두부맛집 #가족나들이

진솔할머니순두부는 국산콩을 불리고 삶고 갈아서 손수 두부를 만든다. 간장으로 만든 양념장을 뿌려 먹는 초당순두부나 두부전골은 아주 고소하고, 감자전과 도토리묵도 별미다.

📍 강원 속초시 원암학사평길 118 🅿️ 가능 📞 033-636-9519 🕙 08:00~20:00 🏧 초당순두부 12,000원, 감자전 13,000원, 도토리묵 13,000원

속초의 명물로 자리 잡다
속초관광수산시장의 닭강정

#속초맛집 #속초닭강정 #대표닭강정

속초 닭강정의 양대 산맥은 만석닭강정과 중앙닭강정으로 속초 곳곳에 지점이 있다. 여행자들에게는 만석닭강정이 유명한 반면, 현지인들에게 물으면 중앙닭강정에 한 표를 던진다. 속초관광수산시장에 두 집이 가까이 있으니 일단 한번 먹어보자. 매콤달콤한 닭강정을 처음 마주하면 일단 양에 놀라고 맛에 또 한 번 놀란다.

중앙닭강정 본점
📍 강원 속초시 중앙로 147번길 16 🅿 속초관광수산시장 대형주차장 📞 033-632-3511 🕐 09:30~19:30(30분 전 주문 마감) ₩ 닭강정 20,000원, 순살닭강정 21,000원

속초에서 맛보는 신선한 물회
대포항의 양푼물회

#대포항맛집 #속초물회 #대포항물회

동그랗게 잘 정비된 항구에 반짝반짝 불이 켜지면 저녁을 준비하는 횟집들이 야경에 힘을 보태고, 어촌계에서 운영하는 어시장이 북적인다. 싱싱한 해산물을 더한 물회를 맛보자. 전복물회도, 생골뱅이물회도 기가 막힌다. 어시장에서 회나 해산물을 포장해가면 한 번 더 맛있게 즐길 준비 끝.

대포전복양푼물회
📍 강원 속초시 대포항길 60 🅿 대포항 공영주차장, 30분 600원 📞 033-635-1813 🕐 평일 09:30~20:00, 주말 08:30~20:30(수요일 휴무) ₩ 전복양푼물회 23,000원, 광어물회 20,000원, 섭국 14,000원

멋진 풍경을 즐기며 한잔
영금정의 골뱅이무침

#뷰맛집 #골뱅이맛집 #풍경이다했다

영금정은 파도가 부딪쳐 만들어내는 신묘한 음율 때문에 지은 이름으로, 원래 정자가 아니라 그 밑의 큰 바위들을 일컫는다. 해돋이 정자는 최근에 지었다. 근사한 경치를 오래 즐기려면 언제든 당근마차로 가자. 골뱅이무침이 유명하다.

영금정
📍 강원 속초시 영금정로 43 🅿 동명항 활어직판장 주차장 비수기 무료, 30분 500원, 30분 초과 시 10분 300원 📞 033-639-2690

당근마차
📍 강원 속초시 영랑해안길 14 🅿 가능 📞 0507-1358-3139 🕐 13:00~02:00(화요일 휴무) ₩ 골뱅이무침 30,000원, 모둠 해산물(대) 40,000원

속초 느낌 뿜뿜! 속초의 힙플레이스

옛 모습을 고스란히 간직한 채 현대적인 감각을 무심히 덧붙여 새로운 감성을 뿜어낸다. 옛것과 새것이 서로를 포용하는
뉴트로 감성이 속초만큼 조화롭고 매력적인 곳이 또 있을까. 속초다움이 녹아나 더욱 매력적인 곳들을 여행해보자.

복합 문화 공간으로 변신한 조선소

칠성조선소

#거리두기스폿 #바다를꿈꾸는 #문화공간

배를 만드는 곳이었다. 청초호에서 눈을 들면 바다가 보이는 자리. 한국 전쟁이 한창이던 1952년, 고향인 원산으로 돌아가지 못한 배 목수는 속초에 터를 잡았다. 속초 아바이들의 염원을 담아 언젠가 고향에 타고 돌아갈 배를 만들고 또 만들었다. 그렇게 3대를 이어온 조선소가 여전히 살아 있다. 목선의 시대를 거쳐 문화의 시대를 이어가는 칠성조선소에는 배가 있고, 배를 만들던 사람들의 역사가 있다. 속초의 역사이자 우리나라의 역사다. 카페 2층의 통유리를 통해 내다보는 풍경도 좋지만, 배를 건조하던 야외 자리에 앉아 과거로부터 불어오는 시간을 천천히 느껴보아도 좋다. 그림책 전문 서점 칠성북살롱도 함께 있다.

📍 강원 속초시 중앙로46번길 45 칠성조선소 🅿️ 석봉도자기미술관 앞 공영주차장 📞 033-633-2309 🕚 11:00~20:00(칠성북살롱 11:00~19:00) 💰 카페라테 6,500원, 콜드브루 7,500원
📷 @chilsungboatyard

TIP 함께 읽으면 여행이 풍성해지는 책

나는 속초의 배 목수입니다
김영건, 최윤성 지음 | 책읽는수요일

속초를 살아온 배 목수들의 진성이 담겼다. 속초에서 나고 자란 두 사람이 책을 썼다. 서점에서 자란 김영건은 '동아서점'을 운영하고, 배 목수들 옆에서 자란 최윤성은 '칠성조선소'를 운영한다. 개인의 삶이 도시의 역사로 확장되는 과정이 책 속에 생생하게 그려진다.

아기자기하고 개성 넘치는 골목
동명동 소호거리

#속초소호거리 #레트로감성 #골목여행

동명동의 속초 시외버스터미널 옆 골목이 동명동 벽화 거리이자 소호거리
로 거듭났다. 작지만 개성 있는 상점과 게스트하우스가 모여 있다. 오래된
쌀집 간판이 정겨운 '고구마쌀롱'은 동네 어르신들의 사랑방이었던 공간을
그대로 살려 골목 여행자들의 컨시어지로 변신했다. 여행자에게 자전거를
빌려주고, 벼룩시장을 열고, 보드게임 대결을 펼치는 등 다양한 프로그램을
제공한다. 엽서나 액세서리 같은 속초 여행의 기념품도 판다. 골목 안에 그
려진 벽화 앞에서 사진도 찍고, '완벽한 날들'이라는 서점에 들러 여행 중에
읽을 책도 구입하고, '소호카페'에 들러 커피 한잔의 여유를 만끽하면 골목
여행이 풍성해진다.

고구마쌀롱
📍 강원 속초시 수복로259번길 2
🅿 불가 📞 0507-1353-2858
🕐 11:00~20:00 📷 @goguma_ssalon

소호카페
📍 강원 속초시 수복로259번길 11 🅿 불가
📞 0507-1373-5288 🕐 09:00~20:00
₩ 아메리카노 4,500원, 크림초콜릿 6,500원
📷 @sohocafe_and_studio

완벽한 날들

고구마쌀롱

소호카페

나지막한 돌담길 따라
상도문 돌담마을

#거리두기스폿 #드라마촬영지 #스톤갤러리

햇살을 받아 평온한 기운이 온 마을을 감싸안는다. 구부러진 돌담이 마을에 길을 낸다. 낮은 돌담 위에 귀여운 그림이 그려진 돌멩이들이 앉아 있다. 녹슨 철문, 기울어진 기왓장, 울퉁불퉁한 돌멩이가 참새로, 고양이로, 강아지로, 거북이로 새롭게 태어나 생기를 불어넣는다. 마을 곳곳에 숨겨진 예쁜 조형물들을 발견하는 재미가 있다. 속초 8경 중 하나인 학무정에서 솔숲에 이는 바람을 음미하고, 물레방아 앞에서 징검다리를 건너며 예쁜 사진을 남겨보자. 마을 전체가 포토존이다. 최근 드라마 촬영지로 더욱 유명해졌지만 아침 일찍 가면 조용히 산책하기 좋다. 마을을 천천히 한 바퀴 돌아보는 데 2시간 정도 걸린다.

📍 강원 속초시 도문동 323-1 🅿️ 대포동주민센터 앞, 혹은 고향민속마을 식당 앞 공터 📞 033-639-2690

학무정

만물상

케이블카를 타면 보이는 울산바위

권금성터

신흥사 입구

편안하게 설악산을 즐기는 방법
설악 케이블카와 신흥사

#설악산국립공원 #케이블카 #신흥사

설악산 국립공원 입장료를 내고 문화재 구역으로 들어서면 케이블카가 오르내리는 탑승장에 금방 도착한다. 설악 케이블카는 해발 700m의 권금성까지 약 1,132m 거리를 오간다. 두 대의 케이블카로 운영하는데 한 대에 최대 50명까지 탑승할 정도로 거대하지만 성수기에는 대기 줄이 길다. 날씨와 바람에 따라 케이블카의 운행 여부와 운행시간이 정해지기 때문에 예약이 불가능하다. 수시로 홈페이지를 확인해야 허탕을 치지 않는다. 케이블카를 타고 올라가면 고려시대 말에 지어진 옛 성터인 권금성터가 광활하게 펼쳐진다. 가까운 봉화대, 멀리 만물상까지 근사하다. 케이블카 하부 탑승장 앞에는 거대한 불상이 있는 신흥사가 있어 산책하기 좋다.

📍 강원 속초시 설악산로 1085 🅿 가능 📞 033-636-4300 🕐 운행시간은 전날 홈페이지에 공지, 운행 여부는 당일 홈페이지에 공지 ₩ 14세 이상 15,000원, 37개월~13세 11,000원, 36개월 이하 무료, 신흥사 관람 무료 🏠 www.sorakcablecar.co.kr

속초는 언제나 여름
속초 해수욕장과 속초아이 대관람차

#대관람차 #일출여행 #기념사진

속초 해수욕장은 여름 바다의 기운을 머금고 있다가 사계절 내내 뿜어내는 듯하다. 속초 시내에서 금방인 데다 해안가를 따라 늘어선 맛집에서 다양한 먹거리를 즐길 수 있어 방문객이 끊이지 않는다. 푸른 바다를 배경으로 눈길을 끄는 조형물들이 늘어서 속초 여행의 기념사진을 남기는 기분도 쏠쏠하다. 동그스름하게 솟은 조도 너머로 떠오르는 일출도 근사하다.

속초 해수욕장 ♥ 강원 속초시 조양동 속초 해수욕장 🅿 가능 📞 033-639-2027 🕐 06:00~24:00(수영 가능 시간 09:00~18:00) 🏠 www.sokchotour.com

속초아이 대관람차 ♥ 강원 속초시 청호해안길 2 속초아이 🅿 가능 📞 0507-1482-0107 🕐 일~금요일 10:00~20:00, 토요일 10:00~21:00(30분 전 발권 및 입장 마감) ₩ 8세 이상 12,000원, 4~7세 6,000원, 36개월 미만 무료, 속초 주민 6,000원, 65세 이상 및 단체 9,000원 🏠 hiddenticket.co.kr/sokchoeye

파도 소리에 발맞춰 산책하기
외옹치 바다향기로

#바다향기 #소풍날 #힐링

속초 해수욕장 남쪽으로 이어진 작은 해수욕장이 외옹치 해수욕장이다. 외옹치 해수욕장에서 바다로 툭 튀어나온 곳을 빙 둘러 남쪽의 외옹치항까지 걷는 1km에 가까운 길이 열렸다. 파도 소리를 들으며 바다 위를 걷는다. 속초 해수욕장 너머로 속초의 스카이라인, 푸른 바다에 점점이 박힌 바위 절경이 근사하다. 다만 파도가 거친 날은 길이 통제된다.

♥ 강원 속초시 대포동 외옹치 해수욕장 주차장, 강원 속초시 대포동 712 외옹치항 🅿 가능 📞 033-639-2362 🕐 하절기 06:00~20:00, 동절기 07:00~18:00

3대가 이어온 속초의 서점
동아서점

#속초여행지등극 #책방그램 #마음의책상

서점이 한눈에 반할 만한 곳인가 싶겠지만, 동아서점에는 책 좋아하는 사람에게 전해지는 온기가 있다. 책장 구석구석의 책등을 슬며시 어루만지던 환한 햇살이 서점에 들어선 내 등을 쓰다듬는다. 정성껏 책을 골라 진열한 솜씨도 예사롭지 않다. 한편에 속초 감성을 듬뿍 담은 책들과 굿즈가 진열되어 여행자들을 환대하는 주인의 마음이 느껴진다.

📍 강원 속초시 수복로 108 P 가능 📞 0507-1413-1555 🕐 09:00~21:00
(일요일 휴무) 📷 @bookstoredonga

TIP 함께 읽으면 여행이 풍성해지는 책

당신에게 말을 건다
김영건 글, 정희우 그림 | 알마

할아버지와 아버지의 뒤를 이어 동아서점을 맡은 김영건 작가가 뜬금없이 서울에서 속초로 돌아오게 된 상황, 서점 주인의 소소한 일상을 솔직하게 썼다. 작가의 반듯한 글도 좋지만 아버지가 아들에게 보낸 투박하고 애정 담긴 편지가 이 책의 백미.

일곱 식구가 운영하는 친근한 동네 서점
문우당서림

#동네서점 #서점탐방 #속초서점

서점이 아니라 서림이다. 불빛을 감싼 책의 문장들이 나뭇잎처럼 숨을 쉰다. 책의 숲에서 길을 잃지 않도록 곳곳에 이정표도 놓았다. 모퉁이마다 책과 사람이 함께하는 공간이 있다. 2층에서는 자신의 이름을 밝힌 서림인들이 정성 어린 손 글씨로 책을 소개한다.

📍 강원 속초시 중앙로 45 P 가능 📞 033-635-8055
🕐 09:00~21:00 🏠 www.moonwoodang.com

회와 국수의 절묘한 조화
청초항 회국수

#매콤새콤 #회국수 #가자미회

청초항 회국수는 국수 위에 매콤새콤한 가자미회를 듬뿍 얹어 준다. 오독오독 씹히는 맛이 좋은 가자미와 부드러운 면발을 잘 비벼 먹다 보면 눈 깜짝할 새 한 그릇 뚝딱 비우게 된다.

📍 강원 속초시 엑스포로2길 29 1층 P 가능 📞 0507-1350-3360 🕐 09:30~20:30 ₩ 전복가자미물회 19,000원, 가자미회국수 10,000원

속초가 한눈에 내려다보이는
엑스포타워 전망대

#전망대 #스카이라인 #신선놀음

도시에서 가장 높은 전망대에 올라 아래를 내려다보는 일은 꽤 흥미롭다. 거인이라면 건물의 외관을 밟고 올라갈 수도 있을 것 같은 나선형의 엑스포 타워 전망대는 속초 곳곳에서 머리를 내밀며 존재감을 뽐낸다. 아기자기하게 가꾼 청초 호수공원, 바다까지 쭉 이어지는 청초호, 강렬한 빨간색 설악 대교가 그림 같다. 손재주가 많은 주인이 운영하는 카페 청초가 있다.

📍강원 속초시 엑스포로 72 📍가능 📞033-637-5083 🕐09:00~22:00(입장 마감 21:30) ₩성인 2,500원(도민 1,200원), 청소년 2,000원(도민 1,000원), 어린이 1,500원(도민 700원)

빨간 다리에서 내려다 본 푸른 바다
설악대교 전망대

#빨간다리 #설악대교전망대 #아바이마을
아바이마을 갯배 선착장에서 남쪽으로 내려오면 설악대교로 올라가는 엘리베이터가 나온다. 설악대교 위에는 보행자 통로가 있는데 휠체어 한 대가 지나갈 정도의 폭이다. 전망대에 서면 짙푸른 동해와 아바이마을이 한눈에 내려다보인다. 반대편에서는 울산바위와 청초호를 전망할 수 있다.

📍강원 속초시 청호동 920-1
📍아바이마을 주차장

설악대교가 보이는 '찐' 속초 풍경
브릭스블럭482

#설악대교뷰 #속초카페 #카페놀이

단정하고 육중한 문을 열고 들어서면 널찍하게 배치한 테이블 사이로 따스한 햇살이 스며든다. 파이프와 내장재가 드러난 인더스트리얼 인테리어에 내부 요소요소가 온통 네모반듯하게 꾸며져 있지만 따뜻한 색의 조명과 나무 의자 덕분에 분위기가 부드럽다. 1층과 2층의 통유리를 통해 빨간 설악대교가 보인다. 루프톱에서 바라보는 청초호와 그 너머 바다로 이어지는 풍경이 근사하다.

📍 강원 속초시 중앙로108번길 72 🅿 가능 📞 033-631-0031 🕙 10:00~21:00 ₩ 시그니처 브릭스블럭 7,000원, 크림라테 7,000원

층고 높은 카페 안의 초록 정원
시드누아

#플랜테리어 #식물카페 #속초카페

바깥 풍경은 계절 따라 변하지만 시드누아는 언제나 초록이다. 천정이 높고 부지가 넓어 키 큰 나무들과 사람들이 모여 있어도 그리 북적이지 않는다. 잔잔한 음악과 달콤한 디저트도 만족스럽다. 야외 자리에서 설악산 울산바위를 바라보며 바람꽃마을의 바람을 품어도 좋다.

📍 강원 속초시 바람꽃마을1길 38 🅿 가능 📞 0507-1432-0120 🕙 10:00~18:00 ₩ 블랙커피 5,800원, 카페라테 6,300원, 오미자에이드 7,300원

속초에서 루프톱을 즐기고 싶다면?
구펍 R.9PUB

#속초수제맥주 #오션뷰 #안주맛집

편안한 소파 자리, 알록달록한 의자가 흥을 돋우는 자리, 여럿이 와도 좋은 널찍한 테이블 자리 등 테마를 달리하는 공간이 배치되어 있으니 취향껏 골라 앉자. 속초 대표 브루어리인 크래프트루트 외에도 아트몬스터, 비어바나 등 전국의 수제 맥주를 탭에서 직접 따라 맛볼 수 있다. 맥주 맛도 일품이지만 음식과 안주도 맛있어 가족끼리 방문해도 좋다.

📍강원 속초시 대포항길 186 롯데리조트속초 콘도동 9층 🅿가능 📞033-634-1280 🕐11:00~24:00 ₩9PUP 버거 15,000원, 전기구이 통닭 28,000원, 수제 맥주는 가격 변동

속초 여행을 기념하며 한잔
크래프트루트

#속초맥주 #맛있는맥주 #맥덕의여행

서울 익선동에 있는 '크래프트루'를 가본 적이 있다면 크래프트루트의 맥주와 피자가 꽤나 반가울 테다. 속초의 지역명과 특색을 맥주 이름에 붙여 흥미롭다. 설 IPA, 속초 IPA, 갯배 필스너, 아바이 바이젠, 동명항 페일에일, 대포항 스타우트라니. 하나도 빠짐없이 맛보고 싶다면 캔맥주를 구입하는 좋은 방법이 있다. 멋진 일러스트가 그려진 캔은 기념품으로도 제격.

📍강원 속초시 관광로 418 🅿가능 📞070-8872~1001 🕐월~목요일 16:00~23:00, 금요일 16:00~24:00, 토요일 12:00~24:00, 일요일 12:00~23:00 ₩콤비네이션피자 24,000원, 속초IPA 7,000원 🏠www.craftroot.co.kr

파도치는 날은 서핑을
양양

양양이라 하면 어르신들은 낙산사와 하조대를 떠올릴 테고, 젊은이들은 서피비치와 양리단길을 떠올릴 테다. 달리 말하면 세대를 뛰어넘어 사랑받는 여행지라는 뜻도 된다. 서울-양양 고속도로가 뚫리면서 수도권에서 2시간이면 갈 수 있으니 얼마나 좋은가.

시원한 여름 서퍼들의 천국

양양의 바다는 모두에게 행복이다. 바닷물에 풍덩 뛰어들고픈 사람에게도, 신나게 서핑을
하고픈 사람에게도, 바닷바람 맞으며 해산물을 맛보고픈 사람에게도,
책이나 한 권 들고 유유자적 바닷가를 산책하고 싶은 사람에게도, 심지어 반려견들에게도 참 좋은 양양이다.

©오원호

#거리두기스폿 #서핑을위한 #서퍼들의바다

40년 만에 개방된 청정 해변

서피비치

군사 시설이 많아 드문드문 철조망이 쳐졌던 동해안이 슬금슬금 개방되면서 저마다의 온전한 모습을 드러내기 시작했다. 서피비치도 그중 하나다. 오랫동안 사람의 발길이 닿지 않아 여전히 청정함을 자랑하는 해변을 보니 다행스럽다고 해야 하나. 옛 모습이야 어찌되었든 여름이면 동남아 휴양지 못지않게 화려하고 시끌벅적하다. 서핑을 즐기는 사람들의 활기와 낮맥을 즐기는 사람들의 여유가 공존한다. 서핑 전용 해변이어서 스위밍존이 따로 있고, 빈백존, 해먹존도 별도로 있으니 원하는 곳에서 바다를 즐기면 된다. 서피비치라는 이름에 걸맞게 1,000여 대의 서핑 장비를 갖추고 수준별 강습을 진행한다.

📍 강원 양양군 현북면 하조대해안길 119
🅿 가능 📞 1522-2729 🕐 09:00~18:00, 서핑 스쿨 운영 시간 10:00~18:00(시즌별 상이) 💰 입장료 무료, 서피 패스 10,000원(빈백, 해먹, 선 베드, 파라솔, 물품 보관소 이용료, 음료 1잔 포함), 서핑 체험 패키지(강습 포함) 3시간 60,000원, 매년 시즌별로 가격 변동 🏠 www.surfyy.com

©오원호

하조대 전망대에서 바라본 풍경

'애국송'이 자리한 일출 명소
하조대와 하조대 전망대

#거리두기스폿 #일출맛집 #깊고푸른바다

대臺는 '사방을 볼 수 있는 높은 곳'이라는 뜻인데, '대' 위에 정자를 세웠기 때문에 하조정이 아니라 하조대라 불린다. 조선시대의 개국공신 하륜과 조준의 성을 따서 지은 이름이다. 절벽이 높아서 그런지 하조대 앞바다는 더욱 짙푸르고, 파도는 더욱 하얗게 부서진다. 하조대의 풍광에서 빼놓으면 섭섭한 것이 바로 수령 200년의 소나무다. 애국가의 영상에서 일출과 함께 소개되면서 '애국송'이라고도 불린다. 소나무 한 그루 덕분에 경치가 더욱 빛난다. 하조대 전망대는 하조대 해수욕장 쪽에 새로 만든 전망대다. 하조대 전망대에서는 하조대 해수욕장과 서피비치까지 볼 수 있지만 아쉽게도 하조대는 보이지 않는다.

하조대
📍 강원 양양군 현북면 하광정리 하조대 주차장 🅿 가능 📞 033-670-2516 🕐 일출 30분 전~20:00(하계), 일출 30분 전~17:00(동계)

하조대 아래 200년 된 소나무

하조대 전망대
📍 강원 양양군 현북면 하륜길 54 🅿 가능

서핑을 마치고 피자와 맥주 한잔

#양양맛집 #시카고피자 #피맥

싱글핀 에일웍스

빨간색 귀여운 오토바이를 발견하면 맞게 찾아간 것이 틀림없다. 층고가 높은
건물 1층에는 서핑보드처럼 길쭉한 테이블을 두었고, 2층에는 바다를 향해
창을 낸 테이블을 두었다. 여름에 여럿이 간다면 파티 기분 나는 바깥자리
가 탐날 만하다. 치즈를 아끼지 않고 부어 넣은 시카고피자와 여름을 닮은
하와이언 에일이 맛있다. 아트 컨테이너 안의 전시도 놓치지 말자.

📍 강원 양양군 현북면 하조대2길 48-42 🅿 가능 📞 0507-1465-1175 🕐 11:00
~22:00, 브레이크 타임 15:00~17:00 ₩ 페퍼로니 시카고피자 29,500원, 클래식 시
카고피자 26,000원, 선샤인골든에일 6,000원 🏠 www.singlefin-aleworks.com

낮에도 예쁘고 밤에도 예쁘다

#비치클럽 #비치바 #서피비치바

선셋바

밤낮으로 신나는 음악이 끊임없이 흐르며 서피비치의 흥겨움을 담당한다. 따뜻한
커피부터 시원한 주스와 맥주, 다양한 칵테일과 샴페인, 치즈버거와 피자를 판매한
다. 1층이나 2층의 마음에 드는 자리에 앉아 서피비치의 이국적인 풍경을 즐겨보자.
여름이면 한낮의 열기가 밤까지 이어져 매일 밤이 축제다.

📍 강원 양양군 현북면 하조대해안길 119 🅿 가능 📞 1522-2729 🕐 하절기 09:00~02:00,
동절기 10:00~20:00(시즌별 상이) ₩ 코로나 7,000원, 아인슈페너 6,000원, 치즈버거 13,000
원 🏠 www.surfyy.com

찰랑찰랑 물장구치며 한잔
스케줄양양

#밤에도물과함께 #풀사이드바 #느낌아니까

외국에나 있는 줄 알았던 풀사이드 바가 양리 단길에서 위용을 뽐낸다. 서핑 클래스를 운영 하던 서프월드에서 서핑을 마친 저녁에도 물을 즐길 수 있는 아일랜드 풀 바를 지었다. 시원한 물에 발을 담그고 담소를 나누면 더위가 싹 사 라진다. 물에 반사되는 알전구의 반짝임도 좋 고 물속에서 은근한 색을 내비치는 조명도 근 사하다. 하지만 수영은 노노, 노키즈 노펫존.

📍 강원 양양군 현남면 인구길 56-3 🅿 인구 해수욕 장 주차장 📞 033-673-0236 🕐 16:00~02:00(시 즌별 상이, 10~5월 운영 안함) ₩ 페퍼로니 피자 25,000원, 아메리카노 6,000원, 생맥주 12,000원 🏠 www.surfworld.co.kr

죽도 앞의 맑고 푸른 바다
솔티캐빈

#서핑구경 #커피한잔 #바다풍경

바다를 전망하기 좋은 카페인 줄만 알았는데 서핑 복합 문화 공간이다. 1층에 전시된 의류와 장비 모두 판매하는 물품이다. 대나무로 마감한 천장과 나무색 인테리어가 따뜻한 느낌을 주는 2층과 루프톱인 3층 모 두 바다를 향해 완전히 열려 있다.

📍 강원 양양군 현남면 새나루길 33 🅿 죽도정 입구의 주차장 📞 033-672- 2244 🕐 10:00~19:30(30분 전 주문 마감) ₩ 아이스아메리카노 5,500원, 자 몽에이드 6,500원

해외의 해변 부럽지 않은 분위기
알로하웨이브

#하와이느낌 #해변맛집 #서핑하며한입

눈부신 원색으로 치장하고 인사를 건네는 식당이다. 서핑을 하다 배가 고파 뛰어들어 와도 언제나 반갑게 맞을 수 있도록 모두 방수 좌석이다. 메인 메뉴도 서퍼를 위한 포케다. 포케는 하와이 서퍼들이 서핑 도중에 주로 먹는 간편한 음식인데, 신선한 채소와 생선을 얹어 비벼 먹으면 마치 회덮밥 느낌이 난다. 음식 맛도, 분위기도 좋아 하와이 부럽지 않다.

📍 강원 양양군 현남면 새나루길 43 알로하웨이브
🅿️ 죽도정 입구 주차장 📞 0507-1338-2528
🕐 11:00~24:00 ₩ 연어유자폰즈포케 12,000원,
수제갈릭함박스테이크 14,000원, 빅웨이브 10,000
원 📷 @_alohawave_

육즙 좔좔 수제 버거의 참맛
파머스키친

#양양맛집 #줄을서시오 #수제버거

바다 앞에서 농부의 부엌을 내세운 수제 버거집이라니, 장사가 잘될까 궁금했는데 언제 가도 사람들이 줄을 선다. 비결은 맛이 아닐까. 육즙이 배어나는 두툼한 패티에 아낌없이 꽉꽉 채워 넣은 갖은 채소와 소스를 넣은 버거를 한 입 베어 물면, 이 정도는 되어야 수제 버거 맛집이지 싶다. 재료가 떨어지면 바로 마감하니 일찍 가서 줄을 서는 수밖에.

📍 강원 양양군 현남면 동산큰길 44-39 🅿️ 가능 📞 0507-1309-0984
🕐 11:00~18:00, 브레이크 타임 15:00~16:00, 주문 마감 14:30, 17:30(화·수요일 휴무) ₩ 치즈버거 7,500원, 하와이언버거 9,000원, 감자튀김 5,500원, 치즈버거 세트 13,000원

청량한 바닷바람으로 힐링

양양군에서 선정한 '양양 8경' 중 의상대, 하조대, 남애항, 죽도정과 남대천에 이르는 다섯 곳이
모두 바다와 면해 있다. 아기자기한 매력을 품은 아름다운 남애항부터 마음을 쉬어가게 하는 휴휴암,
기암괴석이 가득한 섬 속의 정자 죽도정, 아름다운 전설이 붉게 피어나는 일출 명소 하조대,
관음보살을 만날 수 있는 낙산사까지 하늘과 맞닿은 푸른 바다가 펼쳐진다.

TIP 양양 바다를 따라 드라이브

푸른 바다를 끼고 달리는 양양의 해안 드라이브길
은 가장 남쪽에 위치한 남애항부터 가장 북쪽의 낙
산사까지 거리가 30km도 안 될 만큼 짧지만, 볼거
리가 다양해 밀도 있는 드라이브 코스를 자랑한다.
죽도에서 하조대로 가는 길에는 경치 좋기로 유명
한 3.8선 휴게소가 있으니 들러봐도 좋다.

동해의 숨은 비경
휴휴암

#거리두기스폿 #카페도있는 #작은암자

작은 암자인 휴휴암은 1년에 270만 명 이상이 찾는다는 동해의 숨은 비경이다.
쉬고 또 쉰다는 뜻의 이름처럼 잠시 쉬어가자. 소풍 가기 딱 좋은 작은 모래사장
뒤로 100평 남짓한 너럭바위가 펼쳐지고 바위 주위에는 황어 떼가 몰려다닌다.
고기밥을 던져주면 물빛이 시꺼멓게 변할 정도인데 새들도 이곳의 물고기만은
잡아먹지 않는다니 신기할 따름이다.

📍 강원 양양군 현남면 광진2길 3-16 🅿 가능 📞 033-671-0093 🕘 09:00~18:00

아름다운 양양 8경 중 하나
남애항

#양양8경 #아름다운항구 #전망대

양양 8경 중 가장 남쪽에 위치한 남애항은 아담하지만 '동양의 베네치아'라고
불릴 만큼 아름다운 항구다. 올망졸망한 어선들이 쉴 새 없이 드나드는 항구의
풍경은 가까이서 보아도 근사하지만, 전망대에 올라가서 보아야 제격이다. 항구
로 불어드는 짭조름한 바닷바람을 맛보고 나야 양양에 왔음을 실감한다.

📍 강원 양양군 현남면 매바위길 138 🅿 가능

의상대사가 창건한 천년 고찰
낙산사

#의상대사 #해수관음상 #관음성지

의상대

낙산사는 신라시대에 의상대사가 세운 절이다. 의상대사가 관음보살이 머문다는 양양의 동굴에 앉아 기도를 했는데, 관음보살이 나타나 대나무가 돋아난 곳에 불전을 지으라 하여 세운 게 원통보전이다. 현판은 묵직하고 단청은 섬세하다. 홍련암은 의상대사가 붉은 연꽃 속 관음보살을 만나고 지은 암자다. 낙산사 하면 의상대를 떠올리지만 여행을 많이 다녀본 사람들은 홍련암을 더욱 높이 친다. 의상대사가 수행하던 자리에 지은 정자 의상대는 송강 정철이 '관동 8경'의 하나로 꼽을 만큼 수려한 경치를 뽐낸다. 낙산사 해수관음상에 예를 올리고 나서는 불전함 밑에 있는 두꺼비를 쓰다듬자. 여행복과 재물복을 준다고 한다.

📍 강원 양양군 강현면 낙산사로 100 🅿 가능, 4,000원
📞 033-672-2447 🕐 08:00~18:30(입장 마감 17:30, 반려동물 출입 불가) 🏠 www.naksansa.or.kr

원통보전

해수관음상

의상대에서 바라보는 홍련암

느긋하게 거닐며 파도 소리 즐기는

#거리두기스폿 #일출명소 #소나무숲

낙산 해수욕장

낙산 해수욕장은 깊고 푸른 바다와 희고
깨끗한 모래사장을 자랑한다. 바다가 내려
다보이는 숙소와 해산물을 파는 식당이 많
다. 이곳에서 하룻밤 묵는다면 일출 감상에
도전해보자. 넓은 바다에서 솟아오르는 해
를 마주하는 것만으로도 온몸에 행복한 기
운이 충만해진다.

📍 강원 양양군 강현면 해맞이길 59 🅿 가능
📞 033-670-2518 🕐 06:00~22:00

정자에서 즐기는 죽도의 매력

죽도정과 죽도 전망대

#거리두기스폿 #전망대뷰 #양양핫플

언덕 위 작은 정자가 양양 8경에 꼽힌 이유가 있다. 죽도정까지 오르기도 전
에 탄성이 절로 난다. 죽도암을 지나 만나는 독특한 바위들의 모양새가 햇
살이 비추는 각도에 따라 다양한 모습을 선사한다. 소나무와 대나무로 둘
러싸인 죽도정에 앉아 있으면 마음이 넉넉하게 비워진다. 최근에 죽도 전망
대를 지었으나 죽도정만 있을 때의 운치만 못하다.

📍 강원 양양군 현남면 인구리 죽도정 🅿 가능

죽도 전망대

죽도정

입도 눈도 마음도 즐거운 도시
강릉

자연을 벗 삼아 지친 심신을 위로하는 힐링 여행을 하고 싶은 욕심, 우아한 카페에 앉아 커피를 마시고 미술관을 거니는 도시 여행의 묘미, 이 2가지 모두 놓칠 수 없어 고민이라면 강릉으로 떠나자. 강릉은 여전히 놀랍고 매력적이다.

물이 맑아 커피도, 맥주도 맛있다

예부터 강릉은 경남 김해, 하동과 함께 우리나라 3대 차 성지 중의 하나였다.
아마도 대관령에서 내려오는 맑은 물 때문이리라. 물맛이 좋은 강릉은 차 대신 커피로 유명해져
국내에서 최초로 커피 축제를 개최했고, 1세대 바리스타뿐만 아니라 커피 공장, 커피 박물관 같은
커피 콘텐츠가 다양하다. 최근에는 물 좋은 강릉의 브루어리도 유명세를 타는 중이다.

풍경도 커피도 빵도 만족스러운

곳

#거리두기스폿 #오션뷰카페 #천국의계단

바다가 내려다보이는 크고 환한 통창에서 햇살 담뿍 받으며 마시는 커피 한잔의 로망을 꿈꾼다면 '곳'만 한 카페가 또 있을까. 1층과 2층이 모두 통유리로 마감되어 어디에 앉아도 하늘색 바다가 손에 닿을 듯 가까이 보인다. 문을 활짝 열어둔 1층에서도, 테라스가 있는 2층에서도 시원한 바닷바람을 즐길 수 있다. 3층의 루프톱에는 바다를 향해 하늘로 뻗은 계단이 있어 인생 사진을 찍는 사람도 많다. 아침 일찍부터 갓 구운 빵 냄새가 카페에 가득하다. 보기만 해도 입 안이 달콤해지는 케이크와 영롱한 과일을 얹은 타르트, 페이스트리에 마카롱까지 종류도 다양하다. 커피 한잔에 따끈한 빵, 바다가 보이는 풍경을 곁들여 브런치를 즐겨도 좋다.

📍 강원 강릉시 사천면 진리해변길 143 🅿 가능 📞 033-646-4500 🕙 09:00~21:00 ₩ 아메리카노 5,500원, 바다라테 6,500원, 사천바다요거트 6,500원
📷 @place_coffee_

커피의 맛과 멋을 동시에
테라로사 커피공장

#강릉본점 #커피박물관 #분위기좋아

여행하는 기분을 조금 더 느끼고 싶다면 테라로사 커피를 마시러 본점으로 가보자. 전국에 여러 개의 지점이 있지만 강릉이 본점이다. 따뜻한 색깔의 벽돌 건물과 은은한 커피 향이 맞이한다. 다양한 커피 메뉴 외에 빵과 케이크의 종류도 많다. 날씨가 좋으면 야외 좌석을 추천한다. 건물로 둘러싸인 안쪽 공간은 아기자기해서 이야기 나누기 좋고, 탁 트인 바깥 공간은 졸졸 흐르는 시냇물 소리와 더불어 유유자적하기 좋다. 기념품 숍에서 굿즈와 커피를 구매할 수 있다. 테라로사의 커피 박물관은 오전 10시부터 오후 5시까지 매 시간 정각에 가이드 투어로 진행하며 커피 테이스팅이 포함된다. 인원 제한이 있으니 미리 예매해두자.

📍 강원 강릉시 구정면 현천길 25 🅿 가능 📞 033-648-2760 🕐 카페 09:00~21:00, 커피 박물관 09:00~17:00(예약 필수) ₩ 핸드 드립 커피 6,000~10,000원, 카페라테 6,000원/ 커피 박물관 입장료 성인 12,000원, 어린이 8,000원 📷 @terarosacoffee

커피 한잔 들고 해변을 산책해볼까

안목 해변 카페 거리

아름다운 호수와 바다를 보기 위해 강릉을 찾은 이들은 안목 해변을 둘러보다 자판기에서 커피를 뽑아 마셨다. 바다를 보며 마신 자판기표 헤이즐넛 커피가 그렇게나 맛있다고 입소문이 나기 시작했다. 2000년 이후 통유리로 된 카페, 루프톱 카페 등이 들어서면서 카페 거리라는 이름을 얻었다. 통유리 너머로 바다를 볼 수 있는 카페가 많아 강릉 여행에서 빠지지 않는 데이트 코스이기도 하다. 보사노바 커피로스터스는 흰 천이 나부끼는 4층의 야외 테라스에서 시간을 보내기 좋다. 키크러스커피는 연탄빵, 엘빈커피는 직접 만드는 케이크와 타르트가 맛있기로 유명하다.

안목 해변 카페 거리
📍 강원 강릉시 창해로14번길 20-1 🅿 가능
🕐 06:00~22:00 🏠 www.anmokbeach.co.kr

보사노바 커피로스터스
📍 강원 강릉시 창해로14번길 28 🅿 가능 📞 033-653-0038 🕐 평일 08:00~22:00, 주말 07:30~22:00 ₩ 아메리카노 5,000원, 카페라테 5,000원, 핸드 드립 커피 6,000원 🏠 www.bncr.co.kr

키크러스커피
📍 강원 강릉시 창해로14번길 48-1 🅿 안목 해변 공영주차장, 강릉항 주차장 📞 033-653-6004
🕐 일~목요일08:00~24:00, 금·토요일 08:00~01:00 ₩ 연탄빵 9,000원, 아메리카노 5,000원

엘빈커피
📍 강원 강릉시 창해로14번길 34-1 🅿 가능
📞 033-652-2100 🕐 09:00~22:00
₩ 아메리카노 4,800원, 카페라테 5,500원

TIP 노을과 함께 커피 한잔

안목 해변 카페 거리가 가장 근사한 시간은 해가 등 뒤로 넘어가며 그림자가 길어지는 오후다. 한여름이 아닌 경우 아침저녁으로 바닷바람이 무척 쌀쌀하니 야외 좌석에 앉고 싶다면 따뜻하게 입고 가자.

커피에 대한 거의 모든 지식
커피커퍼 박물관

#거리두기스폿 #커피장인 #강릉커피

5층에는 커피 추출 도구들이, 3층에는 로스터와 그라인더, 은 세공 장인들이 만든 화려한 집기들이, 2층에는 세계 여러 나라의 커피 도구가 놓여 있다. 각 층에 놓인 근사한 소파, 탁자와 의자가 비치된 우아한 공간 어디에서든 커피를 마실 수 있다. 수백 년의 시간을 뛰어넘어 이곳에 정착한 3,000여 점의 커피 유물에 둘러싸여 커피를 마셔보자. 강릉에 살았더라면 단골이 되지 않았을까 싶다.

📍 강원 강릉시 해안로 341 🅿 가능 📞 0507-1361-5604 🕐 09:00~18:00(30분 전 입장 마감) ₩ 1인 1음료 주문 시 박물관 입장 무료, 아메리카노 5,000원, 아이스티 5,000원, 핸드 드립 커피 7,000~15,000원 🏠 www.cupper.kr

커피 맛 좀 아는 사람이라면
보헤미안 박이추커피

#핸드드립커피 #커피공장 #조용한카페
대한민국 1호 바리스타 박이추 선생이 운영하는 조용한 분위기의 카페. 커피를 좋아하는 어르신과 함께 여행한다면 핸드 드립 커피의 맛을 즐기러 가보자.

📍 강원 강릉시 사천면 해안로 1107 🅿 가능 📞 033-642-6688 🕐 09:00~18:00 ₩ 파나마 게이샤 12,000원, 모닝 세트 8,000원, 오늘의 커피 6,000원 🏠 www.bohemian.coffee

고소하고 시원한 흑임자 커피
카페 툇마루

#흑임자가뭐라고 #카페그램 #줄을서시오
흑임자 커피로 유명하다. 2층 건물로 확장 이전하면서 넓은 실내 공간, 대나무 숲에 자갈을 깔아둔 포토 스폿까지 구비했다. 굳이 1시간씩 줄을 서서 기다려야 할 맛인지는 의견이 분분하다.

📍 강원 강릉시 난설헌로 232 🅿 길가에 주차 📞 0507-1349-7175 🕐 11:00~19:00(화요일 휴무) ₩ 툇마루커피 6,000원, 플랫화이트 5,000원 📷 @cafe_toenmaru

맥주도 피자도 분위기도 맛있다
버드나무 브루어리

#분위기좋은펍 #강릉대표브루어리 #강릉맥주

서울의 어느 펍에서 버드나무 브루어리의 맥주를 처음 마시고는 얼마나 감탄했는지, 강릉에 가면 꼭 버드나무 브루어리의 맥주를 종류별로 마셔보리라 결심했다. 벽돌과 노출 콘크리트로 마감한 실내 자리도, 달빛 비추는 야외 자리도 분위기가 근사하다. 게다가 소문대로 피자 맛집! 안주까지 맛있으니 맥주 맛은 말해 무엇.

📍 강원 강릉시 경강로 1961 🅿 강릉 홍제동 주민센터 옆 공영주차장 📞 033-920-9380 🕐 12:00~23:00, 브레이크 타임 16:00~17:00(1시간 전 주문 마감) ₩ 미노리 세션 7,000원, 즈므 블랑 7,000원, 하슬라 IPA 8,000원, 버드나무 샘플러 18,000원, 강릉송고버섯 피자 29,000원 📷 @Budnamu

젊은 감각의 크래프트 비어 펍
건도리펍

#강릉핫플등극 #생맥주 #포토제닉

바닷가를 따라 번쩍이는 횟집이 즐비한 거리에 굉장히 감각적인 인테리어로 마감한 펍이 있다. 1층과 2층은 멋들어진 조명으로 존재감을 뽐내는 건도리횟집이고, 지하는 건도리횟집에서 운영하는 젊은 감각의 크래프트 비어 펍인 건도리펍이다. 싱싱한 해산물로 요리하는 안주가 기대 이상이다. 맥주 한잔 마시며 분위기를 내고 싶을 때 딱 좋다.

★ 2024년 1월 현재 내부 공사로 휴업 중

📍 강원 강릉시 창해로 427 지하층 🅿 해변 쪽 길가에 주차 📞 010-9973-1155 🕐 일~목요일 18:00~24:00, 금·토요일 18:00~01:30(화요일 휴무) ₩ 건도리 페일에일 9,000원, 하이네켄 생맥주 7,000원, 문어튀김 22,000원

예술적 감각이 여전히 살아 있네

당대 최고의 화가였던 신사임당, 철학적인 글로 국사를 논하던 율곡 이이, 섬세한 시인이었던 허난설헌,
사회의 모순을 지적하던 소설가 허균이 그동안 강릉의 대표 예인이었다. 이제는 바다를 품은
예술적 공간을 만든 조각가 박신정·최옥영 부부, 60년 가까이 전 세계의 축음기와 영사기를 수집한 손성목 관장,
〈도깨비〉와 〈미스터 션샤인〉을 집필한 드라마 작가 김은숙이 뒤를 잇는다.

5,000원권에 새겨진 오죽헌 풍경

검은 대나무의 정기가 서린

오죽헌

#거리두기스폿 #신사임당의친정 #이율곡의생가

신사임당과 율곡 이이가 태어난 오죽헌을 둘러보며 단아한 한옥과 멋스러운 소나무를 감상하자. 신사임당의 생전에도 있었다는 수령 600년의 배롱나무가 앞뜰에 있어 여름이면 운치를 더한다. 뒤뜰에는 오죽헌이라는 이름에 걸맞게 줄기가 가느다란 검은색 대나무가 빼곡하다. 안채에서는 추사 김정희의 글씨를 볼 수 있고, 정조 임금이 친히 이름을 지어준 어제각 안에는 율곡의 유품인 벼루와 《격몽요결》의 원본이 있다. 오죽헌 앞의 널따란 광장 바닥에는 5,000원권에 새겨진 오죽헌의 풍경을 그대로 담을 수 있는 자리를 표시해두었다. 그 자리에서 사진을 찍으면 오죽헌의 근사한 모습을 간직할 수 있다.

📍 강원 강릉시 율곡로3139번길 24
🅿 가능 📞 033-660-3301
🕘 09:00~18:00(1시간 전 입장 마감)
💰 성인 3,000원, 청소년·군인 2,000원, 어린이 1,000원
🏠 www.gn.go.kr/museum

안채와 추사의 글씨

격몽요결

율곡의 벼루

자연과 예술의 절묘한 조화

하슬라아트월드

#거리두기스폿 #미술관옆바다 #복합문화공간

'하슬라'는 고구려시대에 강릉을 일컫던 옛 이름이다. 앞으로는 바다가 펼쳐지고, 뒤로는 산으로 둘러싸인 건물이 화려한 색으로 빛을 머금는다. 공간에 대한 감각이 무척 세심하고 뛰어나다. 조각가 부부인 박신정과 최옥영이 함께 디자인하고 만들었다. 자연의 에너지를 가장 잘 드러내는 원색으로 표현한 아비지 특별 갤러리는 하슬라아트월드의 개성을 가장 잘 보여준다. 피노키오와 마리오네트 박물관에는 세계에서 수집한 다양한 인형과 실제로 움직이는 마리오네트가 있어 인기다. 야외 조각공원도 근사하다. 해안 절벽의 초록이 우거진 길을 따라 조각 작품들이 서 있다. 소나무 정원을 자박자박 걸어 시간의 광장으로 나서면 시간이 멈춘 듯한 풍경을 맞이한다. 하늘을 나는 자전거가 바다를 달린다.

📍 강원 강릉시 강동면 율곡로 1441 🅿 가능 📞 033-644-9411 🕐 미술관 09:00~18:00, 레스토랑 11:30~18:00 ₩ 성인 17,000원, 청소년 13,000원, 어린이 11,000원 🏠 www.museumhaslla.com

현대미술관

아비지 특별 갤러리

TIP 하슬라아트월드를 가장 잘 즐기려면!

꼼꼼하게 둘러보려면 3~4시간은 기본. 야외 정원에서 한가롭게 거닐고 싶다면 시간을 여유롭게 잡자. 통유리 너머로 바다가 이어지는 레스토랑 안에도 작품이 가득하다. 레스토랑은 미리 예약을 권한다. 건물 안에 뮤지엄 호텔도 있어 하룻밤을 근사하게 지낼 수 있다.

피노키오와 마리오네트 박물관

야외 조각공원

빵 굽는 냄새 가득한 책방

고래책방

#다시가보자 #동네서점 #책구경

국내 여행의 재미 중 하나가 동네 서점 구경이다. 지하부터 3층까지의 규
모도, 좋은 책을 선별해둔 안목도 놀랍다. 지하 1층에는 강릉을 주제로
한 책들만 모아두었다. 강릉과 강원도를 둘러보는 여행책들, 허난설헌에
서 드라마 작가 김은숙에 이르는 강릉 문인들의 책들이 흥미롭다. 1층의
고래빵집도 맛있기로 유명하다.

📍 강원 강릉시 율곡로 2848 🅿 가능 📞 0507-1437-0704 🕐 08:00~20:00
📷 @gore_bookstore

캠핑을 떠나온 그날처럼 맑음

이엠스튜디오 에브리모먼트커피

#거리두기스폿 #캠핑분위기 #가죽공방

환한 마당에 캠핑용 천막을 쳤다. 여름에는 그늘이 되어
주고 겨울에는 난로를 품어 포근하다. 실내에 앉아 밖을
내다보는 기분도 아늑하다. 1층에는 카페와 펍, 트래블
라운지가 있고, 2층에서는 가죽 공방을 운영한다.

📍 강원 강릉시 난설헌로 228-29 🅿 가능 📞 0507-1374-0306
🕐 11:00~24:00(수요일 휴무) ₩ 아메리카노 5,300원, 콜드브
루 6,000원, 이엠슈페너 6,500원 📷 @everymoment_coffee

파란 옷의 우체부와 강아지 벼리

포스트카드오피스

#엽서맛집 #기념품숍 #오직강릉에만

관광지 한복판이 아닌 주택가 한구석에 자리한 조용한
엽서 가게가 입소문을 타고 유명해졌다. 독특한 분위기와
개성 넘치는 엽서들, 굿즈들로 여행을 기념해볼까.

📍 강원 강릉시 화부산로40번길 29 풍림아이원아파트 상가 5호
🅿 교동 풍림아이원아파트 상가 앞 주차 📞 0507-1342-1084
🕐 13:00~18:00(화~목요일 휴무) ₩ 포스트카드오피스 엽서
1,500원, 강릉여행 자석 8,000원 📷 @postcard.office

참소리 축음기박물관

참소리 축음기박물관·에디슨 과학박물관·손성목 영화박물관

#에디슨덕후 #흥미진진 #감동적인소리

강릉까지 가서 왜 박물관이냐고 묻는다면, 강릉의 멋진 풍경에 결코 뒤지지 않는 컬렉션이라 답하겠다. 손성목 관장은 20대 때부터 전 세계에서 축음기를 비롯한 전구, 영사기, 자동차 등 에디슨의 발명품들을 수집했다. 한 개인이 60년 동안 모아온 컬렉션의 규모도 놀랍지만 소리와 빛과 영상의 역사를 직접 체험하고 나면 놀라움을 넘어 감동이 밀려온다.

📍 강원 강릉시 경포로 393 🅿 가능 📞 033-655-1131
🕐 10:00~17:00(1시간 30분 전 입장 마감, 화요일 휴관)
₩ 세 곳의 박물관 통합 입장권 성인 15,000원, 청소년 12,000원, 어린이·경로 9,000원, 미취학 아동 6,000원(온라인 예매 시 할인) 📷 @charmsori_museum

에디슨 과학박물관

손성목 영화박물관

허균·허난설헌 기념관

#거리두기스폿 #난설헌허초희 #홍길동전허균

남존여비 사상이 강하던 시대에 여성의 삶을 글로 쓴 난설헌 허초희는 중국과 일본에서도 시집을 낼 정도로 천재성을 인정받았고, 적서 차별의 시대에 서자로 태어난 교산 허균의 비판적 의식은 《홍길동전》으로 빛을 발했다. 기념관에서 두 사람의 문학적 성취를 엿볼 수 있다. 허난설헌이 태어난 고택은 후대에 증축해 널찍하다. 부지가 넓고 소나무 숲이 근사하게 펼쳐져 거닐기 좋다.

📍 강원 강릉시 난설헌로193번길 1-29 🅿 가능 📞 033-640-4798 🕐 09:00~18:00(월요일 휴무)

허난설헌 생가

고요하고 아름다운 호수의 경치

경포호와 경포대

#거리두기스폿 #월파정 #호수공원

관동 8경 중의 으뜸은 바로 경포대. 바다와 호수를 모두 끌어안은 경포대에 앉아 경치를 음미해보자. 여느 카페 부럽지 않다. 경포호 한가운데 우뚝 솟은 바위에는 월파정이 있다. 호수에 비친 달의 윤슬이 얼마나 고왔으면 호수 한가운데 정자를 짓고 노를 저어 들어갔을까.

경포대 ♥ 강원 강릉시 경포로 365 **ℙ** 가능 ☎ 033-640-4471 ⏰ 09:00~18:00 ♠ www.gyeongpolake.co.kr

경포호수광장 ♥ 강원 강릉시 초당동 459-28 **ℙ** 경포호수광장 주차장 ♠ www.gyeongpolake.co.kr

---

서울에서 정동 쪽에 위치한 바다

정동진 해수욕장과 모래시계공원

#일출명소 #모래시계 #드라마촬영지

ⓒ김미경

정동진은 일출 명소다. 정동진역에서 5분 거리에 바다가 있어 해돋이 관광열차를 타고 가 일출을 보는 무박 2일 여행이 가능하다. 세계에서 가장 큰 모래시계가 있는 모래시계공원에서는 정동진 해수욕장까지 레일바이크를 타고 오갈 수 있다.

정동진 해수욕장 ♥ 강원 강릉시 강동면 정동진리 259 **ℙ** 가능 ☎ 033-640-4604

모래시계공원 ♥ 강원 강릉시 강동면 정동진리 산2 **ℙ** 가능 ☎ 033-640-4533 **₩** 공원 무료/ 정동진 시간박물관 성인 9,000원, 청소년 6,000원, 어린이 5,000원/ 정동진 레일바이크 2인승 25,000원, 4인승 35,000원, 레일바이크+시간박물관 패키지 할인 ♠ 정동진 시간박물관 www.timemuseum.org, 정동진 레일바이크 www.railtrip.co.kr

---

날이 적당해서 모든 게 좋았다

주문진항과 영진 해변, 향호 해변

#거리두기스폿 #촬영지 #도깨비는어디에

강원도에서 가장 큰 항구인 주문진항은 아침저녁으로 분주하다. 아침에는 밤새 잡은 활어를 하역하고, 저녁에는 싱싱한 활어를 사고판다. 주문진항의 남쪽 영진 해변에는 드라마 〈도깨비〉의 한 장면을 촬영한 짧은 방파제가 있다. 주문진항의 북쪽에는 BTS의 〈봄날〉 뮤직비디오에 등장한 향호 해변 버스 정류장이 있다.

ⓒ김미경

영진 해변 〈도깨비〉 촬영지
♥ 강원 강릉시 주문진읍 해안로 1609 **ℙ** 가능

향호 해변 버스 정류장 ♥ 강원 강릉시 주문진읍 향호리 8-39 **ℙ** 주문진 해수욕장 주차장 ☎ 033-640-5420

강릉에서 이 정도는 먹어줘야지

맛집만 잘 골라도 여행의 반은 성공한 셈이 아닐까? 강릉에 갔으니 강릉에서 태어난 음식을 맛보자.
바닷물을 간수로 사용하는 초당순두부, 강원도 감자의 참맛 감자옹심이, 신선한 꼬막무침,
초당두부로 만든 젤라토까지. 커피도 맛있고 맥주도 맛있는 강릉인데 음식은 또 얼마나 맛있게요!

부드럽고 고소한 흰 순두부 백반 #말랑말랑 #순두부의참맛 #백반맛집
초당순두부

강릉 여행에서 초당순두부를 빼놓으면 섭섭하다. 두부가 더욱 고소하고 담백하도록
바다의 향을 가미하기 때문. 무겁게 눌러 단단해진 두부가 아니라 말랑말랑한 순두
부에 간장 양념을 끼얹어 먹는 맛이 일품이다. 한국 전쟁 이후 살림이 어려워진 초당
동 일대에서는 두부를 만들어 강릉 시내에 내다 팔기 시작했는데, 깨끗한 바닷물을
간수로 써서 만든 두부가 유명해지면서 초당동 일대가 순두부 식당으로 채워졌다.
이름난 집이 여럿이지만 어느 집에 가든 국물이 담백한 흰 순두부백반을 맛보길 추
천한다. 여럿이 함께 간다면 얼큰한 순두부백반을 곁들여도 좋다. 일찍 여는 집이 많
아 아침 식사로도 든든하다.

초당할머니순두부
📍 강원 강릉시 초당순두부길 77 🅿 가능 📞 033-652-2058 🕐 08:00~19:00(브레이크 타
임 평일 16:00~17:00, 주말 15:30~17:00), 화요일 08:00~15:00, 수요일 휴무 ₩ 순두부백반
11,000원, 얼큰째복순두부 12,000원, 모두부 15,000원

동글동글 잘 뭉친 감자옹심이

강릉감자옹심 강릉본점

#옹심이맛집 #쫀득쫀득 #겨울별미

강원도에 갔으니 뜨끈한 감자옹심이를 맛보자. 강원도 하면 감자, 감자
하면 옹심이가 아닌가. 가정집을 개조해 만든 식당은 온돌 바닥이
뜨끈뜨끈하다. 옹심이도 팔고, 옹심이와 칼국수를 함께 먹는 옹심
이칼국수도 판다. 감자 특유의 고소함이 살아 있는 옹심이는 새
알같이 동글동글하게 뭉쳐 넣는다. 전분과 함께 뭉쳐 쫄깃쫄깃
하게 씹히는 맛도 좋다. 은근히 양도 많아서 먹고 나면 든든하다.
옹심이칼국수보다는 옹심이를 추천. 일찍 문을 닫고 저녁 장사를
하지 않으니 늦은 아침이나 이른 점심 식사를 하러 가자. 문화주차
장에 주차 후 2인분 이상 주문해야 주차권을 제공한다.

📍 강원 강릉시 토성로 171 🅿 강원 강릉시 임당
동 39 문화주차장 📞 033-648-0340
🕐 10:30~16:00(목요일 휴무) ₩ 순감자옹심이
10,000원, 감자옹심이칼국수 9,000원, 감자송편
6,000원

꼬막이 이렇게까지 맛있을 일인가
엄지네포장마차

#강릉핫플 #꼬막무침 #비빔밥최고

커다란 접시에 반은 꼬막무침, 반은 양념이 잘된 비빔밥이 담겨 나온다. 신선한 꼬막을 해감한 뒤 살짝 삶아서 송송 썬 쪽파와 청양고추, 간장과 고춧가루를 넣고 살짝 무쳐낸다. 꼬막은 달고 양념은 짭짤하고 고추가 매운맛을 살려 단짠단짠이 조화롭다. 깜짝 놀라 한 접시를 냉큼 비우게 된다. 곁들여 나오는 미역국과 다른 찬들도 정갈하니 맛있다.

엄지네포장마차 본점
📍 강원 강릉시 경강로2255번길 21 🅿 협소하니 공원 근처 길가에 주차 📞 033-642-0178
🕐 포장 11:00~23:00, 매장 내 식사 11:00~22:00
₩ 꼬막무침비빔밥 37,000원, 육사시미 30,000원
📷 @umjinae_gangneung

고소하고 건강한 웰빙 젤라토
순두부젤라또 1호점

#할매입맛 #담백고소 #디저트

초당순두부를 먹으러 간 김에 디저트로 순두부 젤라토를 먹어보자. 담백하고 고소한 두부를 넣어 맛이 색다르고, 부드럽고 쫄깃한 질감을 유지하면서도 입 안에서 산뜻하게 녹는다. 흑임자젤라토나 인절미젤라토는 특유의 진하고 고소한 향이 살아 있다. 순두부젤라토와 다른 젤라토를 함께 먹으면 오리지널 순두부젤라토의 맛이 좀 밍밍하게 느껴지기도.

📍 강원 강릉시 초당순두부길 95-5 🅿 가능 📞 033-653-8344 🕐 09:20~19:30 ₩ 순두부젤라토 4,000원, 인절미젤라토 4,000원 🏠 www.soontofugelato.com

계절마다 색다른 운치
평창·인제·홍천

여름이면 바다를 찾아, 겨울이면 산을 찾아 떠나는 여행자들로 강원도는 일 년 내내 붐빈다. 계절마다 뿜어내는 매력이 색다르기 때문. 여름이면 홍천에서 초록빛 햇살 아래 재잘거리는 산새를 만나고, 겨울이면 인제의 숲길에서 뽀드득뽀드득 눈을 밟아볼까. 일 년에 딱 한 번 흐드러진 메밀꽃을 찾아 봉평으로 향하면 그윽한 달밤의 정취에 취할지도 모른다. 사부작사부작 걸으며 잃어버렸던 계절 감각을 되살려보자.

메밀꽃 필 무렵 달이 밝으면

가을 한 철 어느 곳보다 많은 사람이 찾는 특별한 여행지가 있다. 이효석이 소설 《메밀꽃 필 무렵》에서 묘사한 대로
메밀꽃이 산허리에 온통 흐드러지는 곳, 바로 봉평이다. 소설 속 풍경을 그대로 옮겨놓았는지, 풍경이 소설 속으로 스며들었는지
모를 만큼 하얀 메밀꽃이 장관이다. 흥정천의 맑은 물에서 헤엄치는 작은 민물고기들마저 흥겹다.

작품 속 이미지를 극대화한 풍경

이효석문화예술촌의
효석달빛언덕

#거리두기스폿 #메밀꽃필무렵 #가을여행

이효석이 나고 자란 생가 터를 중심으로 이효석문화예술촌을 조성했다. 이효석문화예술촌은 크게 이효석문학관과 효석달빛언덕으로 나뉜다. 2018년에 문을 연 효석달빛언덕은 《메밀꽃 필 무렵》의 서사를 바탕으로 다양한 예술 체험을 하도록 꾸몄다. 들어서자마자 거대한 나귀가 등짐을 진 자태로 우뚝 서 있고, 나귀 안에는 어린이를 위한 책들을 비치했다. 아름다운 달빛 언덕으로 올라가는 길에는 이효석이 평양에서 거주하던 푸른 집을 재현해 그의 사랑과 생애를 들여다볼 수 있다. 초가지붕으로 복원한 이효석의 생가와 야외 공연이 가능한 나귀광장, 물이 졸졸 흐르는 시냇가를 거닐며 메밀꽃 향기에 취해보자.

📍 강원 평창군 봉평면 창동리 575-7 🅿 가능 📞 033-336-8841 🕐 5~9월 09:00~18:30, 10~4월 09:00~17:30(월요일·명절 휴관, 월요일이 공휴일인 경우 익일 휴관) ₩ 효석달빛언덕 3,000원, 이효석문학관+효석달빛언덕 통합 입장권 4,500원, 미취학 어린이와 65세 이상 무료 🏠 www.hyoseok.net

복원한 이효석 생가

복원한 이효석 평양 집, 푸른 집

작가의 고향이자 작품의 고향
이효석문화예술촌의 이효석문학관

#봉평여행 #이효석작가 #문학관

이효석은 《메밀꽃 필 무렵》에서 "산허리는 온통 메밀밭이어서 피기 시작한 꽃이 소금을 뿌린 듯이 흐뭇한 달빛에 숨이 막힐 지경"이라고 했다. 봉평의 아름다운 고갯길을 이토록 서정적인 언어로 생생하게 살려내다니, 참신한 언어 감각과 기교를 겸비한 작가라는 평이 부족할 정도다. 문학관에서는 이효석의 문학과 생애를 다룬 글, 사진, 영상물을 볼 수 있다.

📍 강원 평창군 봉평면 효석문학길 73-25 🅿 가능 📞 033-330-2700 🕐 5~9월 09:00~18:30, 10~4월 09:00~17:30(월요일·명절 휴관, 월요일이 공휴일인 경우 다음 날 휴관) ₩ 이효석문학관 2,000원, 이효석문학관+효석달빛언덕 통합 입장권 4,500원, 미취학 어린이와 65세 이상 무료 🏠 www.hyoseok.net

근사한 작품들로 살아나는 공간
평창무이예술관

#거리두기스폿 #야외전시 #카페도좋아

청명한 가을이면 이효석문학관에서 가까운 무이예술관도 둘러보자. 폐교를 활용한 예술인들의 창작 공간에 코스모스가 가득하다. 봉평의 메밀밭을 주제로 그림을 그리는 정연서 화백의 전시실과 국내외 기획전으로 유명한 오상욱 조각가의 야외 전시, 권순범 도예가의 생활 도자기와 예술 작업을 이곳에서 모두 누릴 수 있다.

📍 강원 평창군 봉평면 사리평길 233 🅿 가능 📞 033-335-4118 🕐 10:00~22:00 ₩ 입장료 3,000원, 65세 이상 2,000원, 만 5세 미만 무료

메밀 장인의 손맛을 느껴봐

미가연

#메밀싹육회 #메밀음식 #메밀요리

봉평에는 막국숫집이 여럿이지만 미가연의 음식들은 특별하다. 미가연 대표인 오숙희 명인이 봉평 메밀 음식문화소를 만들어 메밀 요리를 연구하는가 하면, 메밀 싹을 사용한 요리로 특허를 3개나 받았다. 메밀 종류를 섞어 직접 면을 뽑고 밑반찬도 모두 손수 만든다. 쌉싸름하고 아삭한 메밀 싹에 고소한 육회를 더한 메밀싹육회가 유명하다.

📍 강원 평창군 봉평면 기풍로 108 🅿 가능 📞 0507-1405-8805 🕐 10:00~20:00(1시간 전 주문 마감) ₩ 이대팔메밀미가연 12,000원, 메밀싹묵무침 12,000원 📷 @migayeon_pyeongchang

이효석 생가 터 근처의 메밀 맛집

메밀꽃필무렵

#메밀국수 #메밀음식 #이효석생가

봉평으로 가는 길목에는 고만고만한 메밀 음식점이 많은데, 넓은 마당에 늘어선 옹기들이 이 집의 저력을 느끼게 한다. 직접 메밀 농사를 지으며 3대째 운영하는 식당이다. 옆에 있는 이효석 생가 터(현재 사유지)도 들러보자.

📍 강원 평창군 봉평면 이효석길 33-11 🅿 가능 📞 0507-1322-4594 🕐 금~화요일 09:30~19:00, 수요일 09:30~16:30(목요일 휴무) ₩ 메밀물국수 11,000원, 메밀비빔국수 11,000원, 메밀전병 9,000원 🏠 www.gasanhouse.com

사부작사부작 계절 따라 걷는 숲길

가을에는 따뜻한 색의 단풍, 겨울이면 푸른 하늘 아래 펼쳐진 근사한 설경이 맞이하는 강원도 산자락.

눈을 들면 하늘로 쭉쭉 뻗은 키 큰 나무들이 푸른 하늘을 지고 섰다. 숲길을 따라 걸으며

맑은 공기를 온몸으로 느껴보자. 어느 계절에 가더라도 강원도 고지대의 매력을 느낄 수 있다.

©윤유섭

고요하고 아름다운 천년의 숲

오대산 전나무 숲

#거리두기스폿 #월정사숲길 #선재길

무려 1,000년이 넘는 세월 동안 월정사를 지킨 전나무 숲을 '천년의 숲'이라 부른다. 고요한 가운데 후드득 새가 날아가는 소리, 졸졸졸 얼음 밑으로 흐르는 개울물 소리가 맑은 공기에 실려온다. 오대산의 전나무 숲은 부안 내소사의 전나무 숲, 남양주 광릉수목원의 전나무 숲과 더불어 한국의 3대 전나무 숲으로 꼽힌다. 2011년 아름다운 숲 전국대회에서 대상인 '생명상'을 수상했다. 평균 수령 80년이 넘는 전나무 1,700여 그루가 길 양쪽에 버티고 섰다. 숲길 옆에는 얼어붙은 오대천 위로 눈이 소복하게 쌓여 반짝인다. 일주문에서 월정사까지 걸으면 30분 정도, 상원사까지 이어지는 선재길을 걸으면 3시간 30분 정도 걸린다.

📍 강원 평창군 진부면 오대산로 350-1 🅿 월정사 주차장 경차 2,500원, 전기차 2,500원, 중형차 5,000원, 대형차 7,500원 ₩ 무료

오대산의 볕 좋은 명당 자리

월정사

#오대산 #천년의숲 #전나무숲길

다섯 봉우리가 마치 연꽃처럼 벌어졌다는 오대산 줄기 아래 월정사가 따뜻한 남쪽을 향해 자리한다. 오대산은 예로부터 금강산, 지리산, 한라산과 함께 무척 신성한 산으로 여긴 명산이다. 옛사람들은 '삼재가 들지 않는 명당'으로 생각했다. 고려시대부터 전란의 피해 없이 잘 보존되어 오던 월정사는 한국 전쟁 때 불타올랐다. 아쉽게도 영산전, 진영각 등 17채의 건물이 다 타버리고 문화적, 예술적으로 크게 가치를 평가받던 범종도 흔적 없이 녹아버렸다. 지금의 건물들은 그 후에 새로 지었다. 국보 제48호인 팔각구층석탑만이 고려 초기에 지은 사찰의 기억을 담고 적광전 앞에 꿋꿋하게 서 있다.

📍 강원 평창군 진부면 오대산로 374-8 🅿 월정사 주차장 경차 2,500원, 전기차 2,500원, 중형차 5,000원, 대형차 7,500원
📞 033-339-6800 🏠 www.woljeongsa.org

고운님 함께 거니는 목장길

#거리두기스폿 #목장길 #풍경맛집

삼양라운드힐

여름이면 푸르게, 겨울이면 희게 변하는 대관령의 삼양목장이 삼양라운드힐로 이름을 바꾸었다. 날이 좋으면 해발 1,140m의 동해전망대까지 올라 쨍한 햇살을 맞으며 설원에 펼쳐진 풍력발전소를 내려다보자. 둥그런 언덕에 쌓인 부드러운 흰 눈이 마치 케이크 위에 얹은 생크림처럼 보인다. 목장의 아름다운 풍경 덕분에 여러 드라마와 영화의 촬영지로도 유명하다.

📍 강원 평창군 대관령면 꽃밭양지길 708-9 🅿 가능 📞 033-335-5044 🕐 5~10월 09:00~17:00, 11~4월 09:00~16:30 ₩ 성인 12,000원, 36개월 이상~청소년 10,000원, 우대 9,000원, 36개월 미만 무료. 🏠 www.samyangroundhill.com

ⓒ윤유섭

귀엽고 포실한 양 떼를 만나요

#거리두기스폿 #대관령 #순한양

대관령양떼목장

정상으로 오르는 길에 대관령양떼목장의 사진에 어김없이 등장하는 움막도 있고, 아이들이 좋아하는 올챙이 연못과 습지도 있다. 그래도 양떼목장의 묘미는 귀여운 양들에게 직접 먹이를 줄 수 있는 먹이주기 체험장이다. 건초를 오물거리는 양들 옆에서 신이 난 아이들의 표정을 볼 수 있다. 해발 920m의 목장 정상에 오르면 굽이굽이 펼쳐진 산맥이 웅장하다.

📍 강원 평창군 대관령면 대관령마루길 483-32 🅿 가능 📞 033-335-1966 🕐 5~8월 09:00~18:30, 4·9월 09:00~18:00, 3·10월 09:00~17:30, 11~2월 09:00~17:00(1시간 전 입장 마감, 명절 당일 휴무) ₩ 성인 7,000원, 청소년·어린이 5,000원, 우대 4,000원 🏠 www.yangtte.co.kr

©윤유섭

©윤유섭

10월에만 열리는 비밀의 문
홍천 은행나무 숲

#거리두기스폿 #황금빛가을 #은행나무숲길

황금빛 가을의 길목에서 사람들의 탄성이 쏟아진다. 아장아장 걷는 아이들이 고사리손으로 은행잎을 쥐고 깔깔거린다. 바람이 불어오면 부채같이 넓은 잎이 서로 마주치며 차르르르 박수를 친다. 이 숲은 한 사람이 가꿔온 사유지다. 몸이 아픈 아내를 위해 30년 전에 물이 좋다는 이곳으로 이사했고, 맑은 물뿐만 아니라 맑은 공기를 마시면 더욱 좋겠다 싶어 은행나무 묘목을 심기 시작했다. 세월이 흐르고 나무들이 자라 국내 최대 규모의 은행나무 숲이 되었다. 숲의 주인은 좋은 풍경을 혼자 보기 아깝다며 2010년부터 해마다 10월 한 달 동안 무료로 숲을 개방한다. 덕분에 1년에 한 번씩 아름다운 은행나무 숲길이 선물처럼 펼쳐진다.

📍 강원 홍천군 내면 광원리 686-4 🅿 가능
📞 033-433-1259 🕐 10월 10:00~17:00

©김미경

자작자작 바람의 소리를 듣는
속삭이는자작나무숲

#거리두기스폿 #겨울나무 #인제자작나무숲

자작자작, 자작나무의 이름을 입 안에서 조용히 읊
조려본다. 하얗고 윤이 나는 껍질이 불에 닿으면 자
작자작하며 잘 탄다고 해서 붙여진 이름이다. 매력적
인 겨울 나무를 꼽으랄 때 둘째가라면 서러울 나무가
자작나무다. 추운 곳을 좋아하는 자작나무의 군락지
가 인제에 있다. 안내소에서 3.2km 길이의 임도를 따
라 1시간쯤 올라가면 '속삭이는자작나무숲'이 나온
다. 눈부시게 푸르른 하늘 아래 흰 속살을 드러낸 자
작나무들이 한데 모였다. 곧게 뻗은 자작나무들이 빽
빽하게 늘어선 모습이 마치 영화 속 한 장면처럼 근사
하다. 눈이 내리면 탐험 코스 쪽 길이 미끄러우니 아
쉽더라도 올라갔던 임도로 다시 내려오기를 권한다.

©김미경

📍 강원 인제군 인제읍 원남로 760 속삭이는자작나무숲 안
내소 🅿 가능 📞 033-463-0044 🕐 5~10월 09:00~
15:00, 11~3월 09:00~14:00(월·화요일 휴무)

모두의 낭만을 위한 호반의 도시
춘천

춘천은 가는 길조차 낭만적이다. 북한강을 끼고 달리는 드라이브도 신선하고, 경춘선을 타고 가는 기차 여행도 즐겁다. 남이섬에서 계절이 선사하는 운치를 느끼고, 소양강 스카이워크나 물레길을 거닐며 산책을 해보자. 김유정문학촌, 책과인쇄박물관, 이상원미술관을 돌아보며 문학과 예술에 취해도 좋다. 닭갈비와 막국수 같은 먹거리뿐만 아니라 자연과 어우러진 근사한 카페도 많아 누구나 취향에 따라 즐길 수 있는 여행지다.

ⓒ오원호

춘천을 가장 멋지게
여행하는 방법

01
스카이워크부터 카누까지
물의 도시 즐기기

02
김유정의 고향 춘천에선
문학과 예술 기행을!

03
요즘 춘천 여행법은
핫플에서 인생 사진 찍기

물의 도시 낭만의 도시

어쩌면 누구나 춘천에 대한 로망을 품고 있는지도 모른다.
여럿이 모이면 함께 〈소양강 처녀〉를 불러 젖히고,
일상에 지칠 때면 〈춘천 가는 기차〉를 흥얼거리지 않던가.
물안개 자욱한 물레길에서 카누를 타고 싶다는 핑계로,
계절 따라 낭만을 더하는 섬 구경을 하겠다는 핑계로,
호반의 도시 춘천에 가자. 춘천은 이름처럼 날마다 봄이니까.

ⓒ오원호

〈소양강 처녀〉 흥얼거리며 사뿐사뿐

#거리두기스폿 #투명바닥 #심장쫄깃

소양강 스카이워크

소양강 스카이워크는 소양강과 북한강의 물줄기가 만나 합쳐진 의암호에 놓였
다. 소양강 스카이워크는 여느 스카이워크와 달리 투명한 바닥이 무려 156m에
이른다. 전체 길이도 174m로 만만치 않게 길다. 높은 곳을 무서워하는 사람이
라면 끝까지 건너지 못할 수도. 투명한 유리 바닥을 조심조심 지르밟으며 물위
를 걷는다. 스카이워크의 끄트머리에 도착한 사람
에겐 쏘가리 동상과 제대로 사진 찍을 기회가 주어
진다. 흰 구름 둥실거리는 맑은 날이면 한낮에 가도
좋고, 야경을 보러 가도 좋다. 소양강 스카이워크와
소양2교 사이에서 관광객을 반기는 소양강 처녀와
도 인사를 나누고 오자.

ⓒ오원호

📍 강원 춘천시 영서로 2663 🅿 가능, 30분 600원, 30
분 초과 시 10분 300원 📞 033-240-1695 🕐 3~10월
10:00~21:00, 11~2월 10:00~18:00 ₩ 2,000원(춘천사
랑상품권 2,000원 제공)

강과 호수를 거니는 물길
춘천물레길

#에코투어 #카누타기 #춘천여행

수많은 길 중 물소리를 가장 가까이서 들을 수 있는 길이 물레길이다. 의암호 둘레를 따라 걷거나 자전거를 타는 길은 봄내길이라고 하고, 카누나 요트를 타고 물결을 느끼는 길은 물레길이라 한다. 간단하게 노 젓는 방법을 배우고 카누에 오른다. 붕어섬과 중도를 돌아보며 잔잔한 호수의 소리를 듣는다.

📍 강원 춘천시 스포츠타운길 113-1 🅿 춘천송암스포츠타운 빙상경기장 주차장 📞 0507-1314-8463 🕐 09:00~18:00 ₩ 카누 1대 2인 기준 30,000원(성인 1인 추가 10,000원, 36개월~어린이 1인 추가 5,000원/ 카누 1대 성인 3인 혹은 성인 2인+소인 2인 탑승 가능, 탑승자 몸무게 합 220kg 미만), 킹카누 기준 의암댐 코스 1인 20,000원, 중학생 15,000원, 초등학생 10,000원(1시간 30분 소요)/ 붕어섬 일주 코스 1인 20,000원(1시간 40분 소요)/ 하중도 코스 1인 30,000원(2시간 30분 소요)/ 12인승 카누, 휠체어용 카누 구비 🏠 mullegil.modoo.at, 킹카누 www.킹카누.org

작은 유럽의 정원을 사뿐사뿐
제이드가든

#정원산책 #숲길산책 #데이트코스

유럽풍 정원을 따라 걷다 보면 피톤치드와 꽃 내음에 기분이 상쾌해진다. 나무내음길에는 낙엽송이 얕게 깔려 푹신하고, 단풍나무길은 수목원을 위에서 내려다보며 조용히 걸을 수 있다. 숲속바람길은 큰 나무 그늘이 드리워져 바람이 시원하며 유아차 이동에 적당하다. 코스가 여럿이라 어디로 가면 좋을지 고민된다면 추천 코스를 따라 걷자. 들뜬 발걸음이 살며시 춤을 춘다.

📍 강원 춘천시 남산면 햇골길 80 제이드가든수목원 🅿 가능 📞 033-260-8300 🕐 09:00~18:00(1시간 전 입장 마감) ₩ 성인 10,000원, 청소년 6,000원, 어린이 5,000원, 65세 이상 7,000원 📷 @jadegardenkorea

하루 종일 머물고픈 나미나라

남이섬

#섬여행 #겨울연가촬영지 #낭만적인하룻밤

남이섬을 나미나라공화국이라고 부르기도 한다. 상상의 즐거움이 가득한 동화 나라를 표방하며 독립 국가를 선언하는 당찬 이름이다. '나미나라'의 국기도 있고, 기념우표도 있고, 쓰이지는 않지만 '남이통보'라는 기념주화도 있다니 재미있다. 10분 정도 배를 타고 들어가 남이섬에 닿으면 미니 기차를 타거나 자전거를 대여할 수 있다. 연꽃이 피어 있는 연지지, 참신한 아이디어로 가득한 재활용 환경정원, 유명한 메타세쿼이아길, 가을이면 금빛으로 빛나는 송파은행나무길, 버드나무가 운치 있는 정관백련지 등 하루에 둘러보기 벅찰 만큼 넓다. 쉴 새 없이 열리는 각종 콘서트와 문화 행사들이 다채로움을 더한다.

📍 강원 춘천시 남산면 남이섬길 1 Ⓟ 남이섬 선착장(경기 가평군 가평읍 북한강변로 1024) 📞 0507-1311-8114 🕐 08:00~21:00 ₩ 성인 16,000원, 청소년·장애인·국가유공자 등 13,000원, 36개월~어린이 10,000원 🏠 www.namisum.com

TIP 남이섬에서 하룻밤

남이섬 안에 정관루라는 호텔이 있어 숙박이 가능하다. 가족이나 단체가 숙박할 수 있는 별장식 콘도도 있으니 별을 보며 조용히 하룻밤 보내고 싶다면 예약해보자.

문학과 예술에 취하는 날

춘천에서는 왠지 잉크 냄새가 물씬 풍긴다. 1930년대 한국 문학의 축복이었던 김유정의 고향 실레마을을 둘러보고,
책과인쇄박물관, 이상원미술관을 돌아보며 문학과 예술의 향기에 취해보자.

시간이 흐르면 더욱 빛나는 것들 #잉크냄새 #소중한활자 #역사의기록
책과인쇄박물관

박물관으로 들어서면 인쇄소 특유의 잉크 냄새가 은은하다. 벽면을 가득 채운 활자의 아우라에 잠시 압도당한다. 책과인쇄박물관에서는 1,300년이라는 긴 세월 동안 세계에서 가장 앞섰던 우리의 책과 인쇄 문화를 살펴볼 수 있다. 서체별, 크기별로 활자 수십만 자가 진열되어 있고, 판을 짜는 조판대, 납을 녹여 활자를 찍어내던 주조기 같은 오래된 기계들이 보인다. 친절한 관장님의 설명을 들으며 수동 활판 인쇄기로 엽서를 인쇄해볼 수 있다. 어린 시절을 함께한 정감 어린 잡지들, 국민학교 교과서와 전과가 웃음을 자아낸다. 박물관을 나서면 책 한 권 한 권이 새삼 소중하게 느껴진다. 좋아하는 글자나 이름의 활자를 기념으로 구입할 수 있다.

📍 강원 춘천시 신동면 풍류1길 156 🅿 가능 📞 033-264-9923 🕐 4~10월 09:00~18:00, 11~3월 09:30~17:00(월요일·명절 당일 휴관) ₩ 36개월 이상 6,000원, 우대 5,000원, 활자 1개당 2,000원 🏠 www.mobapkorea.com

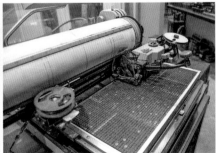

노란 동백꽃의 아찔한 향기 따라

김유정문학촌

#거리두기스폿 #한국문학 #동백꽃

김유정의 《동백꽃》에 나오는 '노란 동백꽃'은 산수유 꽃을 닮
은 노란 생강나무의 꽃이다. "알싸한, 그리고 향긋한 그 냄새"
는 얼마나 아찔할까. 김유정의 고향이자 작품의 배경인 실레
마을에는 김유정 생가와 기념관, 소설 속 배경을 담은 실레 이
야기길이 조성되어 있다. 김유정의 소설 열두 편에 등장하는
인물들이 실제로 이 마을에 살던 사람들이라 하니 마을 전체
가 작품의 무대다. '점순이가 나를 꼬시던 동백숲길', '복만이가
계약서 쓰고 아내 팔아먹던 고갯길', '김유정이 코다리찌개 먹
던 주막길' 등 열여섯 마당이 펼쳐진다. 2002년에 복원된 김유
정 생가가 너무나 번듯해서 약값조차 마련하지 못했던 김유정
의 이른 죽음이 더욱 안타깝다.

생가와 기념관

김유정문학촌
📍 강원 춘천시 신동면 김유정로 1430-14 🅿 가능
📞 033-261-4650 🕐 3~10월 09:30~18:00, 11~2월
09:30~17:00(월요일·1월 1일·명절 당일 휴관) ₩ 김
유정 생가·김유정기념전시관·김유정이야기집 통합 입
장권 2,000원 🏠 www.kimyoujeong.org

강촌레일파크 김유정레일바이크
📍 강원 춘천시 신동면 김유정로 1383 🅿 가능
📞 033-245-1000 🕐 3~10월 09:00~17:30, 11~2월
09:00~16:30 ₩ 2인승 40,000원, 4인승 56,000원,
VR 이용 1인 5,000원 🏠 www.railpark.co.kr

TIP 이 코스는 어때요?

경춘선 김유정역에 내리면 김유정문학촌과 김유정레일바이크, 책과인쇄박
물관까지 도보로 둘러볼 수 있다. 날이 좋으면 김유정레일바이크를 타고 옛
강촌역(폐역)까지 시원하게 달려보자.

자연이 온통 미술관이네
이상원미술관

#한국화가 #미술관여행 #뮤지엄스테이

화악산 계곡 옆으로 둥그런 미술관 건물이 들어앉았다. 20세기 한국사의 굴곡을 보여주는, 한국적 사실주의를 이룩한 이상원 화백의 작품 2,000여 점과 한국 미술가의 작품 1,000여 점을 소장하고 상설 전시한다. 잔디밭의 연녹색 사과는 최은경 작가의 작품. 평범한 사과가 주는 행복과 안정감이 미술관을 감싼다. 뮤지엄 스테이를 하면 계곡 물소리를 자장가 삼아 잠들 수 있다.

📍 강원 춘천시 사북면 화악지암길 99 🅿 가능
📞 033-255-9001 🕐 10:00~18:00(1시간 전 입장 마감, 전시 교체 시에만 휴관) ₩ 성인 6,000원, 어린이·청소년·65세 이상 4,000원 🏠 www.lswmuseum.com

---

배를 타고 들어가는 섬 속의 절
청평사

#공주와상사뱀 #회전문 #3층석탑

고려시대에 지은 청평사에는 신비로운 전설이 전해진다. 공주를 사랑한 청년이 죽은 뒤 뱀으로 다시 태어나 공주의 몸을 휘감고 떨어지지 않았는데, 궁궐을 나와 방황하던 공주가 청평사에 당도해 회전문을 지나 목욕 재개하고 가사를 지어 바쳤더니 그 공덕으로 상사뱀이 해탈에 이르렀다는 것. 이 전설이 청평사의 구송폭포와 공주탑 등에 이어져 온다. 소설가 최남용은 《바람의 그림자》에서 이 전설을 담아 흥미진진한 사랑 이야기를 썼다.

📍 강원 춘천시 북산면 오봉산길 810 청평사 🅿 소형 2,000원, 대형 4,000원
📞 033-244-1095 🏠 www.cheongpyeongsa.co.kr

TIP 소양호를 가로질러 청평사로

청평사는 춘천 시내에서 차를 타고 가면 30분 정도 걸린다. 하지만 청평사에 가는 맛은 소양호 선착장에서 배를 타는 재미가 더해져야 완성된다.

소양호 선착장

📍 강원 춘천시 북산면 청평리 산 205-6 🅿 가능 📞 033-242-2455 🕐 청평사행 1시간 간격 10:00~17:00/ 청평사발 1시간 간격 10:30~17:30
₩ 왕복 성인·청소년 10,000원, 어린이 6,000원/ 편도 성인·청소년 6,000원, 어린이 3,000원

춘천 핫플은 바로 여기!

북한강과 소양강의 두 물줄기가 만나는 곳에 소양댐과 의암댐, 춘천댐이 세워지면서 거대한 호수가 도시를 감싼다.
경치 좋은 곳에는 으레 맛집이 모이기 마련. 명동 닭갈비 골목과 신북읍 막국수 거리뿐만 아니라 물 좋고 볕 좋은 곳마다
풍경을 마당으로 삼은 카페가 줄지어 섰다.

#거리두기스폿 #핑크뮬리 #인스타핫플

마음까지 분홍빛으로 물드는
유기농 카페

분홍색 파도가 일렁인다. 넓은 농장에 심어둔 핑크뮬리를 보며 차를 마시면 마치 대저택의 주인이라도 된 양 호사스럽다. 8월부터 11월까지 핑크뮬리와 팜파스가 은근한 파스텔 톤으로 영롱하다. 겨울이면 조금 쓸쓸하지 않을까 싶지만 괜한 걱정이다. 넓은 온실 가득 화사한 연분홍 튤립이 봄까지 지치지 않고 피어난다. 튤립에 이어 5월에서 6월까지는 수국의 향기가 농장에 가득하고, 7월과 8월 사이엔 해바라기, 메리골드, 백일홍이 원색의 기운을 뿜어낸다. 계절마다 넓은 밭에 자라는 꽃과 작물들이 새로운 색으로 바뀌니 언제 가도 새롭다. 꽃이 바뀔 때면 꽃송이와 구근을 나누는 깜짝 이벤트를 열기도 하고, 화분을 판매하기도 한다.

📍 강원 춘천시 신북읍 지내고탄로 184 🅿 가능 📞 0507-1424-3406
🕐 평일 11:00~19:00, 주말 11:00~21:00(수요일 휴무) 💰 카페라테 6,500원, 오미자에이드 7,500원 📷 @organic_cafe_

춘천에 갔으면 닭갈비는 기본
명동우미닭갈비

#춘천닭갈비 #철판볶음밥 #맛집인정

기름이 좍 깔린 철판에 고추장 양념옷을 입은 야들야들한 닭고기와 양배추, 감자와 떡을 넣어 볶는데 맛이 없을 수가 없다. 고기와 채소를 다 먹어갈 때쯤 김 가루와 채소를 더해 밥을 비비는 철판 볶음밥은 철판 닭갈비만의 매력이다. 명동우미닭갈비에서는 볶음밥 먹을 배를 꼭 비워놔야 한다. 공깃밥을 시키면 철판에 밥을 볶아 롤처럼 말아주는데 속이 촉촉하고 간이 딱 맞는다.

📍 강원 춘천시 영서로 2345 ℗ 가능 📞 033-255-1919 🕐 10:00~20:50(수요일 격주 휴무) ₩ 닭갈비 14,000원, 닭내장 14,000원, 막국수 8,000원, 공깃밥 2,000원 🏠 www.mdwoomi.com

닭갈비는 철판이냐 숯불이냐
춘천 숯불닭갈비

#구운닭갈비 #춘천닭갈비 #닭갈비맛집

숯불닭갈비는 굽는 사람의 솜씨가 맛을 좌우한다. 간장닭갈비나 고추장닭갈비의 양념이 타기 전에 계속 뒤집어줘야 맛있다. 신북읍에는 숯불닭갈비집이 몰려 있다. 통나무집 숯불닭갈비는 직원들이 고기를 잘 구워주며 밑반찬이 깔끔하다. 토담숯불닭갈비에서 닭갈비를 먹으면 어스17, 토담카페에서 할인이 된다. 메이플가든은 시내에서 가깝고 인테리어도 예뻐 춘천 시민들이 자주 찾는다.

메이플가든
📍 강원 춘천시 동내면 동내로 195 ℗ 가능 📞 0507-1449-2828 🕐 11:00~21:00(1시간 전 주문 마감) ₩ 숯불닭갈비 1인분 15,000원, 철판닭갈비 1인분 15,000원 🏠 maplegarden.co.kr

토담숯불닭갈비
📍 강원 춘천시 신북읍 신샘밭로 662 ℗ 가능 📞 033-241-5392 🕐 11:00~21:40(1시간 전 주문 마감) ₩ 소금닭갈비 1인분 14,000원, 간장닭갈비 1인분 14,000원, 고추장닭갈비 14,000원

매콤 달콤 새콤한 메밀막국수

유포리막국수

#춘천의별미 #막국수맛집 #넉넉한양

막국수의 맛이 한결같은 집이다. 50년 동안 시골집에서 장사를 하는 데도 손님
이 몰리는 이유가 있다. 뜨거운 메밀차와 시원한 동치미가 함께 나온다. 척 봐도
한 손에 탁 쥐고 단단하게 말아 올린 국수가 푸짐하다. 양념장에 김 가루, 깻가
루까지 얹어 나온 국수를 잘 비빈다. 취향에 따라 식초나 설탕을 더하거나 열무
김치, 동치미 국물을 넣어 시원하게 말아 먹는다.

📍 강원 춘천시 신북읍 맥국2길 123
🅿 가능 📞 033-242-5168 🕐 11:00~
19:30(명절 당일 휴무) ₩ 막국수 8,500
원, 편육 18,000원, 감자부침 10,000원

정원이 넓은 옛집에서 즐기는

부안막국수

#춘천맛집 #현지인단골 #막국수

부안막국수는 옛날 집을 개조해 식당으로 만들었다. 정원을 볼 수 있는 야외 자
리를 선호하는 사람이 많다. 무절임을 얹는 보통 막국수와 달리 삶은 달걀과 지
단, 배추김치를 더해 독특하다. 면과 함께 아삭아삭 씹히는 김치 맛이 좋다. 춘
천 시내에서 가까워 현지인 단골이 많다.

ⓒ오원호

📍 강원 춘천시 후석로344번길 8
🅿 가능 📞 033-254-0654 🕐 11:00~
21:00(명절 당일 휴무) ₩ 막국수 보통
9,000원, 곱빼기 11,000원, 총떡 9,000원

소양강이 흐르는 풍경
어스17

#거리두기스폿 #마당있는집 #카페놀이

카페 어스17에는 푸른 하늘을 배경으로 넓게 펼쳐진 마당 앞으로 소양강이 흐른다. 빈백에 앉아 시간을 보내고 싶다면 모자나 선글라스를 준비하자. 마당의 소나무 두 그루는 운치 있지만 햇볕이 뜨거운 날은 그늘이 아쉽다. 데이트를 하려면 영롱한 조명이 분위기를 더하는 저녁 시간이 좋다. 음악 감상실로 쓰이는 2층에서 내려다보는 경치도 좋다. 2층은 노키즈존.

📍 강원 춘천시 신북읍 신샘밭로 766 🅿 가능
📞 0507-1403-7876 🕐 평일 11:00~21:00, 주말 11:00~21:30(30분 전 주문 마감)
₩ 아메리카노 5,800원, 아인슈페너 7,000원
🏠 www.earth17.modoo.at

정말 감자인 줄 알았어요
감자밭

#감자빵 #뷰맛집 #인스타카페

감자랑 똑같이 생긴 빵이다. 백태와 흑임자 가루로 갓 수확한 감자 모양을 표현했다. 말랑하고 쫄깃한 겉모습과 달리 안에는 구수하고 촉촉한 감자 소가 들어 있다. 카페의 정원이 넓고 예쁘니 사진을 찍으며 시간을 보내도 좋다.

📍 강원 춘천시 신북읍 신샘밭로 674 🅿 가능 📞 1566-3756
🕐 10:00~20:00 ₩ 감자빵 1개 3,300원, 1박스(10개) 29,700원, 감자라테 6,000원 📷 @gamzabatt

여유로운 시간과 공간을 즐기러
카페 드 220볼트

#베이커리 #분위기맛집 #뷰맛집

3층짜리 건물 전면에 하늘이 투명하게 비친다. 1층부터 3층까지 트여 높은 층고가 주는 여유로움이 있다. 창문 너머로 보이는 풍경에 커피 한잔 곁들이면 나만의 공간이 된다.

📍 강원 춘천시 금촌로 107-27 🅿 가능 📞 033-263-0220
🕐 10:00~22:00 ₩ 볼트커피 6,300원, 콜드브루 7,000원, 아포가토 7,500원 📷 @cafe_de_220volt

춘천의 핫한 루프톱
강남1984

#맥주맛집 #루프톱 #생맥주

강남1984는 건물 옥상에 환한 조명을 켜두
어 멀리서 봐도 눈에 띈다. 예전에 여관이었
음을 드러내는 간판이 그대로 손님을 맞는다.
1층은 카페, 2층과 3층은 펍이다. 작은 여관
방 하나하나가 이제는 벽으로 남아 일행들만
의 프라이빗한 공간을 살린다. 생맥주도, 안
주도 맛있다. 루프톱에서 흥겨운 노래를 들으
며 시원한 맥주를 마시다 보면 해외여행이라
도 온 기분이 든다.

📍강원 춘천시 남춘로36번길 8 🅿 길가에 가능
📞0507-1316-1984 🕐 펍 11:00~24:30, 브레이
크 타임 15:00~18:00/ 카페 11:00~17:00(일요일
휴무) 🏧카프레제샐러드 18,000원, 1984 바게트
피자 20,000원, 강남1984 생맥주 5,000원
📷@gangnam_1984

에티오피아 커피의 향기
이디오피아 카페

#핸드드립 #커피맛집 #따뜻한분위기

한국 전쟁 때 에티오피아의 황제가 자신의 근위병을 보
내준 인연을 시작으로 이곳에 에티오피아 음식점, 카페,
참전 기념관이 생겼다. 커피를 주문하면 정성껏 핸드 드
립을 해준다. 공지천을 바라보며 향긋한 시간을 보낸다.

📍강원 춘천시 이디오피아길 7 🅿 가능 📞033-252-6972
🕐10:00~22:00 🏧아메리카노 5,000원, 하라르 12,000원, 이
르가체페 10,000원, 시다모 10,000원

프로방스 스타일의 넓은 카페
산토리니

#춘천데이트 #야외정원 #춘천카페의원조

춘천의 데이트 명소인 카페다. 드넓은 대지에 세운 종탑
앞은 여전히 인생 사진을 찍는 커플들로 붐빈다. 레스토랑
과 펜션을 운영하고 야외 웨딩도 진행한다.

📍강원 춘천시 동면 순환대로 1154-97 🅿 가능 📞0507-1423-
3012 🕐월~목요일 11:00~21:00, 금요일 11:00~22:00, 토요일
10:00~22:00, 일요일 10:00~21:00 🏧아메리카노 5,900원, 카
페라테 6,700원, 레몬에이드 6,500원 📷@ch_santorini

진짜 경기도를 만나는 시간

가장 가볍게 여행을 떠나볼까
한눈에 보는 경기도

경기도는 1,000만 인구가 모여 사는 서울을 둘러싸고 싱그러운 자연의 기운을 발산한다.
꽃과 허브 향을 따라 풍경을 즐기고, 역사와 문화를 따라 발길을 옮긴다.
드라이브를 즐기는 당일치기 여행, 잠시 쉬어갈 수 있는 1박 2일 여행을 계획해보자.

#양평 P.166
맛집으로, 카페로, 농촌 체험 마을로
가볍게 드라이브를 떠나보자!
THEME 01 도심을 벗어나 가볍게 드라이브 P.168
THEME 02 농촌 마을 풍경 속으로 가족 나들이 P.176

#가평 P.180
강변을 따라 펼쳐지는 아름다운 풍경 속에서
나도 꽃처럼 향기로워라.

#포천·연천·파주 P.184
곳곳에 수목원과 허브 농장이 자리하니
임진강까지 꽃 마중을 나가볼까.

#강화 P.188
역사를 따라 시간을 거슬러 오래된 섬의
이야기를 듣는 곳.
THEME 01 고인돌에서 돈대까지 소중한 역사 유물 P.190
THEME 02 섬으로 떠나는 시간 여행 P.194

#인천 P.198
울긋불긋 매력적인 차이나타운에서
짜장면 한 그릇 뚝딱!
THEME 01 차이나타운에 짜장면 먹으러 가자 P.200
THEME 02 인천만의 독특한 문화속으로 P.204

#수원 P.208
장엄한 수원화성의 기운이 스며든 도시,
문화유산과 함께 숨 쉬는 도시.

#과천 P.214
아이와 함께라면 과천이지!
하루 종일 즐거운 동물원과 과학관, 미술관.

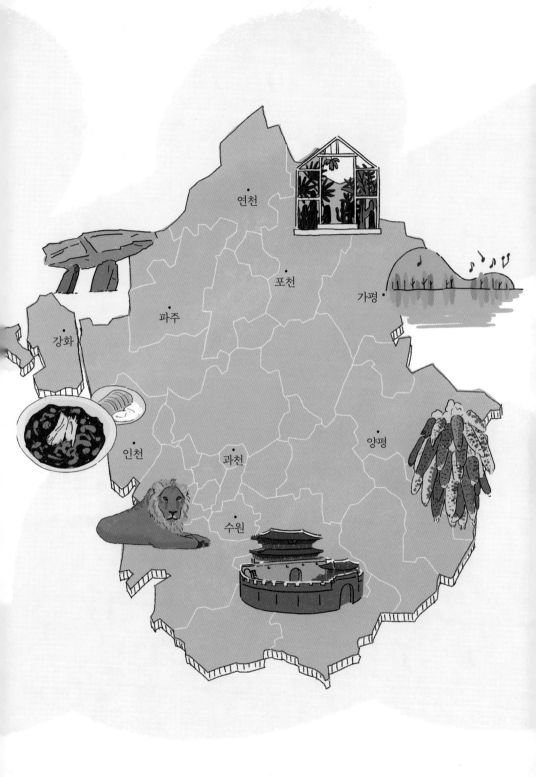

연천

포천

가평

파주

강화

인천

과천

양평

수원

CITY
07

도시 옆 자연에서 힐링
양평

양평은 답답한 도심의 일상을 벗어던지고 자연을 만끽할 수 있는 힐링 여행지다. 서울에서 그리
멀지 않은 곳임에도 시골의 정취가 물씬하다. 카페와 미술관을 돌아보거나 초록이 숨 쉬는 자연
속에서 여유롭게 쉬어가자.

도심을 벗어나 가볍게 드라이브

남한강을 따라 이어지는 팔당호, 북한강을 따라 흐르는 청평호까지 강변을 따라
아름다운 풍경이 펼쳐지고, 전망 좋은 음식점과 카페가 수두룩하다.
양평은 차를 타고 달리기만 해도 눈이 시원해진다. 가벼운 드라이브로 마음까지 가볍다.

©강진섭

양평 나들이의 기본
두물머리

#거리두기스폿 #드라이브 #산책길

남한강과 북한강의 두 물이 합쳐지는 곳. 이곳이 나루터였
던 시절에는 배가 드나들곤 했다. 잔잔한 강물을 바라보
는 것만으로도 바쁜 일상을 벗어나는 기분. 경치가 워낙 좋
아 드라마나 영화의 배경으로도 종종 만난다. 수령이 400
년이 넘는 느티나무 아래에서 모락모락 피어나는 물안개가
근사하다. 새벽의 물안개와 일출, 뉘엿뉘엿 지는 해가 만드
는 환상적인 일몰 덕분에 사진 동호인들이 손꼽는 출사지
이기도 하다. 물위로 늘어진 버드나무, 아기자기한 포토존,
한참 뛰어다녀도 좋을 산책로를 갖췄다.

📍 경기 양평군 양서면 양수리 772-1 🅿 가능 📞 031-775-8700

정약용의 생가

조선 후기 최고의 실학자
정약용유적지

#거리두기스폿 #다산의생애 #수원화성

우리나라의 대학자인 다산 정약용이 태어난 곳이자 18년간의 유배를 마치고 돌아와 여생을 보낸 곳이다. 그가 살던 집인 여유당과 언덕 위 무덤까지 둘러볼 수 있다. 다산문화관에서는 정약용이 집필한 500여 권의 책을 검색해 볼 수 있고, 다산기념관에서는 거중기로 수원화성을 짓는 디오라마와 저서들을 볼 수 있다. 실로 방대한 업적 앞에서 혀를 내두르게 된다.

📍 경기 남양주시 조안면 다산로747번길 11 🅿 가능 📞 031-590-2837 🕘 09:00~18:00(월요일 휴무)

다산의 정신을 기리는 친환경 수변공원   #거리두기스폿 #수변산책로 #가족나들이
다산생태공원

양평 드라이브를 즐기는 사람들은 근처 맛집에 들렀다가 팔당호와 가까운 이곳에 들러 한 숨 돌리곤 한다. 주말이면 휴일을 즐기는 사람들이 팔당호가 드넓게 펼쳐진 풍경 앞에 삼삼오오 모여 앉아 담소를 나눈다. 다산의 업적을 기리는 조형물이 곳곳에서 포토존 역할을 한다. 계절마다 새로운 꽃들이 피어나 산책하는 즐거움을 더한다.

📍 경기 남양주시 조안면 다산로 767 🅿 가능 📞 031-590-8634

생활 공간 속에서 만나는 예술 작품

#미술관나들이 #데이트코스 #조용한기쁨

구하우스 미술관

세계 유명 작가들의 미술 작품 500여 점과 디자인 오브제를 전시한다. 작은 미술관이지만 방대한 컬렉션을 꼼꼼히 살피다 보면 시간 가는 줄 모르고 머물게 된다. 건물 전체를 집처럼, 전시장을 생활 공간처럼 꾸며 콘셉트가 각기 다른 10개의 방을 만난다. 대단한 안목을 지닌 친구의 집에 초대받은 기분. 벽에 쓰여 있는 숫자를 따라 공간을 이동하면서 옥상에서 정원까지 미술관 전체를 관람한다. 서도호 작가의 작은 문도 반갑고, 데미언 허스트의 이미지도 흥미롭다. 커다란 호크니의 작품 일부가 되어 사진도 찍고, 이근세 작가의 양과 함께 정원을 산책한다. 일 년에 서너 번 기획 전시를 하니 홈페이지를 확인하자.

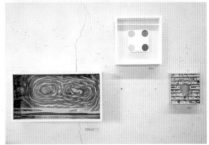

📍 경기 양평군 서종면 무내미길 49-12 　Ⓟ 가능 　📞 031-774-7460
🕐 평일 13:00~17:00, 주말·공휴일 10:30~17:00(월·화요일 휴무)
₩ 성인 15,000원, 청소년 8,000원, 4세~어린이 6,000원
🏠 www.koohouse.org

세계적인 예술가의
작업실과 갤러리
이재효갤러리

#갤러리카페 #경기도드라이브
#미술관나들이

이재효 작가는 나무와 돌, 못, 나뭇잎 같은 주위에서 흔히 볼 수 있는 친숙한 재료를 사용해 놀랍게도 생경함을 주는 작품을 만들어낸다. 2020년에 오픈한 이재효갤러리는 총 5개의 전시실과 카페로 이루어져 있다. 운이 좋으면 작업실을 들락거리는 작가와 눈이 마주칠 수도 있다. 1전시실에는 돌 커튼과 나무 작품, 작가의 사진들을 전시했다. 2전시실에서는 낙엽과 나무의 속살을 만난다. 3전시실에서는 반짝이는 못이 이리저리 휘어지면서 특별한 의미를 드러내는 모습을 볼 수 있다. 이재효갤러리의 백미는 작가의 독특한 아이디어가 번쩍이는 4전시실. 우산살, 가위, 도끼, 방망이가 각양각색의 동물로 변신한 모습을 보면 누구라도 나지막한 탄성을 지르게 된다. 5전시실에서는 작가의 섬세한 스케치들이 펼쳐진다. 자주 들러 영감을 받고 싶어지는 공간이다.

📍 경기 양평군 지평면 초천길 83-22 🅿 가능 📞 0507-1354-1402 🕙 10:00~18:00(입장 마감 17:00) 🏧 관람료 성인 12,000원, 청소년 10,000원, 어린이 8,000원, 음료 포함 관람료 성인 15,000원, 청소년 13,000원, 11,000원 🏠 leejaehyo.com

남한강을 내려다보는 전망 좋은 카페
카포레 갤러리 카페

#전망좋은카페 #커피한잔 #드라이브

건축가 곽희수가 '숲속의 캐비닛'이라는 콘셉트로 설계한 갤러리 카페 카포레는 드라마 〈시지프스〉에서 천재공학자의 집으로 소개되면서 유명해졌다. 건물의 통유리창으로 내려다보는 남한강 풍경도, 루프톱에서 만나는 상쾌한 공기도, 건물 곳곳에 걸린 그림도 좋다. 커피 향 그윽한 1층 카페의 안쪽, 4층으로 이루어진 건물의 실내 공간, 별관 1층까지 전시가 이어진다.

📍 경기 양평군 강하면 강남로 458 🅿 가능
📞 0507-1317-5342 🕐 10:00~21:00(1시간 전 주문 마감) ₩ 갤러리 입장권(음료 포함) 성인 8,000원, 어린이 5,000원 📷 @cafore

탁 트인 잔디밭에 펼쳐진 조각들
모란미술관

#양평나들이 #미술관데이트 #드라이브코스

드넓은 잔디밭을 거닐기만 해도 모란미술관까지 드라이브하길 잘했다는 생각이 든다. 8,600여 평의 넓은 야외 전시장에는 눈을 돌리는 곳마다 국내외 작가들이 만든 100여 점의 조형물이 놓였다. 조각전문미술관으로 출발해 동시대의 한국 현대조각을 소개하는 모란미술관의 자랑이다. 2층으로 된 실내 전시실을 관람하고 로댕의 조각상이 놓인 모란탑 내부도 둘러보자.

📍 경기 남양주시 화도읍 경춘로2110번길 8 🅿 가능
📞 0507-1392-8027 🕐 4~10월 09:00~18:00, 11~3월 09:30~17:00(월요일 휴무) ₩ 야외+실내전시 성인 10,000원, 청소년·어린이 6,000원, 65세 이상 5,000원, 야외전시 성인 5,000원, 청소년 3,500원, 어린이 2,500원 🏠 www.moranmuseum.org

1,000년 수령의 은행나무가 반기는
용문사

#계절여행 #은행나무 #계곡풍경

산이 깊어 계곡도 좋은 용문산 아래 신라시대에 창건한 용문사가 있다. 1,000년 동안 절 앞을 지켜온 은행나무가 용문사보다 더욱 유명하다. 높이가 42m, 뿌리 부분의 둘레가 15m로 멀리서부터 꼿꼿한 자태로 방문객들을 맞는다. 의상대사가 지팡이를 땅에 꽂았더니 뿌리를 내려 은행나무가 되었다는 전설이 전해진다.

📍 경기 양평군 용문면 용문산로 782 🅿 가능, 경차 1,000원, 소형차 3,000원, 대형차 5,000원 📞 031-773-3797 🅦 무료
🏠 www.yongmunsa.biz

수련이 가득한 물의 정원
세미원

#거리두기스폿 #여름나들이 #데이트코스

양평 드라이브를 즐기는 사람들은 여름이면 세미원을 찾는다. 물레방아가 졸졸 소리를 내고 분홍색 연꽃들이 사랑스럽게 고개를 내민다. 희고 붉은 수련이 가득한 모네의 그림 속을 거닌다.

📍 경기 양평군 양서면 양수로 93 🅿 가능 📞 031-775-1835
🕐 09:00~18:00(월요일 휴무), 연꽃문화제기간(7월 초~8월 중순) 09:00~20:00, 연꽃문화제기간 중에는 휴무 없음
🅦 성인 5,000원, 어린이·청소년·65세 이상 3,000원
🏠 www.semiwon.or.kr

하늘거리는 들꽃 가득
양평들꽃수목원

#거리두기스폿 #경기도수목원 #가족나들이

3만여 평의 부지에 우리나라의 토종 야생화 600여 종이 피어난다. 들꽃뿐만 아니라 계절마다 볼 수 있는 온갖 꽃과 허브를 모았다. 어른 아이 모두 좋아하는 잔디 썰매와 작은 숲속 놀이터, 뛰놀기 좋은 야외 정원, 포토존을 갖췄다.

📍 경기 양평군 양평읍 경강로 1698 🅿 가능 📞 031-772-1800
🕐 09:30~18:00 🅦 성인 9,000원, 청소년·어린이 7,000원, 양평 군민 7,000원 🏠 www.wildflower-garden.com

짧은 드라이브로 풍성하게 즐기는
나인블럭 뷰 팔당점

#양평핫플 #데이트코스 #한강뷰

나인블럭 카페가 지점을 내면서 이름에 굳이 '뷰'를 붙였다. 문을 열고 들어서자마자 눈앞에 한강이 흐른다. 이런 뷰에서는 무엇을 마셔도 기분 전환이 될 것 같다. 인테리어가 단아한 2층에는 작은 야외 테라스가 있고, 지하로 내려가면 여럿이 편안하게 앉을 수 있는 소파 자리와 한강이 더욱 가깝게 느껴지는 창가 자리가 있다.

📍 경기 남양주시 와부읍 다산로 56 🅿 가능 📞 031-577-8809
🕐 카페 09:00~22:00, 키친 11:00~20:00, 브레이크 타임 15:00~16:00 ₩ 아메리카노 7,000원, 핸드 드립 커피 9,000원, 베이컨크림파스타 19,000원 🏠 www.9block.co.kr

북한강이 내려다보이는 풍경
라타쎄

#뷰맛집 #북한강변 #테라스

하늘 맑은 날 하얀 파라솔 아래 앉아 유유히 흐르는 북한강을 바라보면 절로 힐링이 된다. 실내에는 탐나는 앤티크 찻잔 세트와 자기 그릇들이 진열되어 구경하는 재미가 있다. 풍경 좋은 야외, 취향 저격하는 실내 어느 쪽에 앉아도 눈이 즐겁다.

📍 경기 남양주시 화도읍 북한강로 1205 🅿 가능 📞 031-559-1205 🕐 평일 12:00~19:00, 주말·공휴일 12:00~20:00 ₩ 아메리카노 6,000원, 카페라테 7,000원, 생과일에이드 7,500원
📷 @latasse_

강바람 솔솔 부는 날 맛집 나들이
강마을다람쥐

#경기도맛집 #가족나들이 #드라이브코스

다람쥐의 주식인 도토리를 이용한 도토리묵 전문 식당이다. 도토리묵사발이나 묵밥도 맛있지만 강마을다람쥐 최고의 매력은 팔당호를 향해 넓게 뚫린 근사한 정원이다. 줄을 서서 먹을 만큼 늘 북적이는 맛집이지만 대기표를 받아들고 정원을 거닐면 기다리는 시간이 아깝지 않다.

📍 경기 광주시 남종면 태허정로 556 🅿 가능 📞 031-762-5574
🕐 11:00~19:30(1시간 전 주문 마감) ₩ 도토리묵사발 13,000원, 도토리묵밥 13,000원 🏠 www.moranmuseum.org

농촌 마을 풍경 속으로 가족 나들이

농촌의 전원 풍경을 고스란히 간직한 양평에서 살아 있는 자연을 호흡해보자. 수미마을, 모꼬지마을,
보릿고개마을에서 계절별 체험을 해보고, 봄이면 마을 전체가 황금빛으로 물드는 산수유꽃마을을 거닐자.
황순원문학촌 소나기마을에서 맑은 날 쏟아지는 소나기 속을 뛰어다녀도 좋다

여름에는 메기 잡고 겨울에는 빙어 잡고

수미마을

#농촌체험 #몽땅구이축제 #가족나들이

수미마을은 일 년 내내 축제다. 봄에는 배가 부를 만큼 딸기를 따 먹고, 집에 가져갈 딸기를 용기에 가득 담는다. 딸기를 갈아 딸기 찐빵도 만들고, 딸기 시럽이 들어간 쌀강정도 만든다. 여름이면 방학을 맞은 아이들이 모여든다. 시냇물에서 철벅거리며 커다란 메기를 잡고, 부드러운 황토 속에서 미꾸라지를 잡는다. 옥수수를 따거나 감자를 캐며 마치 시골 할머니 댁에 놀러온 듯한 기분을 만끽한다. 가을에는 내 손으로 수확한 고구마도 구워 먹고 밤도 구워 먹는다. 꽁꽁 얼어붙은 저수지는 천연의 빙어 낚시터다. 팔딱이는 빙어를 건져 올리다 보면 추위는 저만치 물러간다. 아이들은 한쪽에서 얼음 썰매를 지치고, 스케이트를 탄다.

📍 경기 양평군 단월면 곱다니길 55-2 수미마을 방문객센터 🅿 가능
📞 031-775-5205 ₩ 딸기 패키지 1인 18,000원, 돔빙어눈패키지
1인 12,000원 🏠 www.soomyland.com

동심의 세계로 돌아가는 곳

#문학관나들이 #가족여행 #소나기

황순원문학촌 소나기마을

황순원문학관이 양평에 자리 잡은 이유는 오직 하나, 소설에서 그려지는 풍경이 양평과 닮아서다. 소나기마을에는 작가의 문학과 생애 전반을 알 수 있는 문학관뿐만 아니라 그의 여러 대표작을 음미할 수 있는 산책로, 징검다리와 수숫단으로 재현한 문학테마공원이 어우러져 있다.

📍 경기 양평군 서종면 소나기마을길 24 🅿 가능 📞 031-773-2299 🕐 3~10월 09:30~18:00, 11~2월 09:30~17:00(월요일·명절 당일 휴관) ₩ 성인 2,000원, 청소년 1,500원, 어린이 1,000원 🏠 www.yp21.go.kr/museumhub/contents.do?key=1022

노란 꽃길 따라 봄맞이 가자

#봄나들이 #산수유 #마을산책

양평 산수유마을

매년 봄이면 은은하게 노란빛을 내뿜는 산수유나무가 양평의 개군면 내리에만 7,000여 그루 자란다. 매년 3월에서 4월이면 황금빛 봄이 펼쳐지고, 11월이면 빨간 산수유 열매가 풍성하다. 산수유마을정보센터에서 향리마을회관까지 편도 2.5km의 산수유길이 이어진다. 100년이 넘은 산수유 고목이 마을 풍경과 어우러져 평온한 그림을 그려낸다.

📍 경기 양평군 개군면 산수유 1길 1 산수유마을정보센터 🅿 가능 📞 031-771-5010

ⓒ윤유섭   ⓒ문유섭

개울가에 앉아만 있어도 힐링

보릿고개마을

#자연먹거리 #슬로푸드 #농촌체험

과거에는 이름만큼 어려웠던 산골 마을이지만 이제는 넉넉한 먹거리를 제공하는 슬로푸드 체험 마을로 변신했다. 2015년 '물놀이하기 좋은 농촌 체험 마을 10선'에 꼽힐 정도로 멋진 개울가를 자랑한다. 여름이면 물놀이를 하던 개울가에 가을이면 반짝이는 은빛 갈대가 너울거린다. 개울 앞에 정자와 그네를 두어 언제라도 이곳을 찾는 이들에게 쉼터를 제공한다.

📍 경기 양평군 용문면 연안길 23-1 🅿 가능 📞 031-774-7786 🕐 08:00~20:00 ₩ 들꽃 물들이기 34,000원, 감자 캐기 체험 34,000원, 김장 체험 37,000원 🏠 borigoge.invil.org

아이와 함께 눌러앉고 싶은 마을

모꼬지마을

#농촌마을 #계절별체험 #캠핑도좋아

모꼬지마을은 일 년 내내 모꼬지를 연다. 중원천에서는 모꼬지마을의 아이들뿐만 아니라 체험하러 온 아이들이 뒤섞여 물놀이를 한다. 작은 송사리도 잡고, 뗏목도 탄다. 봄에는 딸기 따기, 여름에는 물놀이, 가을에는 수확 축제, 겨울에는 썰매 타기 등 계절별로 신나는 체험이 기다린다. 자연에서만 할 수 있는 체험들이 아이들의 마음을 쑥쑥 키운다.

📍 경기 양평군 용문면 청용길 13-6 🅿 가능 📞 010-5384-4276 ₩ 당일 체험 25,000원
🏠 blog.naver.com/johyunblog

CITY
08

아침 햇살 속 꽃처럼 피어나는 풍경
가평

수도권에서 가까워 언제든 마음 내키는 대로 훌쩍 다녀올 수 있는 가평은 북한강을 따라 드라이브만 해도 가슴이 뻥 뚫린다. 알록달록 예쁜 꽃을 피워내는 정원과 초록빛으로 물드는 수목원이 많아 봄나들이에 제격이다. 물 따라 꽃 따라 싱그럽게 피어나는 가평으로 떠나보자.

꽃길만 걷고 싶은 아침
아침고요수목원

#거리두기스폿 #아침산책 #봄여행

아침고요수목원은 사계절 언제나 아름답지만 봄
이 가장 싱그럽다. 겨우내 빛 축제로 밤을 밝히던
수목원이 봄을 맞으면 향기로운 꽃들로 눈이 부시
다. 3월이면 야생화가 피어나고 4~5월에는 화려한
꽃들이 절정을 이룬다. 풍년을 기원하는 풍년화,
복 받고 오래 살라는 복수초, 종 모양의 노란 꽃 히
어리, 초록 잎 사이로 고개를 내민 수선화가 한가
득. 분재정원은 소나무와 향나무, 소사나무로 가꾼
분재 작품들이 커다란 나무들과 어우러져 멋스럽
다. 고향집 정원은 초가집 앞에 장독대가 놓여 푸
근한 고향 같다. 서화연은 폭포가 떨어지는 연못
위로 정자가 자리해 그림같이 아름답다. 찻집에 앉
아 꽃그림 속에 들어앉은 듯한 여유를 부려볼까.

📍 경기 가평군 상면 수목원로 432 🅿 가능
📞 1544-6703 🕐 11:00~21:00, 토요일 11:00~23:00
🏧 성인 11,000원, 청소년 8,500원, 36개월~어린이
7,500원 🏠 www.morningcalm.co.kr

다양한 축제가 열리는 아름다운 섬
자라섬

#거리두기스폿 #섬여행 #꽃놀이

자라섬은 가을마다 열리는 재즈 페스티벌로 유명하다. 페스티벌이 시작되면 자라섬의 둥근 잔디광장에서 자유롭게 뒹굴며 음악도 듣고 맥주도 마신다. 계절을 잘 맞춰 섬 남쪽의 꽃테마공원으로 건너가면 세상에서 가장 화려한 자연의 색채를 감상할 수 있다. 사진을 찍으며 이리저리 거닐면 진짜로 꽃냄새에 취할 수도 있구나 싶다.

📍 경기 가평군 가평읍 달전리 1-1 🅿 가능 📞 031-8078-8028
🏠 www.jarasum.net

프랑스의 작은 마을 그대로
쁘띠프랑스

#사진놀이 #드라마촬영지 #알록달록

쁘띠프랑스를 풀이하면 '작은 프랑스'다. 이곳에는 프랑스의 전원 마을처럼 꾸민 낮은 지붕의 집들이 모여 있고, 곳곳에 어린 왕자를 모티프로 한 조형물들이 늘어서 있다. 마리오네트 공연은 앞자리에서 눈을 크게 뜨고 볼 만하다. 요정의 목소리 같은 오르골 소리도 놓치지 말자. 프랑스의 전통 주택을 재현한 전시관, 전통 놀이방, 전망대까지 조경을 잘해두어 근사하다.

📍 경기 가평군 청평면 호반로 1063 🅿 가능 📞 031-584-8200 🕘 09:00~18:00 ₩ 성인·청소년 12,000원, 어린이 10,000원 🏠 www.pfcamp.com

아름다운 청평호 가까이

#거리두기스폿 #강변카페 #뷰맛집

카페 아우라

한적한 야외 자리에서 작은 소풍을 즐기자. 적당한 그늘을 찾아 앉으면 시원한 바람이 산들거린다. 자리가 넉넉해 데이트하기에도, 가족 나들이에도 좋다. 리버랜드에서 운영하는 호텔 아래쪽에 넓고 환한 카페가 자리한다. 계절에 따라 수상 레저와 번지점프를 즐기거나 숙박 패키지를 이용하면 강변에서 바비큐를 즐길 수 있다.

📍 경기 가평군 설악면 유명로 2312 🅿 가능 📞 070-8161-5526 🕐 10:00~21:00 💰 아이스 아메리카노 7,000원, 청포도 에이드 8,000원, 복숭아스무디 9,000원 🏠 www.riverland.co.kr/detail_04.html

방갈로에서 즐기는 여유

라틴정원

#거리두기스폿 #리버뷰 #방갈로

넓은 잔디밭을 빙 둘러 하얀 커튼이 나부끼는 방갈로가 섰다. 북한강을 굽어보는 근사한 풍경을 볼 수 있다. 보이지 않는 구석구석에 숨겨진 자리가 많다. 2층 테라스의 빈백에 앉아 잔디밭을 내려다볼 수 있고, 1층 잔디밭에서 더 아래쪽으로 내려가면 또 다른 단체석이 있다. 야외에서 충분히 거리 두기를 할 수 있는 카페다.

📍 경기 가평군 가평읍 상지로 949 🅿 가능 📞 0507-1313-7219 🕐 11:00~19:00, 주말·공휴일 10:00~20:00 💰 아이스 아메리카노 7,500원, 레몬에이드 8,000원, 페퍼로니피자 20,000원 📷 @cafe_latin_garden

맑은 공기에 실려 오는 허브 향 따라
포천·연천·파주

남들이 남쪽으로 꽃놀이를 떠날 때, 경기도 북부로 올라가 보자. 포천과 연천은 수목원의 고장
이다. 꽃과 허브 향이 가득한 허브아일랜드, 임진강까지 라벤더 향으로 물들이는 허브빌리지, 아
기자기한 식물원과 수목원이 곳곳에 자리하고 있다. 포천아트밸리와 산사원까지 둘러보고 나면
마음 가득 꽃망울이 톡톡 터진다.

허브를 테마로 한 다채로운 프로그램

허브아일랜드

#허브힐링 #예쁜야경 #포토존

허브아일랜드에는 싱그러운 초록이 가득하다. 이곳의 백미는 사계절 내내 따뜻하고 화사한 허브 온실이다. 250여 종의 허브와 다양한 식물이 푸르름을 뽐낸다. 온실의 문을 열고 들어가면 허브 향이 온몸을 감싸며 반겨준다. 스피어민트와 애플민트는 바닥에서 수줍게 고개를 내밀고, 키 큰 로즈메리는 터널을 만들어 손짓한다. 숨을 깊게 들이마시고 온몸으로 허브 향을 만끽한다. 천장까지 닿는 커다란 바나나나무, 신기한 고무나무 같은 열대 식물이 우거졌다. 1970년대의 모습을 재현한 추억의 거리와 고소한 냄새를 풍기는 마늘 스틱을 파는 빵집도 있다. 해가 지고 나면 3,000평 규모의 라벤더 밭에 불빛이 가득 채워져 동화 속의 한 장면 같다.

📍경기 포천시 신북면 청신로947번길 51 🅿가능 📞031-535-6494 🕐4~12월 10:00~21:00, 1~3월 14:00~22:00, 토요일·공휴일 10:00~22:00(수요일 휴무, 매장별 운영시간과 휴무일 시즌별로 상이, 계절별 점등 시간 상이) ₩평일 성인·청소년 10,000원, 어린이 8,000원, 주말 성인·청소년 12,000원, 어린이 10,000원 🏠www.herbisland.co.kr

친환경 복합 문화 공간으로 변신
포천아트밸리

#거리두기스폿 #전망대뷰 #모노레일

마구잡이로 화강암을 캐낸 후 버려진 채석장이었다. 놀라운 회복력을 지닌 자연은 시간이 흐르면서 스스로 아름다운 풍경을 만들어냈다. 화강암을 캐던 웅덩이에 빗물이 모여 에메랄드빛 호수를 만들었다. 얼마나 물이 맑은지 가재와 도롱뇽, 피라미가 서식한다. 모노레일을 타고 올라가면 전망대와 조각공원, 천문과학관, 키즈 카페를 둘러볼 수 있다.

📍 경기 포천시 신북면 아트밸리로 234 🅿 가능 📞 1668-1035 🕐 09:00~18:00(1시간 전 입장 마감, 첫째 화요일 휴무) ₩ 입장료 성인 5,000원, 청소년·군인 3,000원, 어린이 1,500원, 포천 시민·65세 이상·유공자 무료 / 모노레일 왕복 성인 5,300원, 청소년 4,300원, 어린이 3,300원/ 모노레일 편도 성인 4,300원, 청소년 3,300원, 어린이 2,600원 🏠 artvalley.pocheon.go.kr

아기자기하게 꾸민 정원
평강랜드

#식물원 #봄나들이 #촬영지

평강식물원이 리조트와 체험 프로그램을 다양하게 갖추고 평강랜드로 거듭났다. 찬란한 연못정원, 자연 생태를 가까이에서 관찰할 수 있는 습지원 등 12개의 테마 정원이 조성되어 있다. 꽃으로 가득한 온실도 있다.

📍 경기 포천시 영북면 우물목길 171-18 🅿 가능 📞 031-532-1779 🕐 09:00~18:00 ₩ 성인 9,000원, 어린이·청소년 8,000원, 65세 이상·유공자·포천 시민·군인 7,000원, 36개월 미만 무료 🏠 pgld1997.creatorlink.net

술 익는 냄새에 멈춘 발걸음
전통술박물관 산사원

#산사원 #느린마을 #느린여행

사람 키만 한 술독이 죽 늘어서 있는 광경을 보고도 이곳을 그냥 지나친다면 술 좋아하는 사람이 아닐 게다. 배상면주가에서 운영하는 우리 술 박물관이다. 정원에는 연못과 정자를 갖췄다. 우리 술에 대해 배우고 전통주 시음을 할 수 있다.

📍 경기 포천시 화현면 화동로432번길 25 🅿 가능 📞 031-531-9300 🕐 08:30~17:30(명절 당일 휴무) ₩ 성인 4,000원, 미성년자 무료 🏠 www.soolsool.co.kr

임진강이 한눈에 들어오는 풍경

허브빌리지

#거리두기스폿 #라벤더향기 #사진여행

짙푸른 허브 향이 가득하다. 보랏빛 라벤더 꽃밭에서
삼삼오오 모여 사진을 찍는 가족들, 꽃보다 더 아름다
운 연인들이 허브만큼이나 싱그럽다. 주홍빛 금붕어들
이 헤엄치는 물가에는 '시인의 길'이 펼쳐진다. 라벤더
꽃밭을 둘러 임진강 쪽으로 내려가면 '화이트 가든'이
라 이름 붙인 포토존이 나온다. 하얀 벤치에 앉아 발을
쭉 뻗으면 임진강에 닿을 것만 같다.

📍경기 연천군 왕징면 북삼리 222 ⓟ가능 📞031-833-
5100 ⏱09:00~18:00, 주말 09:00~20:00(11월 1일~4월
19일 09:00~18:00) ₩성인·청소년 5,000원, 36개월~어린
이 3,000원 🏠 www.herbvillage.co.kr

남과 북을 가르지 않는 물길처럼

임진각

#거리두기스폿 #철마는달리고싶다 #역사여행

한때는 남과 북의 치열했던 격전지가 무척이나 고요하고 평화롭다. 달리고
싶은 철마는 덩그마니 놓였다. 한국 전쟁 때 폭격으로 파괴되어 교각만 남
아 있는 임진강 독개다리(자유의 다리)에는 끊긴 철로가 남아 있다. 철로는
끊기고 땅은 남북으로 갈라졌지만 임진강은 유유하다. 물속을 헤엄치는 물
고기에게 집이 어디냐 물으면 남쪽이라 할까 북쪽이라 할까.

📍경기 파주시 문산읍 마정리 1400-5 ⓟ가능 📞0507-1334-3323 ⏱09:00~
18:00(월요일 휴무) ₩내일의 기적소리 입장료(독개다리와 철마 관람) 성인·청소년
2,000원, 어린이 1,000원, 내일의 기적소리+BEAT131(지하 벙커 전시실 관람) 전시관
성인·청소년 2,500원, 어린이 1,500원

TIP 시인 원재훈의 임진강

원재훈 시인은 누군가 죽도록 미워지면 임진강
가에 서서 새벽 강물로 세수를 하라고 했다. 그
는 임진강이라는 제목에 1, 2, 3 번호를 붙여 세
편의 시를 지었다. 연천의 허브빌리지와 임진각
은 원재훈 시인의 〈임진강가에 서서〉라는 시를
마음으로 느낄 수 있는 곳이다.

187

역사와 문화가 살아 숨 쉬는 곳
강화

우리나라에서 네 번째로 큰 섬 강화도는 단군이 마니산에 참성단을 쌓은 이래 우리네 역사를 고 스란히 품었다. 곳곳의 진지와 돈대, 포대가 아픈 역사를 말한다. 석모도에 이어 교동도까지 다 리가 놓여 이제는 차를 타고 둘러볼 수 있다. 진달래를 보러, 석양을 즐기러, 밴댕이를 먹으러, 순 무김치를 사러 떠나볼까.

고인돌에서 돈대까지 소중한 역사 유물

강화의 역사는 한반도 역사의 축소판이다. 강화가 품고 있는 소중한 유물들은
선사시대 이래 이어진 우리의 문화와 항쟁의 기록이다. 유네스코 세계 문화유산으로
등재된 청동기시대의 대표 유물인 고인돌, 고려시대와 조선시대에 몽골과 외세의
침입을 막아내던 포대와 돈대들이 서해 바다의 풍광과 어우러진 강화로 떠나보자.

강화역사박물관

강화역사박물관은 강화에서 출토된 선사시대 유물들과
근현대사를 망라한 상설전시실을 운영한다. 실제 유물
뿐만 아니라 고인돌을 만드는 과정이나 정족산성 전투,
강화도 조약의 현장을 세심하게 재현해놓아 아이들도
이해하기 쉽다. 영상실에서는 고인돌과 초지진 소나무의
대화를 통해 강화가 간직한 전쟁의 역사를 들려준다. 역
사박물관 건너편의 널찍한 고인돌공원 중앙에는 강화도
지석묘가 놓였다. 동북아시아 고인돌의 흐름과 변화를
연구하는 데 중요한 유적이어서 2000년에 세계 문화유
산으로 등록되었다. 공원 주위에는 프랑스의 카르나크
열석, 칠레의 모아이 석상, 영국의 스톤헨지 모형이 있어
세계 고인돌에 대한 이해를 돕는다.

📍 인천 강화군 하점면 강화대로 994-19 🅿 가능 📞 032-
934-7887 🕘 09:00~18:00(월요일·1월 1일·명절 당일 휴관)
₩ 성인 3,000원, 청소년·어린이 2,000원 🏠 www.ganghwa.
go.kr/open_content/museum_history

외세의 침략에 대응하던 1차 방어진

초지진

#조선시대 #역사여행 #뱃길

김포와 강화도를 잇는 초지대교를 건너면 초지진과 덕진진, 광성보를 순서대로 둘러볼 수 있다. 초지진은 강화해협을 사수하는 12개의 진보 중 하나로 해상으로 침입하는 적을 막기 위해 조선시대에 구축한 요새다. 병인양요와 신미양요, 운요호 사건이 이곳에서 벌어졌다. 초지진의 외부 성벽을 둘러보면 포탄의 흔적을 간직한 400년 된 소나무를 만날 수 있다.

📍 인천 강화군 길상면 초지리 624 🅿 가능 📞 032-930-7072
🕐 09:00~18:00 ₩ 무료

바다의 관문을 지키는 제1포대

덕진진과 남장포대

#역사여행 #강화여행 #신미양요

덕진진은 강화 12진보 가운데 가장 중요한 군사적 요충지로 꼽힌다. 병인양요와 신미양요 때 가장 치열한 포격전이 벌어진 곳이다. 남장포대에는 15문의 대포가 설치되어 있다. 적의 눈에 띄지 않도록 반달 모양으로 축조한 포대 앞에서 바다를 바라보면 당시의 전투가 눈앞에 그려지는 듯하다. 흥선대원군이 세운 경고비가 강렬한 쇄국의 의지를 보여준다.

📍 인천 강화군 불은면 덕성리 846 🅿 가능 📞 032-930-7074
🕐 09:00~18:00 ₩ 무료

천혜의 요새 손돌목을 지키는

광성보·손돌목돈대·용두돈대

#거리두기스폿 #드라마촬영지 #역사여행

광성보는 고려가 몽골의 침략에 대항하며 강화로 천도한 후 돌과 흙을 섞어 길게 쌓은 성이다. 조선 숙종 때 돌을 쌓아 석성을 구축했다. 1871년 신미양요 때 해협을 거슬러 오는 미국의 함대를 맞아 초지진과 덕진진에서 전투가 벌어졌고, 미국 군대는 광성보까지 밀고 올라왔다. 조선의 군대는 이곳에서 모두 장렬히 순국했다. 둥글고 높은 손돌목돈대를 보면 드라마 〈미스터 션샤인〉 1회에서 그려진 '처참하고 무섭도록 구슬픈', 그러나 장엄했던 전투 장면이 떠오른다. 용머리처럼 길게 뻗은 암반은 예부터 천연의 요새였는데 조선 숙종 때 암반 위로 용두돈대를 세웠다. 당시에 사용했던 대포와 소포를 복원해두었다.

📍 인천 강화군 불은면 덕성리 833 🅿 가능 📞 032-930-7070
🕐 09:00~18:00, 해설시간 10:00~16:00(1시간 간격) ₩ 무료

광성보

용두돈대

안해루

TIP 왕을 피신시킨 손돌의 죽음

전쟁이 나자 강화도로 피신하던 왕은 손돌이라는 뱃사공이 모는 배를 탔다. 험한 소용돌이 속으로 배를 모는 손돌이 자신을 배신한다고 여긴 왕은 그의 목을 벴다. 손돌은 죽기 전 바가지를 물에 띄우며 그대로 따라가라고 전했다. 무사히 바다를 건넌 왕은 잘못을 뉘우치며 장사를 지냈다. 그 바다를 손돌목, 그곳에 부는 바람을 손돌풍이라 한다.

손돌목돈대

섬으로 떠나는 시간 여행

육지와 동떨어졌던 섬들이 다리로 이어지면서 오래도록 품어왔던 옛이야기를 하나씩 풀어놓는다.
특별한 공간에 흐르는 느릿한 이야기가 다정하다. 오래된 공간을 새롭게 맞이하며 이색적인 시간을 여행한다.

시간을 거스른 옛 공장
조양방직

#옛공장터 #강화카페 #인스타핫플

개항 이후 강화에선 1900년도 초부터 1970년대까지 방직 산업이 번성했다. 수공업으로 이뤄지던 방직 산업에 변화를 가져온 것은 직물 기계를 갖춘 조양방직의 등장이었다. 지금은 역사의 뒤안길로 사라진 조양방직이지만 건물은 카페로 변신하여 강화의 핫플레이스가 되었다. 삼각형 지붕이 삐죽삐죽 솟은 카페 건물로 들어서면 과거 공장임을 짐작케 하는 트러스트 구조로 된 천장이 시선을 사로잡는다. 1933년에 설립되어 우리나라에서 가장 오래된 근대식 방직 공장이었던 공간의 의미도 되살렸다. 방직 기계가 있던 작업대를 자연스럽게 테이블로 활용하고, 재봉틀을 올려둔 테이블도 그대로 사용한다. 1958년 문을 닫은 이후 방치되던 이 근대 건물은 카페로 재탄생하는 데만 일 년여의 시간이 걸렸다고 한다. 옛 이발소 의자에 앉은 어르신들이 추억을 나누며 함박웃음을 터뜨린다.

📍인천 강화군 강화읍 향나무길5번길 12 🅿가능
📞0507-1307-2192 🕐11:00~20:00, 주말·공휴일 11:00~21:00(마감 40분 전 마지막 주문) ₩아메리카노 7,000원, 그린티라테 7,000원, 레몬에이드 8,000원
📷@joyang_bangjik

1960년대 영화 속으로 들어온 기분
교동대룡리시장

#시장구경 #벽화골목 #추억여행

직접 짠 참기름과 직접 담근 고추장, 농사지은 각
종 작물을 파는 상점들이 옛 모습 그대로다. 옛 벽
지와 흰 타일이 그대로인 교동이발관, 먼지 쌓인
시계들이 가득한 황세환 시계방, 검정 고무줄이 주
렁주렁 걸린 잡화점이 향수를 자극한다. 개구쟁이
가 그려진 벽화들, 역대 대통령 선거 벽보들이 흥
미롭다. 과거의 풍경 속에서 부지런히 현재를 살아
가는 상인들의 모습이 활기차다.

📍인천 강화군 교동면 교동남로 35 🅿️시장 맞은편 파머
스 마켓 뒤의 주차장 이용

고려와 조선의 역사가 깃든 유적
교동향교와 교동읍성

#최초의향교 #옛성벽 #문화유적

대룡시장 근처에 교동향교와 교동읍성이 있으니 간 김에 들러보자.
고려시대에 지은 교동향교는 공자상을 모신 우리나라 최초의 향교
다. 공자 앞에서 머리를 낮추라며 낮게 지은 대성전으로 들어서면 공
자의 초상과 최치원을 비롯한 국내 유현 18명의 신위를 볼 수 있다.
조선 인조 때 세 곳에 성문을 설치한 교동읍성은 남문인 유랑루만
덩그러니 남아 있다.

교동향교 📍인천 강화군 교동면 교동남로 229-49
🅿️가능 📞032-932-6931

교동읍성 📍인천 강화군 교동면 읍내리 577 🅿️읍내리 복지회관 앞 주차
📞032-930-3627

마애불상

눈썹바위에 올라 소원을 빌어볼까
석모도 보문사

#석모도여행 #그윽한사찰 #여행그램

석모도의 보문사는 남해의 보리암, 양양의 홍련암과 함께 우리나라의 3대 관음 도량이다. 각양각색의 표정을 한 오백나한이 방문객을 맞이한다. 보문사의 백미는 눈썹바위 아래 있는 마애불상이다. 동틀 무렵 들려오는 보문사 앞바다의 파도 소리와 눈썹바위 아래로 내려다보는 석양은 예로부터 아름답기로 유명하다. 탁 트인 풍경을 눈에 담고 오는 길이 상쾌하다.

📍 인천 강화군 삼산면 삼산남로828번길 44
🅿 소형 2,000원, 승합 2,500원, 대형 5,000원
📞 032-933-8271 🕐 09:00~18:00
₩ 성인 2,000원, 청소년 1,500원, 어린이 1,000원
🏠 www.bomunsa.me

즐거운 물놀이와 근사한 낙조
석모도 민머루 해수욕장

#거리두기스폿 #생태체험 #석양맛집

낙조가 무척이나 아름답다. 바다로 떨어지는 태양의 속도에 발맞춰 붉은 파도가 해변으로 밀려온다. 해가 진 후에도 여운이 남는다. 민머루 해수욕장 근처에 펜션과 편의점이 모여 있으니 하룻밤 머물면서 섬의 이야기를 들어도 좋다.

📍 인천 강화군 삼산면 매음리 874 🅿 가능
🏠 www.minmeoru-beach.co.kr

맛있는 먹거리와 강화도 특산물
강화 풍물시장

#밴댕이회 #인삼막걸리 #시장구경

가까운 풍물시장에 들러 싱싱한 밴댕이를 회치는 빠른 손놀림도 구경하고, 사자발쑥의 싱그러운 향기도 맡고, 아삭아삭한 순무김치도 맛보자. 출출하면 2층 식당의 밴댕이정식을 추천한다. 밴댕이무침에 비벼 먹는 밥맛이 꿀맛이다.

📍 인천 강화군 강화읍 중앙로 17-9 🅿 가능 📞 032-934-1318 🕐 08:00~21:00(첫째·셋째 월요일 휴무)

CITY

11

개항장을 품은 독특한 문화 산책

인천

인천은 1883년 개항 이후 우리 역사의 커다란 격동기를 헤치며 독특한 문화를 발전시킨 도시
다. 중국풍의 거리인 차이나타운, 근대문화와 건축양식이 고스란히 남아있는 인천개항누리길,
인천국제공항이 위치한 영종도와 아름다운 해수욕장들까지 당일치기로 다녀올 수 있어 더욱
좋다.

인천을 가장 멋지게
여행하는 방법

01
울긋불긋 차이나타운에서
짜장면 맛보기

02
배다리헌책방골목에서
책 한 권 구입

03
을왕리 해수욕장 거닐다
예쁜 노을 감상

THEME 01

차이나타운에 짜장면 먹으러 가자

짜장면이 특별한 날에만 먹는 음식이었던 시절이 있었다.
개학식이나 입학식 혹은 이삿날에 온 가족이 모여 앉아 짜장면을 먹던 추억이 생생하다.
'짜장면' 하나만으로도 여행의 테마를 잡을 수 있는 도시가 바로 인천이다.
추억의 짜장면을 떠올리며 인천 개항장 문화지구로 떠나보자.

빨간색으로 단장한 중국집이 즐비한

#130여년의역사 #공화춘 #짜장면

차이나타운

한국에서 가장 많은 화교가 살았던 곳이 바로 인천 차이나타운이다. 예전에는 중국에서 수입한 물건들을 파는 가게가 많았지만 최근에는 초기 정착민들의 2세와 3세들이 운영하는 중국 음식점이 주를 이룬다. 삼국지 벽화 거리에는 '도원결의'나 '삼고초려' 같은 삼국지의 중요 장면이 벽을 따라 그려져 있고, 중국식 사당인 의선당은 중국의 명절인 춘절이나 중양절에 화교들로 붐빈다. 한중문화관에 들어가면 다양한 전시물과 영상을 보면서 중국차를 시음하거나 중국식 의복을 입고 사진을 찍으며 중국의 문화를 체험할 수 있다. 자유공원을 오르면 인천상륙작전을 지시했던 맥아더 장군의 동상이 반긴다. 인천 시가지가 한눈에 내려다보이는 풍경 앞에서 잠시 쉬어가자.

📍 인천 중구 차이나타운로26번길 12-17
🅿 북성동 차이나타운 공영주차장
🏠 www.ic-chinatown.co.kr

삼국지 벽화거리

한중문화관

자유공원

의선당

짜장면으로 살펴보는 근대 역사

짜장면박물관

#한국음식 #짜장면의역사 #등록문화재제246호

1880년대 인천 개항 이후 중국인들이 운영하는 중국요릿집들이 늘었고, 값싸고 맛있는 중국 음식을 먹기 위해 부두의 노동자들이 몰려들었다. 화교가 운영하던 공화춘에서는 한국인의 입맛에 맞는 짜장면을 만들어 팔기 시작했다. 짠맛이 강한 중국식 작장면과 달리 캐러멜과 양파를 넣은 짜장면은 특유의 달달한 맛으로 폭발적인 인기를 얻었다. 중국 산둥식으로 지은 당시 공화춘 건물이 짜장면박물관으로 탈바꿈했다. 인천항의 부두 노동자들이 짜장면으로 간단하게 식사를 하는 모습, 1930년대에 공화춘에서 실제로 쓴 식기와 가구를 전시했다. 짜장면 가격이나 배달통의 변천사, 공화춘의 주방까지 볼거리가 의외로 쏠쏠하다.

📍 인천 중구 차이나타운로 56-14 🅿 북성동 차이나타운 공영주차장 📞 032-773-9812 🕐 09:00~18:00(월요일 휴관) ₩ 성인 1,000원, 청소년 700원, 군인 500원, 어린이 무료

TIP 차이나타운의 통합 입장권

인천개항장 근대건축전시관, 인천개항박물관, 짜장면박물관, 대불호텔 전시관, 한중문화관 5개관을 모두 둘러보는 통합 입장권을 판매한다. 성인 3,400원, 청소년 2,300원, 군인 2,100원, 어린이 무료.

차이나타운에서는 짜장면이지!

#화덕만두 #짜장면이냐짬뽕이냐 #골라먹는재미

차이나타운 먹거리

울긋불긋한 차이나타운에 들어서면 빨간 탕후루를 파는 간식집이 제일 먼저 눈에 띈다. 꼬치에 꽂은 딸기에 달콤한 시럽을 발라 먹음직스럽게 보이지만, 단맛보다 신맛이 세고 시럽이 엿보다 더 끈끈하게 이에 달라붙어 호불호가 극명히 갈린다. 길거리 간식을 먹고 싶다면 화덕만두와 공갈빵을 추천한다. 200℃가 넘는 화덕에서 구워낸 만두는 바삭한 피 속에 뜨끈한 소가 들어 있어 겨울에도 사람들이 줄을 선다. 차이나타운 맛집 탐방의 백미는 짜장면집이다. 짜장면과 짬뽕으로 이름값을 하는 공화춘, 춘장을 직접 만들어 하얀 짜장이 유명한 연경, 유니짜장과 꿔바로우가 맛있다고 소문난 신승반점 중 어딜 가도 좋다.

십리향 화덕만두

📍인천 중구 차이나타운로 50-2 📞032-762-5888 🕐12:00~20:00 ₩화덕만두 고기·고구마·단호박 개당 2,500원, 공갈빵 1봉지 5,000원

공화춘

📍인천 중구 차이나타운로 43 📞032-765-0571 🕐10:00~21:30 ₩공화춘 짜장면 11,000원, 삼선짬뽕 10,000원
🏠www.gonghwachun.co.kr

신승반점

📍인천 중구 차이나타운로44번길 31-3 📞032-762-9467 🕐11:10~21:00, 브레이크 타임 15:00~16:30 ₩유니짜장 10,000원, 찹쌀탕수육(소) 30,000원 🏠www.ss-chinese.com

인천만의 독특한 문화 속으로

넓디넓은 인천이지만 독특한 골목을 찾아가 구석구석 살피는 재미가 있다. 한때는 성냥마을로 불리던
배다리헌책방골목, 여인숙골목이 변신한 배다리아트스테이, 개항기의 근대건축물이 변신한 인천아트플랫폼을
둘러보며 현재와 어우러지는 근대의 역사를 들여다 보자.

손때묻은 헌책부터 신간까지 다 있다
배다리헌책방골목

#서점여행 #헌책방 #책방나들이

헌책방 골목이라고 부르기엔 꽤 소박하게도 몇몇 서점들만이 남아 명맥을 잇고 있지만 골목의 개성을 뽐내기엔 충분하다. 오래된 전집류, 예술 서적들, 어린이 책과 사전들, 새 책처럼 보이는 신간들까지 다양한 책들을 정가보다 저렴하게 구입할 수 있다.

📍 인천 동구 금곡로 18-10 🅿 공영주차장이용

성냥에 대한 작지만 알찬 박물관
배다리성냥마을박물관

#성냥마을 #배다리마을 #박물관여행

한국전쟁 이후 배다리 근처의 주민들은 생계를 위해 성냥갑을 만드는 부업을 했는데, 당시 집집마다 지붕 위에 풀칠한 성냥갑을 널어놓고 말리는 풍경이 펼쳐졌다고. 그 시절 집들이 선물로 인기였던 성냥에 대해 알아보는 작지만 재미있는 박물관이다.

📍 인천 동구 금곡로 19 🅿 공영주차장 이용
📞 032-777-6130 🕐 09:00~18:00(월요일 휴무)
🏧 무료

배다리여인숙 골목의 변신
배다리아트스테이1930

#골목여행 #배다리마을 #전시장나들이

배다리 마을은 개항 이후 외국인 조계지에서 밀려난 조선인들의 구심점 역할을 했다. 인천항에서 일하던 일용직 노동자들도 배다리의 여인숙에 머물며 숙박과 식사를 해결했다. 2015년 즈음 여인숙들이 모두 폐업한 후 카페와 전시장이 있는 복합문화공간으로 변신했다.

📍 인천 동구 금곡로11번길 1-4 진도여인숙 🅿 공영주차장 이용 📞 0507-1322-3834 🕐 빨래터카페 11:00~20:00, 작은미술관 11:00~20:00(월요일 휴무) 🏧 전시 무료, 아인슈페너 6,000원, 핑크레몬에이드 6,500원 📷 @art_stay_1930

거대한 문화예술 공간의 탄생

인천아트플랫폼

#인천여행 #전시예술 #근대건축물

인천아트플랫폼은 1930~40년대에 지어진 건축물을 리모델링해서 창작스튜디오, 전시장, 공연장, 인천생활문화센터 등 총 13개동의 규모로 조성한 거대 복합문화 공간이다. 창고로 사용하던 층고 높은 건물인 B동의 1층과 2층을 활용해 주요 전시를 연다. 붉은 벽돌 외관을 그대로 살린 공연장인 C동은 퍼포먼스 공연이나 미디어아트 전시에도 사용된다. E, F, G동은 한때 인천 지역 예술가들의 '피카소 작업실'로 사용되던 공간으로 지금은 해외 입주 예술가들의 숙소와 스튜디오, 프로젝트 공간으로 이용하고 있다. H동은 일본 조계지의 1인 점포형 건물이었는데 인천생활문화센터 건물로 탈바꿈했다. 서점과 카페가 있어 예술을 즐기는 사람들의 사랑방 역할을 한다. 건축물 사이를 오가며 무료 전시와 볼거리를 마음껏 즐겨보자.

📍 인천 중구 제물량로218번길 3 🅿 인천중구청주차장
📞 032-760-1000 🕐 전시 11:00~18:00(월요일 휴무)
🏠 www.inartplatform.kr

영종도에서 가장 북적이는 해수욕장

을왕리 해수욕장

#인천해수욕장 #조개구이 #인천여행

을왕리 해수욕장은 영종도에 공항이 생기기 이전에도 조개구이를 먹으러 가는 해변으로 유명했다. 서울에서 드라이브로 2시간이면 충분하니 아이들과 당일치기 해수욕을 계획하거나 근사한 낙조를 보러가도 좋다.

📍 인천 중구 용유서로302번길 16-15 🅿 가능
🏠 rwangni-beach.co.kr

선녀처럼 우뚝 서 있는 바위

선녀바위 해수욕장

#인천여행 #인천해수욕장 #조용한바다

서해의 해수욕장이라고 하면 썰물에 드러나는 드넓은 모래사장을 떠올리기 쉽지만, 선녀바위 해수욕장은 선녀처럼 우뚝 솟은 바위 앞으로 커다란 바위들이 듬성듬성 얼굴을 드러낸다. 굴 따는 아주머니와 갈매기들이 선녀바위 해수욕장만의 풍경을 만든다.

📍 인천 중구 을왕동 678-188 🅿 가능

을왕리해수욕장과 왕산해수욕장 사이

카페오라

#대형카페 #인천카페 #영종도카페

영종도에 새로 생긴 대형 베이커리 카페. 야트막한 언덕에 위치해서 서해가 살짝 내려다보인다. 일부러 오기보다는 을왕리 해수욕장에 왔다가 커피 한잔 하고 싶을 때 들러보자. 빵은 버터와 계란을 많이 쓰지 않은 80년대의 옛날 빵 느낌이어서 호불호가 크다.

📍 인천 중구 용유서로 380 🅿 가능 📞 032-752-0888
🕐 월~금요일 10:00~22:00, 토요일 09:00~22:30, 일요일 09:00~22:00 ₩ 아메리카노 7,500원, 카페라테 8,500원
📷 @caffeora_

도시를 휘감은 고요한 기품

수원

수원화성은 도시의 풍경을 독특하게 만드는 일등공신이다. 어릴 적에나 보던 문방구와 이발소
가 당당히 자리 잡은 골목 앞에는 수백 년의 역사를 지켜온 옹성이 서 있고, 시내버스가 신호를
기다리는 횡단보도 앞에는 시끌벅적한 도시의 소음 속에서도 고요한 기품을 자랑하는 거대한
성문이 자리한다. 수원화성길에는 교복을 입은 학생들이 삼삼오오 모여 있고 반려견을 끌고 산
책 나온 어르신이 있다. 조상들의 삶의 지혜를 오롯이 담고 있는 문화유산이 아무렇지도 않게 우
리의 삶 속에서 살아 숨 쉰다. 이보다 매력적인 여행지가 또 있을까.

방화수류정

자랑스러운 우리의 성벽
수원화성

#거리두기스폿 #세계문화유산 #정조의꿈

TIP **화성어차 타고 수원화성 한 바퀴**

수원화성은 걸어서 둘러보아도 좋고, 화성어차
를 타고 편안하게 설명을 들어도 좋다. 화성어
차는 2개의 노선으로 운영한다. 연무대에서 출
발하는 순환형 노선과 화성행궁에서 출발하는
관광형 노선이다. 각각 노선과 요금이 다르니
홈페이지에서 확인하고 여행을 계획하자.

시끌벅적한 도시를 휘감으며 고요한 기품을 자랑하는 곳, 수원화성은 유
네스코 세계 문화유산으로 등재된 독보적인 성곽이다. 5.7km 길이의 성
곽을 따라 둘레길이 펼쳐진다. 그저 걷는 것만으로도 수원화성의 눈부신
예술성과 아름다운 경관을 즐길 수 있다. 수원을 빙 둘러 지은 성곽이므
로 어느 지점에서 시작해도 상관없다. 동암문, 동북포루, 북암문을 지나
방화수류정으로 향한다. 방화수류정에서 내려다보는 연못이 근사하다.
물길 위에 지은 화홍문을 지나 장안문까지 걸으며 북동치에 설치한 대포
도 구경하자. 서북공심돈과 화서문까지 보고 나면 팔달산을 지나 팔달문
까지 걸을지, 바로 화성행궁으로 향할지 행로를 정해야 한다. 화성행궁으
로 가는 길에도 아기자기한 카페와 벽화 거리 등 볼거리가 많다.

📍 경기 수원시 장안구 영화동 320-2 🅿 연무대 주차장, 화홍문 공영주차장, 연무
동 공영주차장 📞 031-290-3600 🕐 09:00~18:00(운영시간 이후 무료 관람 및
야간 관람 가능) ₩ 성인 1,000원, 청소년·군인 700원, 어린이 500원 🏠 www.
swcf.or.kr

화홍문

방화수류정에서 연무대 가는 길

돋보이는 규모와 격식을 갖춘
화성행궁

#거리두기스폿 #정조의효심 #사도세자

유여택

복내당

행궁은 임금이 지방에 머물 때 임시로 사용한 궁궐이다. 화성행궁은 조선시대의 대표적인 행궁이자 규모가 가장 큰 행궁으로 약 600칸에 이른다. 정조는 뒤주에 갇혀 세상을 떠난 아버지 사도세자의 무덤을 화성으로 옮기고 매년 참배를 하러 갔는데, 그때마다 화성행궁에 머물며 행사를 치렀다. 정조의 어머니 혜경궁 홍씨가 침전으로 사용하던 장락당, 정조가 머물던 복내당, 신하들을 접견하던 유여택 등 주요 건물이 잘 복원되어 있다. 화령전은 정조의 유지를 받들어 화성행궁 옆에 세운 정조의 영전으로 정조의 초상화를 볼 수 있다. 사도세자가 갇혔던 뒤주에 들어가 보는 이색적인 체험이 눈길을 끈다.

📍 경기 수원시 팔달구 정조로 825 🅿 가능 📞 031-290-3600 🕐 09:00~18:00, 5~10월 야간 개장 18:00~21:30 ₩ 성인 1,500원, 청소년·군인 1,000원, 어린이 700원 🏠 www.swcf.or.kr/?p=62

TIP 편리하고 저렴한 통합 입장권

수원화성, 화성행궁, 수원박물관, 수원화성박물관 입장권 4종을 통합 매표할 수 있다. 성인 3,500원, 청소년·군인 2,000원, 어린이 800원이다. 매주 월요일은 수원화성박물관 휴무일로 통합 입장권을 구매할 수 없다.

사도세자의 뒤주

화령전

장락당

수원화성박물관

수원화성을 지은 방법과 혜경궁 홍씨의 진찬연, 성곽 내부의 군사 시설들을 재현해 볼거리가 쏠쏠하다. 수원화성을 축조하던 당시 수원의 모습을 커다란 디오라마로 볼 수 있다. 2층 전시장에는 정조의 수원 행차를 8폭의 그림으로 담아낸 화성행행도가 걸려 있다. 행차의 규모와 사람들의 세세한 움직임까지 포착해낸 그림을 들여다보면 혀를 내두르게 된다.

📍 경기 수원시 팔달구 창룡대로 21 🅿 가능 📞 031-228-4242 🕐 09:00~18:00(월요일 휴관) ₩ 성인 2,000원, 청소년·군인 1,000원, 어린이 무료 🏠 hsmuseum.suwon.go.kr

행궁동 벽화마을

수원화성박물관에서 수원천로를 따라 걸으면 행궁동 벽화마을이 나타난다. 귀여운 고양이와 천사, 거대한 문어다리와 환상적인 물고기가 여기저기서 튀어나온다. 나혜석 생가 터 근처의 벽화 거리에는 나혜석이 남긴 작품들을 벽면에 재현하고, 예쁜 글귀와 창의적인 그림들을 남겨두었다. 안녕하세요길, 팔부자 거리 같은 개성 넘치는 골목을 놓치지 않고 싶다면 골목해설사와 동행하는 것도 좋다.

📍 경기 수원시 팔달구 화서문로72번길 9-6 🅿 화성행궁 주차장이나 수원화성박물관 주차장 📞 031-244-4519 🏠 www.swcf.or.kr/?p=80

푸짐하게 차려지는 쌈채소와 반찬
청산시골쌈밥

#수원맛집 #푸짐한쌈밥 #제육쌈밥

장안문 안쪽으로 위치한 쌈밥집이다. 청산제육쌈밥이 제일 인기 메뉴인데 달콤한 제육볶음에 12가지 쌈채소와 찌개가 한상 가득 차려진다. 묵은지 냉삼이나 우삼겹 메뉴는 철판에 직접 구워 먹는다. 밑반찬들도 다양하고 정갈하다. 대부분의 메뉴는 2인 이상 주문해야 하고 혼자서는 김치찌개, 된장찌개, 청국장 같은 찌개류 주문만 가능하다.

◉ 경기 수원시 팔달구 신풍로 74 1층 ℗ 가능
☎ 031-243-8177 ⏱ 11:00~21:00(일요일 휴무)
₩ 청산제육쌈밥 14,000원, 청국장 8,000원

만두도 맛있고 우육탕도 맛있고
수원만두

#만두맛집 #수원맛집 #중국식우육탕면

오랫동안 같은 자리를 지켜온 수원만두는 화교가 운영한다. 쫄깃한 찐만두, 커다란 왕만두도 맛있지만 바삭하게 튀겨낸 군만두가 일품이다. 단골이라면 만두만큼이나 우육탕면을 즐겨 시킨다. 청경채와 갖은 채소, 소고기가 어우러진 진하고 깔끔한 국물이 만두와 잘 어울린다.

◉ 경기 수원시 팔달구 창룡대로8번길 6 ℗ 가능 ☎ 031-255-5526 ⏱ 11:30~21:00 ₩ 우육탕면 9,000원, 군만두 9,000원

만두 마니아라면 바로 출동
연밀

#수원맛집 #만두맛집 #고수의향기

연밀은 메뉴가 온통 만두다. 육즙만두가 유명한데, 맛을 보면 육즙이 가득해서 그 이름값을 한다. 빙화만두는 소, 돼지, 양, 닭 등 다양한 소를 주문할 수 있다. 물만두를 좋아하는 사람이라면 삼치물만두, 고수물만두까지 여러 접시를 시켜 먹는다.

◉ 경기 수원시 팔달구 창룡대로8번길 10 1층 ℗ 수원화성박물관 주차장 ☎ 031-242-4990 ⏱ 11:30~21:00, 브레이크 타임 15:30~16:30(화·수요일 휴무) ₩ 새우육즙만두 12,000원, 고기육즙만두 11,000원

양도 많고 맛도 좋은 치킨
수원통닭거리의 용성통닭 본점

#수원통닭 #치맥하는날 #치킨의참맛

수원의 통닭거리가 유명해진 건 영화에서 등장한 왕
갈비 치킨을 맛보러 오는 사람들의 입맛을 고루 만족
시키기 때문일 것이다. 용성통닭의 후라이드 치킨은
바삭바삭하고 양념 치킨은 고추장이 들어가 매콤달콤
하다. 왕갈비 치킨은 간장양념에 알싸한 마늘 향을 머
금어 독특하다. 닭발과 닭모래집 튀김을 서비스로 내
주는 인심도 좋다.

📍 경기 수원시 팔달구 정조로800번길 15 🅿 운호민영주차
장 혹은 제일주차장 📞 0507-1413-8226 🕐 11:00~23:00
(화요일 휴무) ₩ 후라이드 18,000원, 양념치킨 19,000원,
왕갈비치킨 21,000원

1976년부터 이어진 해장국집의 저력
유치회관

#선지해장국 #국물맛최고 #수원맛집

오래된 맛집은 메뉴가 단출하다. 유치회관은 해장국과
수육, 수육무침 세 가지 메뉴뿐이다. 우거지와 소고기가
푸짐하게 들어있는 해장국의 국물이 그야말로 시원하다.
선지를 못 먹는 사람을 위해 선지를 따로 담아주고 국물
은 리필해준다. 부추를 잔뜩 얹은 수육무침도 별미.

📍 경기 수원시 팔달구 효원로292번길 67 🅿 가능 📞 031-234
-6275 🕐 24시간 ₩ 해장국 10,000원, 수육무침 29,000원

단정한 카페에서 올데이 브런치
카페메이븐

#수원카페 #인스타카페 #브런치맛집

3층짜리 건물 전체를 카페로 잘 단장했다. 주문과 픽업은
1층에서 하고, 2층과 3층의 원하는 공간에 앉아 맛있는
브런치를 즐겨보자. 3층에서 루프톱으로 걸어 올라가면
수원화성이 내려다보이는 자리도 있다. 브런치플레이트
에 더치큐브라테를 곁들이면 기분 좋게 배부르다.

📍 경기 수원시 팔달구 창룡대로74번길 15 🅿 가능 📞 031-248
-7752 🕐 10:00~20:00(1시간 30분 전 브런치, 30분 전 주문 마
감) ₩ 더치큐브라테 8,000원, 브런치플레이트 17,000원
📷 @cafe.maven

CITY
13

미술관 옆 동물원 옆 과학관
과천

과천은 주말마다 들썩인다. 예술의 향기가 가득한 국립현대미술관, 수많은 동물과 교감하는 서울동물원, 신나는 놀이기구를 타는 서울대공원, 빠른 말들의 경주를 보는 경마공원, 놀이를 통해 과학을 배우는 국립과천과학관이 있다. 이 가운데 한 곳만 골라 둘러보아도 하루가 충분하다. 모처럼 가족 나들이에 나서는 날, 지치지 않고 알차게 하루를 보내보자.

봄꽃처럼 피어나는 예술의 향기

#미술관데이트 #야외공원 #가족나들이

국립현대미술관 과천

미술관 입구에서 나지막한 노랫소리가 들려온다. 과천
관의 랜드마크가 된 보로프스키의 〈노래하는 사람〉이
라는 작품이다. 작가가 직접 녹음한 웅얼거리는 노랫
소리는 우리네 할머니들의 옛이야기처럼 다정하면서
도 서글프다. 쿠사마 야요이의 〈호박〉과 자비에르 베
이앙의 〈말〉 설치물이 화사한 색깔로 관람객을 맞이
한다. 기획전이 아니더라도 충분히 많은 작품을 만날
수 있으니 천천히 둘러보자. 1층의 어린이미술관은 아
이들이 책을 보거나 그림을 그리고 블록 놀이를 할 수
있어 아이들의 예술 감각을 일깨운다. 야외 조각공원
에서 작품들을 징검다리 삼아 오솔길을 걷다 보면 미
술관 옥상의 탁 트인 전망을 만난다. 발아래 호수가 펼
쳐지는 풍광이 시원하다.

📍 경기 과천시 광명로 313 🅿 가능, 2시간 2,000원, 초과 30
분당 1,000원 📞 02-2188-6000 🕐 10:00~18:00(월요일
휴관) ₩ 관람료 무료(특별전 예외) 🏠 www.mmca.go.kr

동물을 사랑하는 마음으로

서울대공원

창경궁 복원 사업으로 1984년 창경궁의 동물원과 놀이시설을 이곳으로 옮겼다. 서울대공원의 백미는 서울동물원이다. 넓은 사육장에서 포효하는 호랑이와 낮잠을 즐기는 사자들을 만나고 나면, 코끼리와 코뿔소, 하마와 기린 같은 덩치 큰 동물들이 줄줄이 나타난다. 운이 좋으면 코끼리가 샤워하는 모습이나 하마가 엄청나게 커다란 응가를 하는 놀라운 광경도 볼 수 있다. 공작마을에 들어가면 화려한 깃털을 뽐내는 공작새들이 중세시대의 귀족처럼 당당하다. 큰물새장에서는 눈앞에서 하늘을 나는 커다란 두루미와 펠리컨, 황새를 만날 수 있다. 열대조류관에서 앵무새의 재롱을 즐긴 다음 낙타와 사슴 같은 동물 친구들을 지나 식물원을 구경한다.

📍 경기 과천시 대공원광장로 102 🅿 가능 📞 02-500-7335 🕘 5~8월 09:00~19:00, 3~4월, 9~10월 09:00~18:00, 11~2월 09:00~17:00 ₩ 동물원 입장료 성인 5,000원, 청소년 3,000원, 어린이 2,000원/ 테마 가든 입장료 성인 2,000원, 청소년 1,500원, 어린이 1,000원 🏠 grandpark.seoul.go.kr

TIP 스카이리프트 잘 타는 법

서울대공원에서 탈 수 있는 스카이리프트는 두 종류다. 하나는 주차장 앞 매표소에서 동물원까지 왕복하고, 하나는 동물원 입구에서 동물원 끝의 호랑이사까지 왕복한다. 동물원 입구에서 두 번째 리프트를 타고 호랑이사까지 올라가면 경사로를 지그재그로 내려오면서 관람이 가능하다.

놀이동산 부럽지 않은 체험 가득

국립과천과학관

과학에 흥미가 없던 사람도 자주 찾고 싶게 만드는 과학관이다. 우주적 포스가 느껴지는 거대한 건물 안에 상설전시관만 7개다. 초등학교 3학년까지 입장 가능한 어린이탐구체험관은 키즈 카페와는 차원이 다른 규모로 뛰어놀며 과학의 원리를 몸으로 배운다. 무중력을 느끼는 등 53개의 체험을 할 수 있는 첨단기술관, 태풍 체험과 지진 체험을 할 수 있는 과학탐구관처럼 대부분의 전시관이 최신 과학 기술과 접목한 체험을 위주로 흥미롭게 꾸며졌다. 시간을 잘 맞추어 천체투영관과 천체관측소를 방문해 생생한 별자리를 바라보자. 맑은 날은 놀이터에서 과학의 원리가 담긴 놀이기구와 함께 뛰어놀기만 해도 신난다.

📍 경기 과천시 상하벌로 110 🅿 가능 📞 02-3677-1500 🕐 09:30~17:30(발권 마감 16:30), 월요일·1월1일·명절 당일 휴관 ₩ 성인 4,000원, 어린이·청소년 2,000원, 명절 연휴 및 특정 공휴일 무료 개관 🏠 www.sciencecenter.go.kr

진짜 충청도를 만나는 시간

KOREA

가장 여유로운 여행지로 떠나볼까

한눈에 보는 충청도

1,000년 전 백제로부터 물려받은 고아한 기상을 품고 서쪽으로는 바다, 동쪽으로는
태백산맥에 닿는다. 내륙의 바다 청풍호에서는 물안개가 피어오르고 서쪽 바다의 섬은
낙조로 빨갛게 물든다. 왕릉을 따라, 왕도를 따라 느릿느릿 여행해보자.

태안

서산

아산

공주

부여

논산

서천

제천

단양

산과 물이 어우러져 아름다운 곳
단양

예부터 우리나라에서 아름다운 풍경을 꼽으라면 관동 8경과 함께 단양 8경을 꼽았더랬다. 요즘
이야 어디를 가든 좋은 경치에 8경이라는 말을 붙이지만, 단양이야말로 전국 8경의 원조다. 산
과 물이 어우러져 어디를 보아도 아름다운 단양은 레저와 관광의 천국이기도 하다.

단양을 가장 멋지게
여행하는 방법

THEME
01

남한강의 맑고 푸른 물 따라

굽이굽이 흐르는 남한강 옆으로 소백산과 금수산 자락이 펼쳐진다. 소백산의 물줄기는
다리안폭포로 떨어져 남한강으로 흘러가고, 월악산의 물줄기는 선암계곡 바위들을 어루만지며
남한강에 합류한다. 도담삼봉을 스친 투명한 강물이 청풍호수로 스며든다.

©윤유섭

강물 위로 솟아오른 3개의 봉우리
도담삼봉과 석문

#거리두기스폿 #단양8경 #그중의으뜸

유유히 흐르는 남한강의 물결 위로 3개의 봉우리가 우뚝하다. 단양 8경 중 제1경으로 꼽히는 도담삼봉은 김홍도와 정선 같은 화가들이 앞다투어 화폭에 담은 아름다운 봉우리다. 삼도정이라 불리는 정자의 모습도 멋스럽다. 정도전은 도담삼봉의 경치를 얼마나 사랑했는지 자신의 호를 삼봉이라 지었고, 마음이 흔들릴 때마다 도담삼봉의 정자에 올랐다고 한다. 도담삼봉에서 20분 정도 올라가면 아시아 최대 크기를 자랑하는 석문이 나온다. 오래전 석회암 동굴의 천장이 무너지면서 입구 쪽의 돌만 남아 무지개다리처럼 생긴 문을 만들었다. 거대한 석문의 모습 자체가 장관인 데다 석문을 통해 보이는 건너편 마을이 마치 도원경 같다.

📍 충북 단양군 매포읍 삼봉로 644 🅿 가능, 소형 3,000원, 대형 6,000원 📞 043-422-3037 🕐 09:00~18:00

절로 탄성을 자아내게 하는 바위들
선암계곡의 하선암·중선암·상선암

#거리두기스폿 #계곡놀이 #드라이브

반짝이는 햇살에 갈대가 춤을 추고 초록이 물드는 계곡 아래 바위들이 뽀얀 자태를 자랑한다. 단양 시내에서 선암계곡까지 단양천을 따라 내려가는 길이 환상적이다. 드라이브를 하다 보면 하선암, 중선암, 상선암의 표지판을 차례로 만난다. 보이는 순서대로 지어놓은 이름 같지만 이래 봬도 단양 8경 가운데 3경을 차지하는 바위들이다.

◉ 충북 단양군 단성면 가산리 🅿 가능 📞 043-420-3544

전통 방식의 도자기 생산지
방곡 도깨비마을

#도깨비마을 #도자기마을 #체험마을

선암계곡의 경치에 홀려 내려오면 방곡리다. 마을 이름은 마실을 다녀오던 마을 사람들이 도깨비에게 홀렸는지 늦은 밤에 나무를 붙잡고 씨름하는 일이 종종 있었다고 하여 붙여졌다. 소나무 장작으로 도자기를 굽는 전통 장작 가마 방식을 600년이 넘도록 이어온다. 도예전시관과 도자판매장, 도예교육원을 상설 운영한다.

◉ 충북 단양군 대강면 선암계곡로 133 방곡도예전시관 🅿 가능
📞 043-422-5010 🕐 09:00~18:00

소백산 자락에서 보내는 시원한 하루
다리안관광지

#거리두기스폿 #캠핑 #계곡물놀이

다리안 폭포는 용이 승천했다는 전설이 전해질 정도로 물빛이 아름답다. 원두막과 캠핑장, 돔하우스에서 묵으며 삼림욕을 하고, 황톳길을 걸으며 피로를 푼다.

◉ 충북 단양군 단양읍 소백산등산길 12 🅿 가능, 3,000원
📞 043-423-1243 🕐 24시간, 원두막과 돔하우스 퇴실시간 11:00, 야영 데크 퇴실시간 12:00 ₩ 원두막 1박 35,000원, 야영 데크 1박 35,000~40,000원, 돔하우스 1박 60,000원
🏠 camp.dytc.or.kr:452

ⓒ송권의

충주호 풍광의 백미
충주호관광선 장회유람선

#유람선 #계절여행 #휴게소뷰

옥순대교와 청풍대교, 청풍문화재단지와 수경분수를
돌아보는 뱃놀이를 해볼까. 뱃전에서 단양 8경인 옥순
봉과 구담봉을 구석구석 뜯어보는 재미가 있다. 장회
나루가 특별히 좋은 점은 높은 언덕에 위치한 휴게소!
퇴계 이황과 두향이의 전설로 꾸민 테마공원이 널찍
하다. 소나무 그늘에 앉아 호수를 유람하는 사람들만
구경해도 같이 뱃놀이를 하는 기분.

📍 충북 단양군 단성면 월악로 3825-31 🅿 가능 📞 043-
421-8615~6 🕐 10:00~17:00(수요일 휴무) ₩ 장회나루-
청풍나루 왕복 성인·청소년 19,000원, 어린이 12,000원/ 편도
성인·청소년 14,000원, 어린이 8,000원
🏠 www.chungjuho.com

아이도 어른도 즐거운 곳
다누리아쿠아리움

#수족관 #사계절여행지 #가족나들이

국내외 민물고기 2만 2,000여 마리를 전시하는 대규모
아쿠아리움. 대형 수조 속 철갑상어나 쏘가리 같은 거대
한 물고기들도 인상적이지만, 4D 체험관에서 만나는 아
기 거북이와 펭귄의 모험도 놓치기 아쉬우니 꼭 챙겨보자.

📍 충북 단양군 단양읍 수변로 111 🅿 가능 📞 043-423-4235
🕐 09:00~18:00(1시간 전 발권 마감, 월요일 휴무) ₩ 성인
10,000원, 청소년 7,000원, 65세 이상·어린이 6,000원
🏠 www.danyang.go.kr/aquarium

초록 이끼가 싱그러운 길
이끼터널

#거리두기스폿 #터널은아니지만 #초록초록

길 양쪽의 높은 축대를 초록색 이끼가 뒤덮었다. 머리 위
로 자란 나무들이 초록 터널을 완성한다. 사진 명소이지
만 도로에 갓길이 없다. 안전하게 주차한 후에 차를 조심
하며 둘러보자.

📍 충북 단양군 적성면 애곡리 129-2
🅿 수양개선사유물전시관 주차장

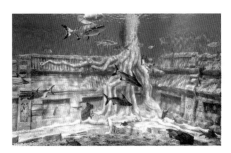

영화 같은 풍경에 뛰어들다

영화 속 아름다운 배경을 보면 어딜까 궁금해진다. 단양에는 영화 촬영지도 많고, 영화 같은 풍경도 많다.
영화 〈내부자들〉의 배경이었던 새한서점, 드라마 〈태왕사신기〉, 〈보보경심 려〉 등을 촬영한 온달관광지를 둘러보고,
카페산과 만천하 스카이워크를 걸으며 나만의 인생 영화를 찍어보자.

'패러글라이딩 활공장' 옆 카페

카페산

#패러글라이딩 #데이트코스 #풍경이다했다

패러글라이딩을 즐기는 사람들 사이에서 알음알음 알려졌던 카페가 단양 여행의 필수 코스로 등극했다. 봉우등 능선에서 내려다보이는 단양 풍경이 그만큼 아름답기 때문. 산 아래를 굽어보는 야외 좌석에 앉으려면 아침 일찍 가야 할 정도로 방문하는 사람이 많다. 최근 리모델링으로 1층에 베이커리 공간을 넓히고, 2층과 옥상 정원을 단장했다. 쌀쌀한 날은 빵 냄새로 가득한 1층이나 통유리로 둘러싸인 2층 내부가 아늑하다. 옥상으로 올라가면 아기자기하게 가꾼 정원이 있어 반갑다. 옥상에 올라가서 패러글라이딩을 준비하고 하늘로 뛰어드는 사람들을 구경하는 재미가 쏠쏠하다. 카페산으로 오르내리는 도로가 꽤 좁고 험하니 운전할 때 조심하자.

📍 충북 단양군 가곡면 두산길 196-86 🅿 가능 📞 0507-1353-0868
🕐 평일 09:30~18:30, 주말·공휴일 09:30~19:00
🔤 아메리카노 6,500원, 카페라테 7,000원 🏠 www.sann.co.kr

남한강을 아찔하게 내려다보는 전망대
만천하 스카이워크

#거리두기스폿 #남한강뷰 #인스타핫플

남한강을 내려다보는 절벽 위에 콜럼버스의 달걀처럼 만천하 스카이워크가 섰다. 꼭대기에는 발밑이 유리로 된 포토존 세 곳이 삐죽하게 튀어나왔다. 포토존에 서면 저 멀리 소백산의 연화봉부터 단양 시내까지 한눈에 내려다보인다. 만천하 스카이워크의 하단에는 시속 50km로 활강하는 길이 980m의 집와이어 탑승장이 있다. 신나는 액티비티를 더 원한다면 알파인코스터와 만천하슬라이드도 체험해보자.

📍충북 단양군 가곡면 옷바위길 10 🅿가능. 주말에는 주차장에 주차 후 셔틀버스 이용 📞043-421-0015 🕐3~11월 09:00~18:00, 12~2월 09:00~17:00 (1시간 전 발권 마감, 월요일 휴무, 하절기 야간개장 09:00~22:00, 매년 홈페이지에 날짜 공지) ₩스카이워크 입장료 성인 4,000원, 청소년·어린이·65세 이상 3,000원, 짚와이어 30,000원, 알파인코스터 18,000원, 만천하슬라이드 13,000원 🏠www.mancheonha.com

고구려의 온달 장군을 기리며
온달관광지

#소백산국립공원옆 #여기는고구려 #가족나들이

바보로 알려진 온달은 실제 고구려의 장군이었다. 단양은 옛 고구려 영토이기도 하다. 온달이 수련한 동굴은 온달동굴로, 그가 쌓은 성은 온달산성으로 남아 있다. 지금은 3만여 평에 이르는 일대가 모두 온달관광지가 되었다. 삼국시대를 떠올리게 하는 예스러운 건축물과 연못을 둘러싼 정원은 드라마 세트장을 겸해 꽤나 볼만하고, 수나라와 당나라 시대극 촬영을 위해 조성한 황궁이나 저잣거리는 중국풍을 곁들여 이색적이다.

📍충북 단양군 영춘면 온달로 23 🅿가능 📞043-423-8820 🕐3~11월 09:00~18:00, 12~2월 09:00~17:00(1시간 전 입장 마감) ₩성인 5,000원, 청소년 3,500원, 어린이 2,500원, 65세 이상 1,500원

🆃🅸🅿 **온달문화축제에서 개성 있는 사진을!**

매년 10월에 온달문화축제가 열린다. 축제 기간에는 무료입장이며, 고구려시대 복식도 무료로 대여해준다. 당시 스타일의 복식을 갖춰 입은 사람들과 축제를 즐기다 보면 마치 고구려시대를 거니는 듯하다.

온달동굴

손때 묻은 12만 권의 책이 빼곡
새한서점

#헌책방 #독특한분위기 #영화촬영지

콩밭 너머 파란 지붕이 서점이다. 1979년부터 25년 동안 고려대학교 앞을 지킨 새한서점이 2002년 단양에 터를 잡았다. 흙 내음과 어우러진 정겨운 책 냄새를 맡으며 기억 속에 가물거리던 책들을 만난다. 엄선한 신간들, 공책과 메모지, 샤프 같은 문구류도 판매한다.

📍 충북 단양군 적성면 현곡본길 46-106 🅿 주차 표시된 길가에 주차 후 도보 200m 📞 010-9019-8443 🕐 09:00~18:00(화·수요일 휴무) 🏠 www.shbook.co.kr

> **TIP** 영화 〈내부자들〉의 촬영지였다고?
> 구석구석에서 배우 조승우와 이병헌이 등장했던 영화 속 장면들을 찾을 수 있다. 하지만 관광지가 아닌 서점이므로 조용히 둘러보자.

마늘로 유명한 단양의 시장
단양구경시장 마늘만두와 마늘순대

#맛집찾아 #구경시장 #마늘이다했다

마늘 산지로도 유명한 단양이다. 시장에는 여기저기 크고 작은 마늘이 널렸다. 마늘순대와 순댓국, 마늘치킨, 마늘빵 등 마늘을 넣은 다양한 먹거리가 유혹적이다. 한입 베어 물면 즙이 쫙 퍼지는 마늘만두는 놓치지 말자.

단양구경시장 📍 충북 단양군 단양읍 도전5길 31 🅿 단양구경시장 공영주차장 혹은 하상 공영주차장 📞 043-422-1706 🕐 09:00~18:00

단양마늘만두 📍 충북 단양군 단양읍 도전4길 26 📞 043-423-0955 🕐 10:00~19:00(매진 시 마감) 💰 새우마늘만두 7개 6,000원, 떡갈비마늘만두 8개 6,000원, 김치마늘만두 8개 6,000원

원조마늘순대 📍 충북 단양군 단양읍 도전5길 25 📞 043-421-5400 🕐 08:30~20:30 💰 곱창순대전골 중 28,000원, 마늘순대국밥 9,000원

마늘 모양 달콤 디저트
카페 인 단양

#인스타그래머블카페 #단양핫플 #디저트카페

남한강 변의 단정한 흰색 건물은 깔끔한 화이트톤으로 마감한 내부도 감각적이다. 귀여운 마늘 모양 커피 얼음으로 유명한 카페인단양. 시그니처 메뉴는 마늘아포가토. 통마늘처럼 생긴 커피 얼음과 바삭한 그래놀라 아래 아이스크림이 숨어 있다. 따끈한 에스프레소를 부어 마시는데 아주 달달하다.

📍 충북 단양군 단양읍 수변로 123 🅿 카페 앞 공영주차장 📞 0507-1354-1049 🕐 12:30~17:00, 토·일요일 12:00~19:00 💰 단양 마늘아포가토 10,500원, 단양 마늘라테 9,000원 📷 @cafe_in_danyang

청풍호의 숨은 비경을 찾아서
제천

넓은 물안개가 호수를 한 바퀴 휘감는 동안 하늘이 호수를 닮아 파랗게 물든다. 청풍호 유람선
을 타고 옥순봉과 구담봉, 금수산을 둘러본 다음 청풍문화재단지를 산책한다. 청풍모노레일을
타고 비봉산 정상에 오르면 여행의 맛이 산다. 제천에 오길 참 잘했다.

수몰될 뻔한 문화재를 한 곳에

#거리두기스폿 #가족나들이 #청풍호

청풍문화재단지

충주댐을 건설하면서 넓은 호수도 생기고 유람선도 다니게 되었지만 청풍면 일대의 크고 작은 집들은 물속에 잠겼다. 호수 속에 잠들 뻔한 문화유산을 모아 청풍문화재단지를 세웠다. 복원한 단지에는 향교, 관아, 민가, 석물군 등 43점의 문화재와 1,600여 점의 생활 유물이 남아 있다. 팔영루를 지나 안으로 들어가 반시계 방향으로 관람을 시작한다. 황석리 고가, 도화리 고가, 후산리 고가를 차례로 살핀다. 연리지 앞에서는 사진을 찍는 가족들, 커플들이 분주하다. 가장 높은 곳에 위치한 망월루까지 쉬엄쉬엄 오른다. 호수를 내려다보며 물속 세상을 상상한다. 흰 물보라를 그리며 유람선이 지난다.

📍 충북 제천시 청풍면 청풍호로 2048 🅿 가능 📞 043-641-5532 🕐 3~10월 09:00~18:00, 11~2월 09:00~17:00 ₩ 성인 3,000원, 청소년·군인 2,000원, 어린이 1,000원

비봉산 꼭대기에서 만나요
청풍호반케이블카와 청풍호관광모노레일

#비봉산정상 #진정한뷰맛집 #인생사진

비봉산 꼭대기에 오르면 여기가 호수인지 바다인지 그저 감탄만 나온다. 유람선을 타고 가까이서 바라보는 호수도 좋지만 높은 곳에서 바라보는 호수도 근사하다. 사방으로 호수와 산자락이 펼쳐져 청풍호를 왜 '내륙의 바다'라고 하는지 이해가 간다. 약 500m 높이의 산 정상까지 모노레일이나 케이블카를 타고 편안하게 오를 수 있다니 감사할 따름. 케이블카 탑승장과 모노레일 탑승장이 다르니 잘 살펴서 출발하자. 무엇을 탄든 비봉산 정상의 전망대로 향한다. 6명이 탑승하는 모노레일은 깎아지른 산을 무인으로 운행해 케이블카보다 더 스릴 있다. 전망대에는 카페와 편의점이 있으니 여유롭게 머물다 가자.

청풍호반케이블카 물태리역
📍 충북 제천시 청풍면 문화재길 166 🅿 가능 📞 043-643-7301
🕐 10:00~17:00, 주말과 성수기에 따라 매월 운영시간 변동
🅦 일반 캐빈 성인·청소년 18,000원, 어린이 14,000원/ 크리스털 캐빈 성인·청소년 23,000원, 어린이 18,000원, 만 36개월 미만 무료
🏠 www.cheongpungcablecar.com

청풍호관광모노레일
📍 충북 제천시 청풍면 청풍명월로 879-17 🅿 가능 📞 043-653-5120 🕐 10:00~17:00(월요일, 12~2월 휴무), 주말과 성수기에 따라 매월 운영시간 변동 🅦 성인·청소년 12,000원, 어린이·65세 이상 9,000원, 만 36개월 미만 탑승 불가 🏠 www.cheongpungcablecar.com

신나는 모험의 세계

청풍랜드

#액티비티 #조각공원 #수경분수

청풍랜드는 도전과 모험을 좋아하는 이들의
세상이다. 청풍호반을 내려다보며 62m 높이
에서 번지점프를 할 수도 있고, 왕복 1.4km인
집라인을 타고 호수를 건널 수도 있다. 휴일이
면 신나는 비명이 울려 퍼진다. 164m 높이의
수경분수를 가장 가까이서 만나보자. 유명 조
각가들의 조각 작품 30점을 만나는 호수 길도
상쾌하다.

📍 충북 제천시 청풍면 청풍호로50길 6 🅿 가능
📞 043-648-4151 🕐 10:00~18:00(매표 시간
09:30~17:00), 브레이크 타임 12:00~13:00(12~2월
휴무, 날씨에 따라 홈페이지에 휴무 공지) 💰 번지점
프 60,000원, 집라인 35,000원, 이젝션시트 25,000
원, 빅스윙 25,000원 🏠 www.cheongpungland.
com

자연과 어우러지는 솟대

솟대문화공간

#느린여행 #희망의솟대 #자연풍경

솟대를 만나면 자연스럽게 시선이 하늘로 향한다. 하늘을 바라보면 희
망이 솟는다. 우리나라의 유일한 솟대 테마 미술관으로 2005년에 개관
한 솟대문화공간은 조용한 희망을 품은 공간이다. 이곳의 솟대를 자세
히 살펴보면 새의 몸통에 해당하는 부분을 인위적으로 만들지 않아 같
은 모양이 하나도 없다. 꽃과 나비, 갈대와 500여 점의 솟대의 조화 속
에서 자연을 만끽한다.

📍 충북 제천시 수산면 옥순봉로 1100 🅿 가능 📞 043-653-6160
🕐 10:00~18:00(월요일 휴무, 전화 문의)

육지 속의 바다 청풍호 유람
충주호관광선 청풍나루

#유람선 #청풍호경치 #제천여행

청풍나루와 장회나루 사이를 대형 유람선과 쾌속선이 운항한다. 유람선에 오르면 청풍호의 푸른 물결 위로 투명한 바람이 불어오고, 배의 속도에 맞추어 풍경이 흘러간다. 퇴계 이황 선생이 "비가 온 뒤에 솟아나는 옥빛의 대나무순 같다"고 한 옥순봉, 바위가 거북이를 닮았다고 해서 구담봉이라 불리는 석벽을 감상한다.

📍 충북 제천시 청풍면 문화재길 54 🅿 가능 📞 043-647-4566 🕐 4~10월 09:00~17:00, 11~3월 10:00~16:00 ₩ 청풍나루-장회나루 왕복 성인·청소년 19,000원/ 어린이 12,000원/ 편도 성인·청소년 14,000원, 어린이 8,000원(대형선 기준 왕복 1시간 30분, 편도 45분 소요)
🏠 www.chungpoongho.co.kr

TIP 유람선 이렇게 타세요!

운항시간이 자주 변동되니 꼭 전화로 문의하자. 호수가 크고 코스가 다양해서 나루를 잘 확인해야 한다. 매표 후 유람선을 타기까지 시간이 많이 남으면 청풍문화재단지를 먼저 관람하는 것도 방법이다. 청풍나루-장회나루 왕복 코스가 가장 인기다.

우리나라 최초의 인공 저수지
의림지와 제림

#거리두기스폿 #산책로 #가족나들이

잔잔한 호수 같은 의림지는 알고 보면 유서 깊은 저수지다. 삼한시대에 축조한 우리나라에서 가장 오래된 수리 시설에서 여름엔 보트를 타고, 겨울엔 빙어를 잡는다. 제림은 의림지를 둘러싼 버드나무와 소나무 숲을 말한다. 수백 년의 세월을 간직한 제림 사이에 나무 데크를 두어 한 바퀴 걷기 좋다. 또한 의림지의 명물 용추폭포에 유리 바닥 전망대를 지어 새로운 야경 명소로 각광을 받고 있다.

📍 충북 제천시 모산동 241 🅿 가능 📞 043-651-7101

천년 고찰의 멋스러움
정방사

#풍경맛집 #화장실뷰도멋짐 #천년고찰

신라시대에 의상대사의 지팡이가 날아가 꽂힌 땅에 절
을 세웠다. 웅장한 암벽 의상대 아래 다소곳하게 들어
선 절이 아늑하다. 비단에 수를 놓은 듯 아름답다는 금
수산 자락 끄트머리, 청풍호가 내려다보이는 절 앞마당
에 서면 여기까지 올라온 수고가 아깝지 않다. 절 뒤편
약수터에서 약수를 한잔 마시고 숨을 돌린다. 해수관
음상이 바다 같은 호수를 내려다본다.

📍 충북 제천시 수산면 옥순봉로 12길 165 🅿 정방사 바로 아
래 주차장이 있으나 외길이니 조심하자 📞 043-647-7399

맑은 물에서 자란 민물고기
송어회와 향어회

#송어회맛집 #비빔회 #송어회

산으로 둘러싸인 제천의 주민들은 민물고기를 많이 먹었
다. 충주호가 생긴 후 향어와 송어의 가두리 양식이 더 활
발해졌다. 청풍호 근처에는 여전히 송어회와 향어회를 파
는 집이 많다. 고소한 콩가루 비빔회로 먹는 맛이 좋다.

청풍황금송어 📍 충북 제천시 금성면 청풍호로 39길 25 🅿 가능
📞 043-652-4769 🕐 10:30~20:50 ₩ 송어회 1.5kg 51,000원,
2kg 68,000원

소박하고 담백한 백반집
호반식당

#제천맛집 #곤드레나물밥 #가정식백반

1998년 문을 연 이래 매일 먹어도 질리지 않을 것 같은
담백한 곤드레밥과 구수한 청국장을 선보인다. 정갈하
게 차린 반찬 하나하나가 다 맛있다.

📍 충북 제천시 의림대로 558 🅿 가능 📞 043-644-7632
🕐 11:00~20:00, 브레이크 타임 16:00~17:00(월요일 휴무)
₩ 곤드레밥과 청국장 2인 26,000원, 청국장 백반 10,000원
📷 @hobansikdang

임금의 여행지, 엄마의 신혼여행지
아산

온양온천, 도고온천, 아산온천이 몰려 있는 아산은 예로부터 임금의 여행지였다. 30여 년 전까지는 삽교천과 현충사를 둘러보고 온양온천에서 머무는 신혼여행 코스이기도 했다. 요즘은 갈대가 춤추는 영인산 자연휴양림과 초가지붕에서 둥근 박이 익어가는 외암민속마을, 연못과 조경이 아름다운 현충사에 관광객이 몰린다.

6km에 달하는 돌담이 구불구불

외암민속마을

기와지붕, 초가지붕 할 것 없이 주홍색 감이 주렁주렁 늘어졌다. 6km에 달하는 자연석 돌담은 열렸다 닫혔다 하며 길을 드러낸다. 돌담 위로는 탐스러운 박과 호박이 열렸다. 마을 길을 따라 걷다 보면 직접 담근 장을 파는 집도 있고, 엿 만들기 체험이나 천연 염색 체험을 할 수 있는 집도 있다. 충청지방 고유의 격식을 갖춘 반가의 고택과 초가, 돌담, 정원을 옛 모습 그대로 간직한 마을에는 아직도 사람들이 거주한다. 중요민속문화재 236호로 지정된 외암마을에는 가옥 주인의 관직명이나 출신지 이름을 따서 참판 댁, 감찰 댁, 교수 댁, 종손 댁처럼 택호가 정해져 있다. 그야말로 살아 있는 민속박물관이다.

📍 충남 아산시 송악면 외암민속길 5 🅿 가능 📞 041-541-0848 🕐 하절기 09:00~17:30, 동절기 09:00~17:00 ₩ 성인 2,000원, 어린이·청소년·군인 1,000원, 민박 이용 시 무료 입장, 민박 예약 필수 🏠 www.oeam.co.kr

한국인의 생활 문화가 한눈에
온양민속박물관

#볼거리가득 #생활문화 #박물관나들이

사립박물관인데도 정성껏 꾸며두어 볼거리가 많다. 한국인의 전통 생활 문화사를 한눈에 보고, 듣고, 체험하기에 손색이 없다. 한국인의 삶, 한국인의 일터, 한국 문화와 제도로 이어지는 널찍한 전시실을 돌아보면서 우리 민족이 오랜 세월 지켜온 민속 문화를 공부할 수 있다. 아이와 함께라면, 깊이 있는 관람을 원한다면 온양민속박물관 애플리케이션을 다운받아 전시 해설을 들어보자.

📍 충남 아산시 충무로 123 🅿 가능 📞 041-542-6001 🕐 10:00~17:30(1시간 전 매표 마감, 월요일 휴무, 공휴일인 경우 운영) ₩ 성인 8,000원, 청소년·군인 5,000원, 어린이 4,000원, 65세 이상 1,000원 🏠 www.onyangmuseum.or.kr

사르락사르락 은빛 갈대의 춤
영인산 자연휴양림

#거리두기스폿 #갈대밭 #액티비티

예로부터 산이 영험하다고 해서 '영인산'이라 불렀다. 영인산 자연휴양림 수목원의 습지지구에서는 하루 종일 은빛 갈대가 춤을 춘다. 확 트인 잔디광장에서는 그늘마다 돗자리를 펴고 여유를 즐긴다. 맑은 날이면 정상에서 서해와 아산만방조제까지 볼 수 있다. 숲속 야영장은 야외에서 하룻밤을 지새우려는 캠핑족들의 차지다. 짜릿함을 즐긴다면 산림박물관에서 1분 만에 주차장까지 돌아올 수 있는 집라인 스카이어드 벤처를 추천한다.

📍 충남 아산시 영인면 아산온천로 16-26 🅿 중소형 2,000원, 대형 4,000원 📞 041-538-1958 🕐 08:00~18:00(숲속 야영장과 스카이워크는 월요일 휴무) ₩ 입장료 성인 2,000원, 청소년·군인 1,500원, 어린이 1,000원/ 스카이어드 벤처 성인 10,000원, 청소년·군인 7,000원, 어린이 5,000원 🏠 forest.asanfmc.or.kr

충무공 이순신 장군의 정신을 기리며
현충사

#거리두기스폿 #산책로 #아이와함께

숙종이 현충사라는 현판을 내렸다. 일제 강점기에 충무공의 묘소가 은행 경매로 넘어갈 위기에 처했는데, 전국 각지에서 성금을 모아 1932년에 현충사를 다시 세웠다. 정려에는 충무공을 포함한 다섯 분의 편액이 모셔져 있다. 현충사 본전으로 가는 길에는 소나무들이 위대한 인물에게 존경을 표하듯 납작 엎드렸다. 충무공의 옛집도 고스란히 보존되어 있다.

📍충남 아산시 염치읍 현충사길 48 🅿가능 📞041-539-4600 🕐3~10월 09:00~18:00, 11~2월 09:00~17:00, 입장마감 1시간 전(월요일 휴관) 🏠hcs.cha.go.kr

지중해풍으로 꾸민 작은 마을
아산 지중해마을

#감성충만 #카페놀이 #사진놀이

현충원에서 약 10분 거리에 마을 전체를 유럽풍으로 조성한 지중해마을이 있다. 볼거리가 많은 곳은 아니지만 깔끔한 점심 식사나 커피 한잔을 핑계로 들르기에는 괜찮은 곳이다.

📍충남 아산시 탕정면 탕정면로8번길 55-7 🅿주말엔 차 없는 거리로 변해 주차하기 애매하다. 가장 가까운 주차장은 다음 주소를 참고할 것. 충남 아산시 탕정면 명암리 686-1 📞041-547-2246

©강진섭

정갈하고 푸짐한 백반정식
시골밥상 마고

#백반정식 #맛집인정 #가족여행

백반정식만 시켜도 수육과 묵전, 소불고기 뚝배기와 된장국, 강된장, 보리비빔밥까지 한정식 한 상을 받은 것처럼 푸짐하다. 정갈하고 맛있다.

📍충남 아산시 송악면 송악로 521-7 🅿가능 📞041-544-7157 🕐11:00~20:00, 토·일요일 10:30~20:00 ₩마고정식(2인 이상) 20,000원, 한방수육 25,000원, 토종한방백숙 60,000원

서해의 아름다움을 마주하다
태안·서산

질푸르게 넘실대는 청량한 동해나 아기자기한 섬들이 기웃거리는 남해만큼 서해도 매력적이다.
붉게 물드는 일몰과 부드러운 모래, 해루질하기 좋은 뻘, 대하와 꽃게 축제가 반갑다. 새로 생긴
산뜻한 카페와 농원에서 액자에 넣어 간직하고픈 서해의 풍경을 만난다.

서해를 가장 멋지게
여행하는 방법

01
잔잔한 바다를 바라보며
붉은 노을 감상

02
서해의 해산물을 실컷
조개와 새우 구워 먹기

03
수목원과 농원에서
사진 놀이로 계절 만끽

서해가 이렇게나 아름답구나

물빛도 곱고 모래도 고운 서해는 밀물과 썰물이 바뀔 때마다 다양한 모습으로 변신한다. 수심이 낮아
아이와 함께 물놀이를 하기에도 좋고, 작은 게와 조개를 잡으며 깔깔거리기도 좋다. 바다를 붉게 물들이는 일몰은
또 얼마나 낭만적인지. 가까워서 더 좋은 바다로 지금 당장 출발해보자.

맑고 얕은 물에 풍덩 뛰어들자
만리포 해수욕장

#거리두기스폿 #여름해변 #출렁다리

길고 긴 모래밭이 천 리보다 더 길어 만리포라 불렀다.
해운대 해수욕장의 길이가 2km가 안 되는데 만리포
해수욕장은 2.5km 정도이니 이름값을 톡톡히 하는 셈
이다. 모래가 희고 고운 데다 물도 맑고 수심이 완만해
서 물놀이를 하기에 참 좋다. 대천 해수욕장, 변산 해수
욕장과 함께 서해안의 3대 해수욕장으로 손꼽히는 만
큼 호텔과 펜션, 캠핑장 같은 다양한 숙박 시설을 갖췄
다. 북쪽 해안에는 최근에 바다 위로 지나는 집라인과
작은 출렁다리가 놓여 여름철 액티비티를 즐기기에 제
격. 출렁다리를 따라 걸으면 서해가 얼마나 푸르른지
놀라게 된다. 만리포의 북쪽으로 조용하고 아기자기한
천리포 해수욕장과 백리포 해수욕장이 이어진다.

📍 충남 태안군 소원면 모항리 1436 🅿 가능
📞 041-672-9662

비밀스러운 모래언덕을 품은 바다
신두리 해수욕장과 신두리 해안 사구

#거리두기스폿 #천연기념물 #사막뷰

길이가 3km에 달하는 길고 긴 해수욕장이지만 찾는 사람이 많지 않아 굉장히 한적하다. 그도 그럴 것이 바다를 바라보며 펜션이 죽 늘어서서 프라이빗 해변처럼 사용한다. 썰물에는 폭이 200m에 이르는 모래밭이 훨씬 넓어져서 성수기에도 그리 북적이지 않는다. 덕분에 서해의 붉은 노을을 광활하게 만끽할 수 있다. 최근에는 신두리 오토캠핑장에서 차박을 하는 사람도 늘었다. 신두리 해수욕장 북쪽에 천연기념물로 지정된 우리나라 최대의 사구가 펼쳐진다. 바닷바람에 실려온 모래가 언덕처럼 쌓여 작은 사막을 만들어냈다. 사람들의 발길에 사구가 무너지는 걸 방지하기 위해 통행로를 만들었다. 통행로만 다녀도 예쁜 사진을 남기기에 충분하다.

📍 충남 태안군 원북면 신두리 1221-65 🅿 가능
📞 041-670-2114

안면도에서 가장 큰 해수욕장
꽃지 해수욕장

#할매할배바위 #일몰맛집 #가족여행

꽃지 해수욕장은 모래가 고운 해수욕장으로 잘 알려졌지만 태안 8경에
드는 할배바위, 할매바위의 낙조가 아름답기로도 유명하다. 물이 빠지면
바위 앞까지 걸어가며 해루질을 하고 물이 들어오면 해수욕을 즐긴다.
해안선의 길이가 약 5km에 달해 꽃지 해수욕장의 소나무 숲을 끼고 달
리는 드라이브 코스도 유명하고, 산악바이크를 즐기는 사람도 많다.

📍충남 태안군 안면읍 승언리 339-272 🅿 가능

솔섬을 감싸 안는 붉은 노을
운여 해변

#거리두기스팟 #사진맛집 #캠핑

해가 바다를 붉게 물들이고 밀물이 솔섬을 감싸면 한없이 너그러운 풍
경을 만난다. 운여 해변은 숙박 시설이 갖춰지지 않아 근처 장삼포나 샛
별 해수욕장에 비해 찾는 사람이 별로 없었다. 최근 사진 찍는 사람들이
운여 해변의 아름다운 일몰을 널리 알리면서 근처 소나무 숲에서 캠핑을
하거나 차박을 하는 사람이 늘었다.

📍충남 태안군 고남면 장삼포로 535-57 🅿 가능

축제도 즐기고 풍경도 맛보고
백사장항과 꽃게다리

#꽃게다리 #안면도풍경 #대하축제

가을의 백사장항은 여름의 백사장 해수욕
장보다 인기다. 대하 축제가 열리기 때문.
길가에는 대하튀김이 크기별로 다양하고,
시장에서는 손바닥만 한 대하가 펄떡인다.
집집마다 대하를 소금에 구워 먹는 사람들
이 줄을 선다. 바닷가에서는 가두리를 세워
손으로 대하를 잡는 이벤트가 열린다. 꽃게
다리에서 드르니항과 백사장항까지 시원
하게 펼쳐진 풍경도 맛보자.

📍 충남 태안군 안면읍 백사장1길 126 🅿 백사
장어촌계수산시장 주차장

바다 위에 피어난 섬 속의 섬
간월암

#간월도 #작은절 #굴맛집

간월암은 하루에 두 번, 썰물 때만 걸어서 닿을 수 있는 작은 암자다. 무학도
사가 이곳에서 달을 보고 도를 깨쳤다 하여 간월암이라 한다. 수령이 200
년이나 되는 사철나무가 맞아주는 법당 앞에서는 바다 건너 황도까지 아스
라이 보인다. 밀물이 밀려오면 간월암은 한 송이 연꽃처럼 섬으로 피어난다.
물 위로 둥실 떠오른 간월암은 해무가 짙은 날이면 더욱 몽환적이다.

📍 충남 서산시 부석면 간월도1길 119-29 🅿 가능 📞 041-668-6624

TIP 굴 요리 먹고 가세요

간월도는 임금님께 진상하던 어리굴젓으로도
유명하다. 간월도 근처에는 울엄마영양굴밥,
큰마을영양굴밥, 맛동산 같은 굴밥집이 즐비하
다. 굴밥정식을 시키면 서울의 부자들이나 먹
는 귀한 음식이었던 어리굴젓이 함께 나온다.
큼지막한 굴이 쏙쏙 박힌 굴전도 별미다.

서해라고 바다만 멋진 게 아냐

해수욕장만 14개를 품은 안면도는 새우와 조개를 구워 먹으며
석양을 즐기는 바다 여행지로 유명하지만 섬 안쪽으로 깊숙하게 들어갈수록
색다른 매력을 내보인다. 이제는 팜파스와 핑크뮬리가 하늘거리는
수목원, 허브농원, 개성을 뽐내는 카페로 떠날 시간!

사뿐사뿐 연꽃과 하늘하늘 팜파스
청산수목원

#거리두기스폿 #수목원 #사진여행

하양고 보송보송한 팜파스가 파란 하늘을 이고 섰다. 남아메리카의 팜파스 지역에서나 볼 수 있던 커다란 풀이 최근 원예 식물로 인기가 높아져 사진여행이 풍성해졌다. 팜파스 축제 덕분에 더욱 유명해진 청산수목원은 여름이면 연못에 가득한 연꽃이 화려하고, 가을로 접어들면 핑크뮬리와 팜파스풀이 어우러진다. 황금삼나무길은 계절과 상관없이 근사한 포토존이다. 붉은 잎이 꽃처럼 흐드러진 홍가시나무길을 따라 삼족오미로공원으로 접어들면 숨겨진 고구려 고분 벽화를 찾는 재미가 쏠쏠하다. 유아차를 끌 수 있을 만큼 잘 정비되었지만 곳곳에 흙길이 있어 비온 뒤에는 땅이 질척하니 신발을 잘 골라 신자.

📍충남 태안군 남면 연꽃길 70 🅿가능 📞0507-1324-0656
🕐6~10월 08:00~19:00, 4~5월 09:00~18:00, 11~3월 09:00~17:00(일몰 1시간 전 입장 마감) ₩시즌별 요금 상이. 성인 8,000~11,000원, 어린이·청소년 5,000~8,000원, 유아(3~7세) 4,000~6,000원, 경로·유공자 6,000~9,000원
🏠www.greenpark.co.kr

아기자기한 정원에서 허브 파티
팜카밀레 허브농원

#거리두기스폿 #사진맛집
#반려견과나들이

강한 향기가 인상적인 허브부터 소박한 꽃잎을 드리운 야생화까지 자연스럽게 어우러진 농원이다. 여름이면 탐스러운 수국, 가을이면 잘 자란 팜파스가 반겨준다. 어린 왕자의 정원, 라벤더 가든, 캐모마일과 세이지 가든, 워터 가든 등으로 이어지는 정원 산책로가 아기자기하다. 곳곳에 작은 조각상과 분수, 벤치가 놓여 사진 찍기 좋다. 핑크뮬리가 하늘거리는 정원을 지나 바람의 언덕을 오른다. 풍차 전망대에 오르면 한쪽으로는 넓은 허브농원, 한쪽으로는 몽산포 앞바다가 내려다보인다. 아이들이 좋아할 나무집과 족욕을 할 수 있는 카페, 허브숍 같은 편의 시설을 잘 갖췄다.

📍충남 태안군 남면 우운길 56-19 🅿가능 📞041-675-3636 🕐4·5·9·10·11월 09:00~18:00, 6~8월 09:00~19:00, 12~3월 09:00~17:00(1시간 전 매표 마감, 11~4월 화요일 휴무) ₩시즌별 요금 상이. 성인·청소년 6,000~13,000원, 어린이 3,000~6,000원, 유아 2,000~5,000원, 소형견 4,000원, 대형견 6,000원 🏠www.kamille.co.kr

펜션만큼 유명해진 예쁜 카페

#뮤지엄은아니고 #카페놀이 #족욕카페

모켄뮤지엄 카페

여러 건축상을 휩쓴 데다 드라마 촬영지로 잘 알려진 펜션이어서 카페도 덩달아 유명해졌다. 1층은 족욕 카페로 운영하고, 2층에는 통유리로 된 실내 자리와 인디언 텐트를 친 야외 좌석이 있다. 잔디마당에는 빈백 소파와 오두막이 있어 반려견과 함께 가도 좋다. 다만 오가는 도로에 움푹 파인 곳이 많으니 운전을 조심하자.

📍충남 태안군 남면 곰섬로 129-81 모켄풀빌라 1~2층
🅿가능 📞010-9293-4275 🕐10:00~20:00
₩아메리카노 7,000원, 자몽에이드 8,000원, 족욕 8,000원
🏠www.moken.co.kr

왕의 숨결이 어린 왕릉을 걷다
공주

작은 도시 공주는 역사의 숨결이 은은히 배어 고즈넉하다. 송산리 고분군, 무령왕릉, 공산성 같은 세계 문화유산과 중동성당, 풀꽃문학관 같은 근대 역사 유적이 시내 곳곳에 자리하고 있다. 초록빛 싱그러운 공주의 구석구석을 누벼보자.

백제사의 열쇠, 송산리 고분군 #거리두기스폿 #사신도 #역사여행

무령왕릉과 왕릉원

송산리 고분군에는 웅진시기 백제의 왕과 왕족들이 묻혔다. 7기의 고분 중 묻힌 사람의 신분을 알 수 있는 유일한 왕릉이자 도굴되지 않은 왕릉인 무령왕릉이 이곳에 있다. 실제 무령왕릉의 크기를 그대로 반영한 모형 전시관에서는 벽돌로 쌓아올린 무덤들의 내부를 구체적으로 재현해 신비로운 분위기가 느껴진다. 또한 무령왕릉을 축조하는 과정을 디오라마로 자세히 구현해 이해를 돕는다. 연꽃무늬가 새겨진 벽돌, 사신도 벽화도 흥미롭다. 올록볼록한 봉분을 따라 바깥 산책로를 걸으며 당시 무덤 주인의 모습을 짐작해본다. 소나무를 스치며 불어오는 바람은 1,500여 년 전 백제시대로부터 맴도는 바람인지도 모른다.

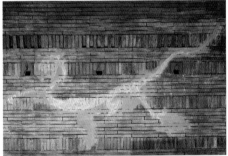

📍 충남 공주시 왕릉로 37 🅿 가능 📞 041-856-3151
🕐 09:00~18:00(명절 당일 휴관) 💰 성인 3,000원, 청소년 2,000원, 어린이 1,000원 🏠 www.gongju.go.kr/tour/

백제 고도의 역사를 품다
공산성

#거리두기스폿 #산성산책 #금강

금강을 굽어보는 공산성은 부여로 천도하기 전까지 웅진 백제를 지킨 왕성이다. 백제시대에는 웅진성으로 불렸으나 고려시대 이후 공산성으로 불렸다. 해발 110m의 능선을 따라 흙으로 쌓아 올린 산성이었으나 조선 선조 때 지금과 같은 석성으로 개축했다. 공주 시내에서 볼 때는 성벽이 그리 크지 않아 보이지만 금강을 따라 금서루, 공북루, 만하루까지 성벽길이 길게 이어진다. 왕궁지를 비롯해 백제시대의 연못, 고려시대 때 창건한 영은사, 조선시대 인조가 머물렀던 쌍수정, 사적비가 성벽 안에 아늑하게 자리 잡았다. 산성이 간직한 역사를 따라 걸어보자.

📍충남 공주시 금성동 53-51 ℗가능 📞041-856-7700 🕘09:00~18:00(명절 당일 휴무) ₩성인 3,000원, 청소년 2,000원, 어린이 1,000원, 3개소 통합권(무령왕릉과 왕릉원, 공산성, 석장리유적) 성인 6,000원, 청소년 4,000원, 어린이 2,000원 🏠 www.gongju.go.kr/tour

백제의 문화를 한눈에
국립공주박물관

#역사여행 #고대문화 #화려한금관

무령왕릉에서 출토된 4,600여 점의 유물, 대전과 충남 지역에서 출토된 9만여 점의 문화재를 전시한다. 무령왕릉을 지키던 상상의 동물 진묘수가 관람객을 반기는데, 이는 국내에 하나밖에 없다. 황금으로 빛나는 세련된 금제 관장식, 무덤을 지키던 석수 등을 둘러보고 나면 우리의 고대 문화에 대해 뿌듯한 자부심이 생긴다.

📍충남 공주시 관광단지길 34 ℗가능 📞041-850-6300 🕘09:00~18:00(월요일·1월 1일·명절 당일 휴관) ₩무료 🏠 gongju.museum.go.kr

자연과 조화를 이룬 한옥 숙박

#한옥스테이 #현대한옥 #공주여행

공주 한옥마을

오래된 역사를 품은 장소라기보다 가족 단위 숙
박동을 한옥으로 만들어둔 관광지다. 내부는 현
대식으로 단장했으며, 오토캠핑장, 야외 바비큐
장과 역사체험 놀이터, 전통문화체험관 등 다양
한 시설도 갖추고 있다. 숙박하지 않더라도 짧은
고샅길에서 사진을 찍거나 예스러운 소품을 구경
하기에 좋다.

📍 충남 공주시 관광단지길 12 🅿 가능
📞 0507-1433 -2828 🕐 숙박 80,000~250,000원
🏠 www.gongju.go.kr/hanok/

북적북적한 전통시장의 향수

공주 산성시장

#시장구경 #시장먹방 #밤막걸리

공주의 중심가에 자리한 산성시장은 평일 낮에도
활기차다. 얼음 위에 누워 있는 고등어와 꽁치, 삼
치들이 반짝이고 각종 잡곡이 담긴 바구니가 알록
달록하다. 45년 전통의 청양분식에서 잔치국수 한
그릇 뚝딱하고 카페 마루에서 공주산 밤막걸리 한
병 사들고 나오면 부자가 된 기분이다.

📍 충남 공주시 용당길 22 산성시장 고객지원센터
🅿 공주 산성시장 공영주차장 📞 041-856-5427
🕐 하절기 08:00~20:00, 동절기 08:00~19:00

싱그러운 자연의 색감

#거리두기스폿 #연꽃연못 #산책길

공주 메타세쿼이아길

공주 시내로 들어서기 전 정안천 생태공원에 들
러 메타세쿼이아를 만난다. 약 500m 길이의 그
리 길지 않은 산책로에 여유로움이 가득하다. 메
타세쿼이아길 아래로 연못을 따라 수생길이 이어
진다. 백련, 홍련, 수련이 색을 뽐내는 여름은 화
려하고, 낙엽이 소복한 가을은 붉게 물들어 운치
있다. 곳곳에 놓인 정자나 벤치에 앉으면 요란한
풀벌레 소리가 정겹다.

📍 충남 공주시 의당면 청룡리 905-1 🅿 공주시립탁구
체육관 주차장

연꽃으로 피어나는 백제의 향기
부여

문학 시간에 배운 〈서동요〉라든가 국사 시간에 들은 삼천 궁녀 이야기를 떠올려보자. 멀기만 했던 부여가, 백제가 가까워진다. 궁남지에 연꽃이 흐드러지면 부여로 떠나볼까. 백마강 흐르는 부여에서 백제시대의 웅장하면서도 섬세한 기운을 느낄 수 있을 테니.

1,000년의 시간을 피워내는 연꽃
궁남지

여름이면 연꽃이 흐드러지게 피어나는 궁남지는 백제 무왕이 만든 우리나라의 가장 오래된 인공 연못이다. 궁남지를 사부작사부작 걷다 보면 연못에서 배를 띄우고 놀던 무왕과 선화 공주가 생생하게 살아난다. 백제의 무왕은 어릴 적 마를 파는 상인 서동으로 위장해 신라로 잠입했다가 신라 진평왕의 셋째 딸인 선화 공주와 사랑에 빠졌다. 서동은 꾀를 내어 저잣거리 아이들에게 선화 공주가 남몰래 서동과 정분을 통했다는 소문을 퍼뜨렸고, 선화 공주와 함께 백제로 돌아올 수 있었다는 이야기가 전해진다. 해 지기 전에 궁남지 바깥쪽을 한 바퀴 돌며 연꽃을 구경하고, 해가 진 후 궁남지 안쪽 연못가에서 반짝이는 야경을 감상하면 좋다.

📍 충남 부여군 부여읍 동남리 152-1 🅿 가능
📞 041-830-2880

화려했던 대백제의 부활
백제문화단지와 백제역사문화관

#거리두기스폿 #으리으리 #넓고웅장해

백제문화단지는 부여로 천도 후 백제 문화의 절정을 이룬 사비시대의 왕궁 모습을 그대로 보여준다. 무려 1,000년 전에 이렇게 웅장하고 섬세한 건축물을 지었다는 사실이 놀랍다. 정양문을 지나 백제문화단지 안으로 들어서면 엄청난 규모의 사비궁이 나타난다. 사비궁 옆에는 왕실 사찰인 능사가 있는데, 발굴된 유적과 동일한 크기로 재현했다. 능사에 있는 38m 높이의 거대한 5층 목탑도 놓치지 말아야 할 볼거리. 능사에서 나와 귀족 계층 무덤인 고분공원을 둘러본 후 제향루로 가자. 제향루에서 아래를 내려다보면 위례성과 생활문화마을이 한눈에 들어온다. 위례성은 백제 한성 시기의 도읍 모습을, 생활문화마을은 사비시대의 계층별 주거 유형을 보여준다.

📍 충남 부여군 규암면 백제문로 455 🅿 가능 📞 041-408-7290
🕐 3~10월 09:00~18:00, 11~2월 09:00~17:00, 4~11월 금~일요일 야간 개장 18:00~22:00(주간 월요일 휴무, 야간 월~수요일 휴무, 여름 성수기 휴무일 없음, 홈페이지 확인) ₩ 성인 6,000원, 청소년·군인 4,500원, 어린이 3,000원/야간 개장 성인 4,000원, 청소년·군인 3,000원, 어린이 2,000원
🏠 www.bhm.or.kr

사비궁

제향루

생활문화마을

TIP 백제역사문화관의 3D 상영관

백제문화단지 관람료에는 백제역사문화관 관람료가 포함되어 있다. 백제역사문화관은 백제문화단지의 정양문을 나오면 바로 보인다. 1층과 2층 전시실에 백제시대의 생활 문화를 생생하게 재현해놓았다. 시간이 맞는다면 3D 상영관의 〈사비의 꽃〉도 관람하자. 은근히 감동적인 작품이다.

사비시대 고분

백제역사문화관

고란사

낙화암 위 백화정

부소산성

낙화암

백제의 슬픔을 지켜본 백마강과 낙화암

낙화암과 부소산성

#부소산성 #백마강따라 #역사여행

부소산 옆으로 백마강이 휘감아 돈다. 백마강은 부여 지역을 지나는 금강 물줄기를 일컫는 다른 이름이다. 나당연합군이 침공했을 때 백제 여인들이 적의 손에 죽지 않겠다며 부소산 바위 위에 올라 강물에 몸을 던졌다는 기록이 《삼국유사》에 전해진다. 그 모습이 마치 꽃이 날리는 모습 같았다고 하여 낙화암이라는 이름이 붙었다. 백화정이라는 정자는 1929년에 세웠다. 낙화암에 가는 방법은 2가지. 낙화암까지 뱃길로 가면 바위 절벽에 '낙화암落花岩'이라고 새긴 조선 후기 문신 송시열의 글씨를 볼 수 있다. 부소산에 쌓은 성인 '부소산성'을 통해서 가면 옛 백제 왕자들의 산책로를 따라 삼충사와 반월루, 사자루를 지나 낙화암과 고란사에 닿는다.

부소산성 낙화암

📍충남 부여군 부여읍 관북리 77 🅿가능 📞041-830-2884 🕐하절기 09:00~18:00, 동절기 09:00~17:00 ₩성인 2,000원, 청소년·군인 1,100원, 어린이 1,000원 🏠 www.buyeo.go.kr

구드래나루터 선착장

📍충남 부여군 부여읍 나루터로 72 🅿가능 📞041-835-4689 🕐하절기 09:00~18:00, 동절기 09:00~17:00 ₩고란사 선착장까지 왕복 성인·청소년 10,000원, 3세 이상 유아·어린이 6,000원, 낙화암 입장료 별도

고란사

📍충남 부여군 부여읍 부소로 1-25 고란사 선착장 앞 📞041-835-2062

구드래나루터 선착장

TIP **고란사의 약초 고란초**

전설에 따르면 백제의 임금이 고란사 바위틈에서 흐르는 약수를 즐겼다. 약수터 주변에 자란 기이한 풀을 고란초라고 불렀는데, 고란사에서 떠온 약수임을 증명하기 위해 고란초 잎을 띄워 가져갔다고 한다. 이 약수를 마시면 3년씩 젊어진다고 하니 고란사에 들러 한 모금 맛보자. 약수를 들이키다 갓난아기가 되었다는 할아버지의 이야기도 이곳에서 유래한다.

사비시대 수도의 중심 정림사
부여 정림사지

#탑돌이 #사비백제 #역사여행

정림사지는 백제의 사비도성 중심에 건립된 사찰 터다. 규모와 위치, 출토된 유물로 미루어 정림사가 백제의 상징적 사찰이었던 것으로 보고 있다. 국보 제9호인 정림사지 5층 석탑과 보물 제108호인 석조여래좌상이 남아 있다. 높이가 5.6m에 달하는 석불의 미소가 그윽하다. 정림사지박물관이 실감형 ICT 기술을 이용한 최첨단 멀티미디어 박물관으로 거듭났으니 신나게 둘러보자.

📍 충남 부여군 부여읍 동남리 401 🅿 가능 📞 041-832-2721 🕐 09:00~18:00, 동절기 09:00~17:00(1월 1일·명절 당일 휴무) ₩ 성인 1,500원, 청소년 900원, 어린이 700원 🏠 www.jeongnimsaji.or.kr

보고 또 봐도 자랑스러운 백제 문화
국립부여박물관

#자랑스러운 #문화유산 #금동대향로

선사시대에서부터 사비시대에 이르는 백제의 찬란한 유물 1,000여 점을 전시했다. 4개의 상설전시실과 야외전시장에서 금동관음보살, 용무늬벽돌 등 섬세하고 아름다운 백제의 문화를 만난다. 특히 국보 287호인 백제금동대향로는 아찔할 만큼 아름답다. 백제의 전통적인 세계관과 도가 사상이 섬세하고 정교하게 표현된 이 향로 하나만 보고 나와도 만족스럽다. 매시간 정시에 로비에서 상영하는 디지털 실감 콘텐츠를 놓치지 말자.

📍 충남 부여군 부여읍 금성로 5 🅿 가능 📞 041-833-8562 🕐 09:00~18:00 (월요일·1월 1일·명절 당일 휴무) ₩ 무료 🏠 buyeo.museum.go.kr

백제금동대향로
ⓒ국립부여박물관 소장

자온길 프로젝트의 힙플레이스
수월옥

#카페놀이 #인스타핫플 #부여카페

부여의 규암마을에 감성 카페와 책방이 속속 들어서는 중이다. 평범한 마을에 생기를 불어넣는 도시 재생 프로젝트의 일환이다. 스스로 따뜻해진다는 뜻의 자온길 프로젝트는 책방세간, 수월옥 같은 힙플레이스들을 만들어 냈다. 수월옥은 두 채의 건물을 이어 아기자기한 공간을 꾸몄다. 앉은 자리가 그대로 화보가 된다.

📍충남 부여군 규암면 수북로 37 **P** 길가 주차 📞010-5455-8912 🕐12:00~16:00(화·수요일 휴무) **₩** 아메리카노 4,500원, 카페라테 5,000원, 매실차 5,000원 📷@suwolok

연잎의 향이 은은하게 밴
연잎밥

#부여맛집 #연잎밥 #가족여행

부여는 연꽃만큼이나 연잎밥도 유명하다. 찹쌀과 잡곡, 견과류와 대추를 연잎에 싸서 찐 밥은 연 향이 은은하게 배어나 다른 반찬이 없어도 맛있다. 누룽지를 좋아하는 사람은 연돌솥밥, 쫄깃하게 씹히는 찰밥을 좋아하는 사람은 연잎밥을 먹어보자.

솔내음레스토랑
📍충남 부여군 부여읍 나루터로 39 **P** 가능 📞041-836-0116 🕐11:10~20:00, 브레이크 타임 14:30~17:10(화요일 휴무) **₩** 백련정식 19,000원, 연정식 22,000원, 연화정식 25,000원

구드래나루터 앞의 오래된 맛집
장원막국수

#부여맛집 #막국수맛집 #줄을서시오

멀리서 봐도 오래된 맛집의 분위기가 물씬 난다. 시골집을 개조해 방마다 좌식 테이블을 놓고 손님을 받는다. 새콤달콤한 국물의 감칠맛이 살아있는 시원한 막국수에 편육을 곁들이면 맛이 기가 막히다.

📍충남 부여군 부여읍 나루터로62번길 20 **P** 가능 📞041-835-6561 🕐11:00~17:00(화요일 휴무) **₩** 막국수 8,000원, 편육 20,000원

칼국수도 만두도 맛있다
궁남손칼국수

#부여맛집 #칼국수 #만두맛집

혼자 여행할 때는 1인분의 음식을 파는 맛집이 소중하다. 손으로 반죽한 국수는 부드럽고 멸치 육수를 사용한 국물은 진하고 고소하다. 실하게 쪄낸 만두는 포장 각.

📍충남 부여군 부여읍 궁남로 12 **P** 부여군청 주차장 혹은 골목 주차 📞041-835-2162 🕐11:00~20:00(일요일 휴무) **₩** 손칼국수 7,000원, 열무비빔국수 8,000원, 만두 6,000원

CITY
20

느긋한 풍경 속 자연을 거닐다
서천·논산

자연을 벗 삼아 한가로운 시간을 즐기고 싶다면 서천이 제격이다. 넓디넓은 갈대밭을 누비며 바람의 소리를 들어도 좋고, 장항 스카이워크를 따라 걸으며 바다 내음을 한껏 맡아도 좋다. 자랑스러운 역사를 담은 한산모시관과 전 세계의 동식물을 만날 수 있는 국립생태원도 둘러보자.

자연의 품속을 거닐다

#거리두기스팟 #영화촬영지 #인생사진

신성리 갈대밭

갈대숲이 사랑스럽다. 물안개가 자욱한 날엔 촉촉하게 물기 머금은 들판의 고요함도 운치 있다. 워낙 물이 들락날락해서 농사 짓기 어려운 습기 머금은 땅이지만 갈대가 자라기엔 딱 좋다. 너비가 약 200m, 길이가 1.5km 정도로 규모가 커 순천의 순천만과 해남의 고천암호, 안산의 시화호와 함께 국내 4대 갈대밭으로 꼽힌다. 봄에 갈대를 소각하지만 여름이 지나면 어느새 갈대가 벌써 사람 키를 넘어선다. 9월부터 초록빛 갈대꽃이 슬며시 은빛으로 물들고, 10월이 지나면 황금빛 갈대가 사그락사그락 춤을 춘다. 숱한 드라마와 영화의 촬영지이자 철새들의 보금자리를 찬찬히 걷다 보면 어느새 발걸음도 춤을 춘다.

📍 충남 서천군 한산면 신성리 125-1　🅿 가능
📞 041-950-4018

아시아 최대의 종합생태연구기관
국립생태원

#거리두기스폿 #동·식물원 #가족나들이

온대, 열대, 사막, 극지방, 지중해 지역 등 다양한 기후대별 동
식물을 한데 모은 거대한 규모의 동식물원이다. 사막여우부
터 아쿠아리움에서나 보던 물고기들, 극지방에서 사는 펭귄
들을 둘러보면 반나절이 부족할 정도. 극지관처럼 동물 모형
의 비중이 큰 전시관도 있지만 호기심 많은 아이들에게는 문
제가 되지 않는다. 수생식물원과 사슴생태원, 어린이 놀이터
도 있어 온종일 시간을 보내도 좋다.

📍충남 서천군 마서면 금강로 1210 ⓟ가능, 전기차 무료 📞041-
950-5300 🕐3~10월 09:30~18:00, 11~2월 09:30~17:00(월요일
휴관) ₩성인 5,000원, 청소년 3,000원, 어린이 2,000원 🏠www.
nie.re.kr

한산모시는 왜 우수한가
한산모시관

#인류무형문화유산 #전통직물 #모시짜기

서천군의 한산면에서 유
래된 우리 모시의 역사는
무려 1,500여 년이다. 한
산모시관에서 유네스코
인류무형문화재로 등재된
장인들의 솜씨와 모시의
아름다움을 발견한다.

📍충남 서천군 한산면 충절로
1089 ⓟ가능 📞041-951-
4100 🕐3~10월10:00~18:00, 11~2월 10:00~17:00
₩성인 1,000원, 청소년·군인 500원, 어린이 300원
🏠 www.seocheon.go.kr/mosi.do

🆃🅸🅿 한산모시로 만드는 별미

서천에 간 김에 고소한 모시전에 모시된장으로 끓인 된장찌개로
식사를 해보자. 모시 잎을 잘게 썰어 넣고 부친 모시전, 집집마다
개성 있게 담그는 한산소곡주와 달콤한 소를 잔뜩 넣은 모시송편
도 서천의 별미.

탁 트인 바다 위를 걷는 기분
장항 스카이워크

#거리두기스폿 #기벌포해전전망대 #서천바다

삼국을 통일한 신라가 크고 작은 전투를 스물두 번이나
벌인 끝에 당나라의 수군을 마지막으로 물리친 곳이 바
로 여기, 기벌포. 15m 높이에서 청량한 솔숲과 끝 모를
수평선을 바라보며 바다 위를 걷는다.

📍충남 서천군 장항읍 장항산단로34번길 122-16 ⓟ송림을 둘
러싼 주차장 네 곳이 있다. 제3주차장에서 가깝다. 📞041-956
-5505 🕐3~10월 09:30~18:00, 11~2월 09:30~17:00, 4~9월 주
말 09:00~19:00(30분 전 입장 마감, 월요일 휴무) ₩1인 2,000원
(서천사랑상품권 2,000원권으로 교환)

개화기 한성으로 떠나는 시간 여행
선샤인스튜디오

#인스타핫플 #드라마촬영지 #논산여행

개화기 한성에 발을 딛는다. 보신각 옆으로 우리나라 최초의 전기 회사인 한성전기 건물이 우뚝하다. 이제는 사라진 전차가 문방구 앞을 지난다. 전통 한옥의 마당집과 2층으로 된 적산가옥이 사이좋게 시대를 그려낸다. 글로리호텔로 들어서면 개화기 스타일로 차려입은 사람들이 인사를 한다. 한약방과 불란셔제빵소, 전당포 '해드리오'가 그대로 남아 있다. 드라마 〈미스터 션샤인〉을 본 사람이라면 구슬픈 OST에 섞인 주인공들의 내레이션이 들려올 때 울컥할지도 모른다. tvN 예능 프로그램 〈대탈출〉을 시청했다면 구석구석 남아 있는 자취에 웃음이 절로 날 테다. 볕 좋은 날은 양품점에서 의상을 빌려 입고 개화기 한성으로 나들이를 가자.

📍 충남 논산시 연무읍 봉황로 90 🅿 가능 📞 1811-7057 🕐 10:00~18:00, 입장마감 17:30(수요일 휴무) 💰 성인 10,000원, 청소년 8,000원, 36개월 이상 어린이·경로 6,000원 🏠 www.sunshinestudio.co.kr

PART

05

진짜 전라도를 만나는 시간

KOREA

가장 풍요로운 여행지로 떠나볼까

한눈에 보는 전라도

삼천리금수강산에 지분이 있다면 가장 크게 차지하는 곳은 전라도가 아닐까.
전라도는 우리나라에서 가장 넓고 풍요로운 농토와 서해에서 남해로 이어지는 아름다운 바다를 품는다.
지리산에서 다도해로 이어지는 수려한 풍경에 문화유산이 곳곳에 스며든 데다 곡식과 해산물이
풍부하니 식도락의 천국일 수밖에. 전라도 여행은 여행 초보부터 고수까지 두루 만족시킨다.

#전주 P.270
한복 곱게 차려입고 한옥마을을 거닐며
전통의 맛과 멋을 즐겨요.
THEME 01 고운 한복 차려입고 한옥마을 나들이 P.272
THEME 02 인스타 셀럽들의 사진 놀이 P.279
THEME 03 전주비빔밥에 고소한 모주 한잔 P.283

#완주 P.292
만경강이 평야를 따라 꿀처럼 흐르는 풍요로운 땅

#군산 P.300
타임머신이 필요 없는 군산 원도심에서
시간 여행자로 변신!

#광주 P.306
옛 선교사들이 살던 마을부터
민주화 운동의 역사를 따라 타박타박.

#담양 P.312
메타세쿼이아와 대나무에 스치는
바람 소리로 초록빛 힐링.

#남원 P.318
춘향이와 몽룡이의 절절한 사랑 이야기가
낭만을 짓는 도시.

#순천 P.322
넓은 갈대밭으로 펼쳐지는
황금빛 노을 한 모금, 넉넉한 국밥 한 그릇.

#여수 P.328
〈여수 밤바다〉를 흥얼거리며
푸른 바다의 낭만을 즐기러 가자.
THEME 01 여수의 푸른 바다를 즐기는 방법 P.330
THEME 02 잊을 수 없는 여수의 맛 P.338

초원사진관

군산

완주

전주

담양

남원

광주

순천

여수

CITY
21

꽃심을 품은 도시
전주

전주에는 한옥, 한식, 한복에 이르는 전통문화의 의식주가 고스란히 남아 있다. 도심 속 넓은 한옥마을에서는 고운 한복을 입은 여행자들이 전통문화를 즐긴다. 옛 선비들의 멋과 풍류를 느끼며 한옥 스테이를 하고, 전주비빔밥과 막걸리를 맛본다. 전주의 꽃심을 마음에 듬뿍 채운다.

전주를 가장 멋지게
여행하는 방법

01
한복 곱게 차려입고
한옥마을에서 하룻밤

02
전통적인 도시에서
레트로 감성 사진을!

03
국밥집부터 가맥까지
하루 여섯 끼는 기본

고운 한복 차려입고 한옥마을 나들이

전주 한옥마을을 중심으로 경기전에서부터 전주향교, 오목대, 청연루까지 모두 걸어서 둘러볼 수 있다.
길거리에 한복을 빌려주는 가게도 많고, 하루를 머물면 촬영용 한복을 빌려주는 한옥 스테이도 많다.
한복을 곱게 차려입고 사뿐사뿐 한옥마을을 걷다 보면 여행하는 기분이 곱절로 즐겁다.

국내 최대 규모의 전통 한옥촌

전주 한옥마을

#전통마을 #한옥마을 #한옥스테이

멋스러운 기와집 아래 고운 한복을 차려입은 여행자들의 웃음소리가 흩날린다. 1910년부터 지은 700여 채의 한옥이 품위 있게 늘어선 골목을 따라 임금의 어진을 모신 경기전과 어진박물관, 은행나무가 근사한 전주향교, 조선의 태조 이성계가 잔치를 벌였다는 오목대를 비롯해 전주김치문화관, 전주소리문화관, 전주전통술박물관 등 다양한 전통문화 시설이 늘어섰다. 꼼꼼하게 보려면 완판본문화관이나 동학혁명기념관까지 시간 가는 줄 모르고 돌아보게 된다. 판소리 공연을 감상하거나 모주 담그기 체험도 할 수 있다. 근사한 카페와 식당, 숙박 시설도 즐비하다. 한옥마을에서 하룻밤 묵으면 근처의 남부시장, 객리단길, 자만 벽화마을까지 찬찬히 걸어서 돌아보기에 충분하다.

📍 전북 전주시 완산구 어진길 30-10 🅿 전주 한옥마을 공영주차장 📞 063-282-1330 🏠 hanok.jeonju.go.kr

조선을 건국한 태조의 어진

#한옥마을 #한복사진 #역사여행

경기전

하마비

어진은 왕의 초상화를 일컫는 말이지만, 그 자체로 왕실의 영원한 존속을 염원하는 상징이었다. 경기전은 조선을 건국한 태조의 어진을 모시기 위해 지은 건물로 전국에 유일하게 남아 있는 진전이다. 경기전 앞에는 하마비를 세웠다. 하마비 앞을 지날 때는 신분에 상관없이 모두가 말에서 내려 예를 갖춰야 했는데, 태조의 어진이 있는 경기전 앞이기 때문이었다. 경기전 정문에서 본전까지 길게 뻗은 길은 여전히 위엄 있다. 경기전 안에는 전주 이씨 시조의 위패를 봉안한 조경묘, 세계 기록유산으로 남은 조선의 실록을 보관한 전주사고가 있다. 태조 어진의 진본 및 조선 왕들의 어진과 영정, 가마를 보관하는 어진박물관도 경기전 안에 있다. 한복을 입은 관람객을 맞는 대나무 숲이 고아하다.

★ 2024년 4월까지 어진박물관 휴관

📍 전북 전주시 완산구 태조로 44 🅿 전주 한옥마을 공영주차장 📞 063-281-2788
🕐 3·4·5·9·10월 09:00~19:00, 6~8월 09:00~20:00, 11~2월 09:00~18:00(1시간 전 입장 마감) ₩ 성인 3,000원, 청소년·군인·대학생 2,000원, 어린이 1,000원

어진박물관

아름드리 은행나무야 반가워
전주향교

\#거리두기스폿 \#인생사진 \#드라마촬영지

고려 말에 창건한 전주향교는 조선 선조 때 지금의
자리로 옮겼다. 만화루와 일월문을 지나 향교로 들
어서면 공자를 비롯한 다섯 성인의 신위를 모신 대
성전이 우뚝하다. 향교에는 보통 벌레를 타지 않아
강직한 선비 정신을 상징하는 은행나무를 심는다.
대성전과 명륜당 앞에 수령 400년이 넘는 은행나무
들이 멋지게 서서 여행자들을 품는다.

📍 전북 전주시 완산구 향교길 139 🅿 가능 📞063-288-
4544 🕐09:00~18:00, 동절기 09:00~17:00(월요일 휴
무) 🏠 www.jjhyanggyo.or.kr

명륜당

한옥마을을 한눈에 내려다보는 언덕 　　　　　　　　　　　　　　　\#거리두기스폿 \#역사여행 \#작은언덕
오목대

고려의 이성계 장군이 남원의 황산에서 금강으로 침입한 왜구를 무찌르고 돌아오는
길에 개선 잔치를 벌인 곳이다. 이곳에서 이성계는 한나라를 세운 유방의 〈대풍가〉
를 읊으며 새 나라를 세울 야심을 비쳤다고 전한다. 이성계는 조선왕조를 개국하고
나서 여기에 정자를 짓고 이름을 오목대梧木臺라 했다. 한옥마을을 내려다보는 나지
막한 언덕에 위치해 풍경이 좋다.

📍 전북 전주시 완산구 기린대로 55 🅿 전주 한옥마을 공영주차장 혹은 한옥마을 노상 공영주
차장 📞 063-281-2114

오목대

혼불의 정신을 기리는 작은 문학관

최명희문학관

#전주의꽃심 #문학인 #체험여행

전주에서 나고 자란 최명희 작가의 삶을 엿볼 수
있다. 작가의 친필 원고, 지인들에게 보낸 편지와
엽서, 생전의 인터뷰에서 추린 말을 담았다. 최명
희 작가의 《혼불》은 원고지 1만 2,000장에 17년
간 써 내려간 대하소설로 1930년대 몰락해 가는
전북 남원의 양반가가 배경이다.

📍전북 전주시 완산구 최명희길 29 🅿전주 한옥마을 공
영주차장 📞063-284-0570 🕐10:00~18:00(월요일·
명절 당일 휴무) 🏠www.jjhee.com

바람의 숨결이 시작되는 곳

전주부채문화관

#장인정신 #감동영상 #전주한옥마을
180도로 활짝 펼쳐지는 접선은 우리나라 부채의 특징이다. 우리
선조들은 합죽선이 만드는 반원의 공간 안에서 시와 그림으로
안부를 전하고 천지만물을 품었다. 100번이 넘는 손길을 거쳐 완
성된 부채 장인들의 작품이 경이롭다.

📍전북 전주시 완산구 경기전길 93 🅿전주 한옥마을 공영주차장
📞0507-1415-1774 🕐10:00~20:00(월요일·공휴일·명절 당일 휴무)
💰단선 부채 그리기 체험 7,000~10,000원, 접선 부채 그리기 체험
10,000~15,000원, 태극선 5,000원 🏠blog.naver.com/jeonjufan

전주에서 발간된 책들을 만나다

완판본문화관

#전주의책문화 #완판본전시 #고서전시
전주의 옛 이름은 완산. 이곳에서 발간된 책과 판본을 완판본
이라 한다. 전주는 한지와 목판이 넉넉하고 수공업자가 많아
출판하기 좋은 조건이었다. 서울과 비교해도 판본의 종류와 규
모가 뒤지지 않는다. 완판본문화관에서는 춘향전, 구운몽 같
은 고소설을 비롯해 다양한 완판본을 시기별로 전시한다.

📍전북 전주시 완산구 전주천동로 24 🅿가능 📞063-231-2212
🕐3·4·5·11월 10:00~18:00, 6~10월 10:00~20:00, 12~2월 10:00~
17:00(월요일 휴무) 💰관람료 무료, 목판 인쇄 체험 3,000원, 옛 책 만
들기 체험 15,000원 🏠wanpanbon.modoo.at

선비들이 익혔던 육예를 배워요
전주동헌·전통문화연수원

#전주동헌 #선비길 #문화산책

옛 관아였던 동헌과 유서깊은 고택이 오도카니 섰다. 조선
시대 판관의 업무공간이었던 동헌은 지금의 시청에 해당하
는데, 일제가 강제로 관아 건물들을 철거할 때 팔려갔다가
2007년 전주향교 옆으로 돌아온 소중한 문화유산이다. 목재
의 가공 수준이 아주 정교해 건축적인 가치가 높은 안채와 사
랑채, 별채 등은 선비의 의례를 배우는 전통문화연수원의 숙
소로 사용한다.

📍 전북 전주시 완산구 향교길 119-6 전주동헌 🅿 전주 한옥마을 공
영주차장 📞 063-281-5271 🕐 09:00~18:00
🏠 www.dongheon.or.kr

대사습놀이의 전통을 잇다
전주대사습청

#야경맛집 #상설공연 #전통문화

전주소리문화관이 전주대사습청으로 변신해 전주대사
습놀이의 자료를 수집하고 전통을 계승한다. 넓은 놀이
마당 한쪽에는 야외 공연장이 있고 고무신을 조각해둔
작은 연못과 북이 놓인 정자도 있다.

📍 전북 전주시 완산구 한지길 56 🅿 전주 한옥마을 공영주차장
📞 063-288-0771 🕐 2~10월 09:00~18:00, 11~1월 09:00~
17:00(월요일 휴무) 🏠 jjdssch.or.kr

TIP 명창의 고무신

전주대사습청 연못에는 왜 고무신
이 놓여 있을까. 옛 명창들은 고무
신을 벗어놓고 소리 공부를 했다.
한 장단이 끝날 때마다 고무신에
모래알을 하나씩 넣었는데, 벗어
둔 고무신에서 풀이 돋아날 정도
로 오랜 시간 소리 공부를 해야 득
음할 수 있었다고 전한다.

우리 술의 역사와 풍미
전주전통술박물관

#체험학습 #예약필수 #전통주

가양주家釀酒란 집에서 빚은 술을 뜻한다. 누룩, 쌀, 물로
만 술을 빚는다 해도 지역과 사람의 손맛에 따라 술맛은
분명 다를 터. 전주전통술박물관은 수천 년 이어진 한국
의 재료들로 만드는 전통 가양주의 술 빚기 과정과 술 빚
는 도구들을 전시하고 다양한 전통주를 판매한다.

📍 전북 전주시 완산구 한지길 74 🅿 전주 한옥마을 공영주차장
📞 063-287-6305 🕐 09:00~18:00, 브레이크 타임 12:00~
13:00(월요일 휴무) 💰 입장 무료, 막걸리 비누 만들기 12,000원
🏠 www.urisul.net

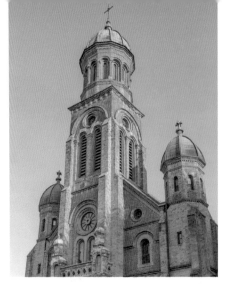

한옥마을의 아름다운 성당
전동성당

#전주의역사 #순교성지 #사진여행

풍남문 밖 전동은 18세기부터 천주교도를 박해하고 처형했던 곳이다. 순교의 뜻을 기리기 위해 1900년대 초 보두네 신부가 성당 건립에 착수했고, 서울 명동성당을 설계한 프와넬 신부가 건축을 맡았다. 순교자들의 선혈이 어린 성곽의 돌로 주춧돌을 세우고 회색과 붉은색 벽돌로 마무리했다. 로마네스크 양식으로 지은 성당은 아름답기 그지없다. 미사를 드리는 사람들이 있으니 조용히 관람하자.

📍 전북 전주시 완산구 태조로 51 🅿 전주 한옥마을 공영주차장
📞 063-284-3222 🏠 www.jeondong.or.kr

넓은 대청마루에 전주천을 품다
청연루

#거리두기스폿 #여름여행 #느린여행

전주천을 가로지르는 남천교 위 팔각지붕의 한옥 누각이 웅장하다. 정면이 9칸으로 길이가 약 30m에 달한다. 마루에 앉으면 전주천의 갈대를 간질이던 바람이 상쾌한 인사를 건넨다. 아이들이 볼 수 있는 동화책을 비치해 아이와 함께 가더라도 오래 앉아 있기 좋다. 저녁이면 환하게 불을 켜고 야경을 즐기는 시민들을 반갑게 맞는다.

📍 전북 전주시 완산구 동서학동 940-2 🅿 교동 주차장 혹은 전주천서로 노상 공영주차장

조선시대 전라도의 중심 관청
전라감영

#달밤투어 #그림자투어 #역사여행

전라도와 제주도를 관할하던 관찰사가 거주하던 관청으로 한국 전쟁 때 소실되었다가 최근 복원했다. 집무실인 선화당, 주거 공간인 연신당, 가족의 처소인 내아, 누각인 관풍각을 둘러볼 수 있다. 건물 내부에 디지털 전시가 잘 돼있어 볼거리가 쏠쏠하다. 저녁이면 조명이 켜져 운치 있고, 야간 해설 투어를 진행하니 참여해 보자.

📍 전북 전주시 완산구 전라감영로 55 🅿 불가 📞 063-281-5356 🕐 09:00~21:00 ₩ 무료

인스타 셀럽들의 사진 놀이

전주에 간 김에 전통문화를 이어가는 한옥마을뿐만 아니라 젊은 감각이 살아나는 여행지도 함께 둘러보자. SNS에 예쁜 사진들이 올라와 더욱 눈길을 끄는 곳들을 소개한다. 커플들의 데이트 코스로도 좋고 아이와 나들이하기에도 좋다.

카메라 하나 들고 동물원 산책

#거리두기스폿 #아이와함께 #커플여행

전주동물원과 드림랜드

전주동물원은 지난 40년 동안 도심에서 가까운 생태 동물원으로 자리매김했다. 사자와 호랑이 같은 맹수들, 친근한 얼룩말과 원숭이, 코끼리와 큰뿔소 같은 거대한 동물들, 호기심 많은 앵무새들이 관람객을 맞는다. 동물원 곳곳의 사육사가 정성스럽게 손 글씨로 작성한 설명에서 동물을 사랑하는 마음도 엿본다. SNS에서 커플 사진의 성지로 떠오른 드림랜드는 전주동물원 안에 있는 작은 놀이공원이다. 20세기 감성의 알록달록한 회전목마와 대관람차 앞에서 화사한 사진을 남길 수 있다. 아이들을 위한 놀이기구가 많아 가족 나들이를 하기에도 좋다. 벚꽃 흩날리는 봄날에도, 단풍이 물든 가을날에도 참 예쁘다.

📍 전북 전주시 덕진구 소리로 68 🅿 가능, 1,000원 📞 063-281-6759 🕐 3~10월 09:00~19:00, 11~2월 09:00~18:00(1시간 전 매표 마감) ₩ 성인 3,000원, 청소년·군인 2,000원, 어린이 1,000원/놀이기구 1기종 성인 3,000원, 청소년 2,500원, 3세~어린이 2,000원 🏠 zoo.jeonju.go.kr

상상의 세계가 펼쳐지는 문화 예술 플랫폼
팔복예술공장

#예술감성 #전시장 #도시재생

카세트테이프를 만들던 공장이 문을 닫은 지 25
년 만에 리모델링을 거쳐 2018년 복합 문화 공
간으로 거듭났다. 대충 쌓아 올린 것처럼 보이는
컨테이너들 사이에 전시 공간과 카페가 있다. 한
쪽에서는 상주하는 예술가들이 작업을 하고, 한
쪽에서는 공간별로 핫한 전시가 열린다. 아이부
터 어른까지 누구에게나 풍부한 상상력을 기를
수 있는 다양한 예술 체험을 제공한다.

📍 전북 전주시 덕진구 구렛들 1길 46 🅿️ 가능
📞 063-211-0288 🕐 전시장 10:00~17:30(월요일·
명절 당일 휴무) 📷 @__palbok__art

여름날 호수를 가득 메우는 연꽃
덕진공원

#대학교옆 #공원산책 #여름여행

덕진공원은 후백제시대에 조성되었다는 전설이
내려오는 호수공원이다. 호수 한가운데로 길게
뻗은 다리 위를 사뿐사뿐 걸어 들어가면 연화정
을 만난다. 여름이면 분홍 연꽃과 길게 자란 초
록 연잎이 더욱 싱그럽다. 오리 배를 띄운 사람
들도 종종 보인다. 호수 주위로 늘어선 벚나무와
버드나무도 운치를 더한다. 2020년 겨울에 연화
교를 재건축한 후 연화정이 연화정도서관으로
탈바꿈했다.

📍 전북 전주시 덕진구 권삼득로 390 🅿️ 가능
📞 063-239-2607
🕐 연화정도서관 10:00~19:00(월요일 휴무)

알록달록한 동심의 나라로
자만 벽화마을

#벽화마을 #전주여행 #사진여행

자만 벽화마을
📍 전북 전주시 완산구 교동 50-158
🅿 전주 한옥마을 공영주차장 혹은 한옥마을 노상 공영주차장

꼬지따뽕 카페
📍 전북 전주시 완산구 자만동 1길 1-8
🅿 전주 한옥마을 공영주차장 혹은 한옥마을 노상 공영주차장 📞 010-5667-2831 🕐 09:30~미정(비정기 휴무)
₩ 자몽에이드 5,000원, 청귤에이드 5,000원, 블루베리스무디 6,000원

정취 그윽한 한옥마을에서 오목대를 지나 길 하나만 건너면 알록달록한 딴 세상이 펼쳐진다. 2020년 새로운 벽화로 옷을 갈아입은 자만 벽화마을이다. 누군가의 생활공간인 마을인지라 조용히 벽화를 구경하며 사색에 잠기기 좋다. 1시간쯤 마을을 꼼꼼히 둘러보았다면 E.T가 앉아 있는 카페를 찾자. 테라스에서 멀리 내려다보이는 한옥마을이 비현실적으로 보일 만큼 알록달록한 동화 나라가 펼쳐진다.

옥상이 트여 더 예쁜 청년몰   #시장구경 #젊은시장 #전주여행
남부시장 청년몰

전국의 쌀 가격을 좌지우지했던 전주의 남부시장은 호남평야에서 생산되는 쌀 집산지로 유명했다. 예전의 명성을 유지하기 위한 노력의 일환으로 시장 2층에 청년몰을 세워 젊은이들을 불러 모았고, 한옥마을 관광객을 위한 야시장을 열어 활기를 되찾았다. 청년몰에는 개성 넘치는 가게들이 맛있는 음식과 예쁜 기념품을 판다. 아기자기한 서점부터 펍까지 소소한 재미를 찾아보자.

📍 전북 전주시 완산구 풍남문 2길 53
🅿 남부 유료 주차장 📞 063-288-1344
🕐 11:00~24:00(가게별 상이)
📷 @chungnyunmall

전주비빔밥에 고소한 모주 한잔

전주에는 한국을 대표하는 음식이 수두룩하다. 달걀노른자 살포시 얹은 전주비빔밥과 해장하기 딱 좋은 콩나물국밥으로 시작해
출출할 때 간식으로 먹어도 좋은 육전과 초코파이, 막걸리 한 상으로 마무리하면 여행 내내 잔칫집에 초대받은 기분이다.

고명 하나하나에 정성 가득

성미당

#전주맛집 #전주비빔밥 #한옥마을

알록달록한 나물 고명을 얹고 육회와 깨소금도 큰 숟가락으로 담는다. 물기 쪽
뺀 버섯과 솔솔 뿌린 견과류가 오독한 식감을 더한다. 달걀노른자 위에 얹은 꽃
모양 대추 조각이 화룡점정. 고추장을 적당히 얹어 간이 딱 맞아 한 그릇 뚝딱
비우게 된다. 시원한 백김치를 곁들이면 뒷맛도 깔끔하다. 50년 이상 전주비빔
밥의 명성을 이어온 맛집답다.

📍 전북 전주시 완산구 전라감영 5길 19-9
🅿 가능 📞 0507-1439-8800 🕐 평일
11:00~20:00, 주말 11:00~20:00, 평일 브
레이크 타임 16:00~17:30(월요일 휴무)
🏧 전주전통육회비빔밥 17,000원, 전주전
통비빔밥 15,000원 🏠 seongmidang.
modoo.at

더욱 고소하고 진한 피순대

조점례 남문피순대

#매운국물 #피순대 #순대국밥

속초에 아바이순대, 천안에 병천순대가 있다면 전주에는 피순대가 있다. 선지
를 넉넉히 넣은 피순대는 특유의 고소한 맛이 강하다. 전라도에서는 피순대나
막창순대를 초고추장에 찍어 먹는다. 조점례 남문피순대의 순대국밥에는 뚝배
기 가득 피순대와 머리 고기를 넣어줘 굉장히 푸짐하다. 국물이 얼얼할 정도로
매우니 먹기 전에 다대기를 조금 덜어내 맵기를 조절하자.

📍 전북 전주시 완산구 전동 3가 2-198
🅿 남부 유료 주차장
📞 063-232-5006 🕐 06:00~22:00
🏧 순대국밥 9,000원, 암뽕순대국밥(특)
10,000원, 피순대(소) 14,000원

삼백집 전주본점
하루에 정성 담아 300그릇만

#콩나물국밥 #전주맛집 #원조맛집

70여 년 전, 간판도 없이 콩나물국밥을 팔던 할머니는 아무리 손님이 많아도 하루에 300그릇 이상 팔지 않았다. 손님들이 간판 없는 국밥집을 일러 삼백집이라 했다. 만화가 허영만이 《식객》에 소개한 맛집이다. 국밥에 달걀을 넣는 걸로는 성에 차지 않아 반숙 달걀 프라이를 더 내주는 인심도 여전하다.

📍전북 전주시 완산구 전주객사 2길 22 ℗가능 📞063-284 -2227 ⏰06:00~22:00(명절 당일 12:00 오픈) ₩삼백집콩 나물국밥 8,000원, 한우선지온반 10,000원, 모주 3,000원 🏠www.300zip.com

현대옥 전주본점
메뉴가 다양한 콩나물국밥 프랜차이즈

#전주국밥 #전주여행 #뜨거움주의

현대옥에선 취향에 맞게 콩나물국밥을 고른 후 오징어 사리를 별도로 주문해보자. 콩나물 반, 오징어 반이어서 더욱 감칠맛 도는 콩나물국밥이 나온다. 본점에는 서빙 로봇을 들여놓았는데, 뜨거운 뚝배기류는 종업원이 테이블로 옮겨준다. 아이와 함께 방문한다면 뜨거운 음식을 들어 올릴 때 각별히 조심하자.

📍전북 전주시 완산구 화산천변 2길 7-4 ℗가능 📞0507- 1435-0020 ⏰00:00~24:00 ₩콩나물국밥 8,000원, 오징어 사리 3,000원, 황태콩나물국밥 9,000원 🏠www.hyundaiok.com

다우랑
한옥마을 수제 만두의 참맛

#수제만두 #만두맛집 #한옥마을맛집

얇은 만두피 안에 좋은 재료가 아낌없이 들어간 수제 만두가 종류별로 놓였다. 만두를 줄을 서서 먹을 일인가 싶지만 다우랑의 만두 맛을 보고 나면 납득이 간다. 매일 아침부터 저녁까지 매장 안쪽에서 만두를 직접 빚고 쪄낸다. 통통한 새우가 씹히는 새우만두, 매콤한 김치만두, 고소한 부추만두가 인기다.

📍전북 전주시 완산구 태조로 33 ℗전주 한옥마을 공영주차장 📞0507-1482-5009 ⏰10:00~21:00, 금· 토요일 10:00~21:30 ₩새우만두 3,500원, 부추만두 2,500원, 김치만두 2,500원 📷@dawoorang_mandu

육전과 파무침의 꿀 조합
교동육전

#간식타임 #전주맛집 #파무침맛집

한옥마을의 경기전 맞은편에 육전 거리라고 할 만큼 육전을 파는 가게들이 몰려 있다. 교동육전은 주문과 동시에 생고기를 꺼내 달걀물에 담갔다가 철판에 바로 굽기 시작한다. 돼지고기보다는 소고기육전이 인기. 뜨끈한 육전과 느끼함을 잡아주는 파무침을 함께 먹으면 눈이 번쩍 뜨인다.

📍 전북 전주시 완산구 태조로 25 🅿 전주 한옥마을 공영주차장 📞 0507-1352-3414 🕐 10:00~22:00 ₩ 소고기육전 12,000원, 돼지고기육전 10,000원

육전에 막걸리 한 사발
서민갑부마약육전

#한옥마을맛집 #육전 #길거리음식

전주 야시장에서부터 시작한 육전 가게가 한옥마을 중심으로 이전했다. 교동육전과 마주 보는 길에 본점이 있고, 경기전 앞의 큰길에 분점이 있다. 분점에서 육전을 구입하면 본점의 야외 테라스에서 먹을 수 있다. 교동육전과 육전 맛은 비슷하지만 서민갑부마약육전에서는 막걸리를 판매하고, 파무침 대신 양파무침을 곁들인다.

📍 전북 전주시 완산구 태조로 25-8 🅿 전주 한옥마을 공영주차장 📞 0507-1352-9914 🕐 12:00~20:00, 주말 11:00~22:00(주문 마감 30분 전) ₩ 육전+태평막걸리 세트 16,000원, 육전+막걸리 세트 14,000원, 육전 10,000원

할머니의 손맛을 느껴봐
외할머니솜씨

#디저트카페 #빙수맛집 #넓은카페

여름뿐만 아니라 1년 내내 판매하는 옛날 흑임자 팥빙수가 인기인 한옥 디저트 카페다. 중학교와 고등학교 앞에 위치해 학생과 여행자 모두에게 사랑받는다. 계절별로 파시솜솜빙수, 망고빙수, 딸기빙수를 맛볼 수 있다. 진한 맛이 우러나 달콤쌉싸름한 궁중쌍화탕이나 새콤한 오미자차도 별미다.

📍 전북 전주시 완산구 오목대길 81-8 🅿 전주 한옥마을 공영주차장 📞 063-232-5804 🕐 11:00~21:00 ₩ 옛날 흑임자팥빙수 9,000원, 외솜수정과 7,000원, 궁중쌍화탕 10,000원

옛 풍년제과의 명성을 이어가는
PNB 한옥마을 3호점

#전주초코파이 #수제간식 #여행기념품

전주의 수제 초코파이는 여행자들이 한 번쯤 꼭 맛보는 별미다. 1951년에 풍년제과를 열어 맛있는 센베이를 만들어 팔았던 PNB는 3대째 가업을 잇고 있다. 하얀 크림과 딸기잼이 들어 있는 촉촉한 초코빵을 딱딱한 초콜릿으로 코팅한 수제 초코파이는 무려 1978년에 개발한 메뉴. 최근엔 딸기, 치즈, 녹차 맛을 더한 초코파이도 인기다. 한옥마을에만 3개의 지점이 있다.

📍 전북 전주시 완산구 어진길 42 🅿 전주 한옥마을 공영주차장 📞 063-283-5858
🕐 08:30~21:30 ₩ 초코파이 2,300원, 크림치즈초코파이 2,500원, 생강전병 9,000원
🏠 www.pnb1951.com

쫀득쫀득 달콤 고소한 수제강정
한옥수제강정

#수제강정 #강정맛집 #말랑말랑간식
강정에 진심인 주인장이 100% 옥수수 전분으로 만든 물엿으로 강정을 만들어서 딱딱하지 않고 한 달 내내 말랑말랑하다. 참깨, 검은깨, 땅콩 같은 견과류 강정도 인기가 많다.

📍 전북 전주시 완산구 태조로 37 101호 🅿 전주 한옥마을 공영주차장 📞 010-3913-3210 🕐 10:00~18:00(우천 시, 장마철 휴무) ₩ 알알이 강정 8,000원, 견과류 강정 10,000원, 견과류 강정 4개 30,000원

모주 맛이 살아있는 달콤한 아이스크림
모주랑

#전주모주 #은은한계피맛 #한옥마을맛집
모주의 독특한 한약재 향과 은은한 계피 향을 좋아하는 사람이라면 모주랑에 들러보자. 달콤한 모주 아이스크림을 부드러운 쿠키 받침에 담은 뒤 땅콩엿을 갈아 솔솔 뿌려준다.

📍 전북 전주시 완산구 은행로 79 🅿 전주 한옥마을 공영주차장 📞 063-231-9007 🕐 10:00~22:00 ₩ 모주 아이스크림 3,000원

한옥마을을 내려다보는 뷰
전망

#인생사진 #인스타감성 #커피맛집

건물 바깥에서 바로 연결되는 엘리베이터를 타고 5층으로 올라간다. 아늑한 분위기의 실내에 푹신한 의자가 놓여 편안하다. 6층에는 또 다른 넓은 실내 공간과 야외 테라스가 있다. 한옥마을이 내려다보이는 테라스에서 인생 사진을 남기려는 사람들이 줄을 선다. 한옥마을과 가장 가까운 고층 카페여서 전망이 참 좋다. 커피 맛도 좋아 만족스럽다.

📍 전북 전주시 완산구 한지길 89 🅿 전주 한옥마을 공영주차장 📞 0507-1400-6106
🕐 09:00~23:00 🏧 아메리카노 6,000원, 카페라테 6,500원, 차 6,500원 🏠 jeonmangnet.modoo.at

은근한 분위기의 한옥 카페
카페 차경

#풍경맛집 #뷰맛집 #한옥마을카페

경기전을 둘러싼 돌담 앞에 자리한 우아한 한옥 스타일 카페다. 카페 이름에 걸맞게 유리창을 크게 내어 풍경을 들였다. 소품 하나하나가 나무색과 어울려 분위기가 차분하다. 에스프레소에 우유와 버터크림을 올린 달콤한 차경커피에 직접 만들어 달지 않은 수제 양갱을 맛본다. 차를 마시는 동안 풍경에 천천히 녹아든다.

📍 전북 전주시 완산구 경기전길 61 🅿 전주 한옥마을 공영주차장 📞 0507-1328-4820
🕐 화~금요일 11:00~20:00, 토요일 10:30~21:00, 일요일 10:30~20:00(월요일 휴무)
🏧 차경커피 6,500원, 아메리카노 5,000원, 팥양갱 2,400원, 흑임자양갱 2,500원
📷 @cafechakyung

뷰도 좋고 맛도 좋은 한옥카페
이르리

#한옥마을핫플 #한옥카페 #전주핫플

주문을 하는 카운터를 지나 ㅁ자형 한옥 안으로 들어서면 배롱나무가 마당 한가운데서 유유히 맞아준다. 꽤 큰 대갓집이었을 듯한 한옥을 개조한 카페 이르리에는 매력적인 공간이 여럿이다. 한복을 곱게 차려 입고 바람이 솔솔 부는 마루에서 차 한잔을 나누면 한옥마을의 정취가 살아난다. 한옥의 방 한 칸을 오롯이 차지할 수 있는 공간, 바람이 솔솔 드나드는 야외 자리, 통유리로 풍경을 감상할 수 있는 평상이 있으니 마음에 드는 곳에 앉아 인생 사진을 남겨보자. 내부에는 신발을 벗고 앉을 수 있는 좌식 테이블 석도 있고 높이가 편안한 입식 테이블도 있다. 떡 크로플과 팥빙수 같은 디저트도 맛있다.

📍 전북 전주시 완산구 은행로 69 🅿 전주 한옥마을 공영주차장 📞 0507-1363-1528 🕐 09:00~21:00, 주말 09:00~22:00(주문 마감 21:30) ₩ 아메리카노 6,500원, 떡 크로플 11,000원, 밀크 팥빙수 17,000원 📷 @ireuri_cafe.jeonjuhanok

가성비 좋은 맛있는 가맥집
전일갑오

#황태맛집 #전주가맥 #전주맛집

한낮에도 가맥을 즐기는 사람들이 듬성듬성 테이블을 차지하고 있다. 전일갑오의 인기 메뉴인 황태는 지금까지 먹었던 먹태를 싹 잊게 만들 정도로 크고 실하다. 먹기 좋게 찢은 포실하고 두툼한 황태가 스펀지케이크처럼 입에서 녹는다. 당근과 햄, 파를 넣어 부쳐낸 달걀말이도 황태 못지않게 두툼하다.

📍전북 전주시 완산구 현무2길 16 🅿불가 📞063-284-0793
🕐15:00~01:00(일요일 휴무) ₩황태포 12,000원, 달걀말이 8,000원, 병맥주 3,000원

친절한 주인과 맛있는 안주
1930 가맥카페

#분위기좋은 #술집 #전주맛집

평범한 골목길에 눈이 번쩍 뜨일 만큼 예쁜 건물이 섰다. 한국과 일본의 건축양식을 혼합해 1930년에 지어진 건물이다. 거의 100살에 가까운 건물을 리모델링해서 2017년 전주시 건축상을 받았다. 분위기에 이끌려 문을 열면 오래된 이야기를 품은 포근한 실내가 맞이한다. 주인의 친절함을 곁들인 밀푀유나베, 노가리, 감바스 같은 안주들이 무척 맛있었다.

📍전북 전주시 완산구 현무 2길 14-14 🅿불가 📞063-232-1930
🕐14:00~03:00 ₩모듬전 20,000원, 먹태 17,000원

어른이라서 다행이야
바 차가운 새벽

#전주술집 #청년몰 #칵테일

바는 작지만 벽을 빼곡하게 채운 술 컬렉션에 주인의 내공이 담겼다. 주인장이 직접 만든 어른만 즐길 수 있는 아이스크림 메뉴가 있는데 아이리시 크림 리큐르가 들어가 도수가 6도 정도 된다. 여섯 가지 맛의 리큐어 중 하나를 골라 아이스크림 위에 조금씩 부어 먹는다.

📍전북 전주시 완산구 풍남문 2길 53 남부시장 청년몰 🅿남부 유료 주차장 📞0507-1372-1412 🕐월~목요일 15:00~23:00, 금·토요일 15:00~24:00(일요일 휴무, 인스타그램 운영 공지 참고) ₩어른의 아이스크림 8,000원, 무알코올칵테일 4,000원, 칵테일 8,000원 📷@barcolddawn

전주의 풍류를 즐기는 또 다른 방법
노매딕 비어가든

#전주수제맥주 #노매딕브루잉 #맥주맛집

전주에 왔다고 꼭 막걸리를 마실 필요가 있나. 전주의 수제
맥주 브루어리인 노매딕 브루잉에서 만든 맥주를 이곳에서
맛볼 수 있다. 다양한 시그니처 에일과 시즈널
맥주가 있으니 배를 비우고 가자. 감자튀김이
얼마나 바삭한지, 다른 메뉴를 안 먹어봐도 맛
있음이 짐작된다. 초록 정원이 맞아주는 낮에
와도 좋고, 조명이 은은한 밤에 와도 좋다.

📍 전북 전주시 완산구 향교길 57 ⓟ 전주 한옥
마을 공영주차장 📞 063-288-2298 🕐 평일
18:00~23:00, 주말 13:00~24:00 ₩ 크림에일
7,500원, 피크닉 8,500원, 먹태 12,000원
📷 @nomadicbeergarden

전주 젊은이들의 사랑방
달팽이포차

#전주가맥 #전주에선테라 #푸짐한안주

좁은 복도를 지나 실내로 들어오면 넓은 자리에 여러 테
이블과 커다란 술 냉장고가 있다. 전주의 젊은이들이 모
여 푸짐한 안주를 주문하고, 술을 직접 가져다 먹는 가맥
집이다.

📍 전북 전주시 완산구 전주객사2길 53 ⓟ 근처 민영주차장
📞 0507-1366-0905 🕐 화~일요일 17:00~02:00, 월요일
18:00~01:00 ₩ 닭강정 15,900원, 두부김치 15,900원, 맥주
4,500원 🏠 supersnail.modoo.at

레트로 감성 막걸리 펍
다가양조장

#막걸리맛집 #젊은감성 #객리단길맛집

다가양조장에서 새참을 시키면 보쌈과 골뱅이무침, 부침
개가 골고루 나온다. 전국의 맛있는 막걸리를 모아 두었
다. 볶음밥부터 국물까지 온갖 안주를 끊임없이 내어주는
서비스가 감동이다.

📍 전북 전주시 완산구 전주객사1길 5 ⓟ 근처 민영주차장
📞 063-231-5210 🕐 17:00~02:00(월요일 휴무)
₩ 밤막걸리 6,000원, 송명섭 막걸리 8,000원, 새참 33,000원
📷 @gong.vely

CITY
22

만경강이 꿀처럼 흐르는 풍요로운 땅
완주

대둔산과 모악산 같은 아름다운 산들이 에워싼 완주는 전주시를 동그랗게 품는다. 호남평야의
젖줄인 만경강이 굽이굽이 서해로 흘러가며 온갖 농작물들을 무럭무럭 키워낸다. 예부터 자연
이 풍요로운 땅이어서 그런지 구석구석 볼거리도 풍부하다.

잔잔한 풍경 속에서 잠시 힐링 　　　　　　　#뷰맛집 #완주핫플 #힐링카페

오스갤러리

오스갤러리는 오성제 저수지를 제집 마당처럼 끌어안은 갤러리이자 카페다. 타박타박 바닥돌을 즈려밟으며 초록 마당을 지나면 붉은 벽돌 건물과 모던한 회색빛 건물 입구가 보인다. 마당은 완주의 평온함을 끌어모아 풀어놓은 듯 여유롭다. 나른한 햇살과 시원한 바람을 맞으며 푸른 저수지를 바라보고 있으면 세상 부러울 것이 없다. 야외에 놓인 테이블에서 바라보는 물빛도 좋고, 실내에서 통유리 너머로 내다보는 정원도 근사하다. 계절별로 미묘한 운치를 느끼며 힐링할 수 있는 공간이다. 갤러리라는 이름에 걸맞게 실내의 한쪽 공간을 전시실로 오픈한다. 설치미술이나 조각, 사진과 회화작품까지 다양한 전시를 풀어낸다. 커피의 종류가 다양하고, 마리아쥬 프레르나 TWG 같은 차도 준비되어 있다.

📍전북 완주군 소양면 오도길 24 🅿 가능 📞 0507-1406-7116 🕐 일~목요일 09:30~18:00, 금·토요일 09:30~19:00
🅦 아메리카노 5,000~6,000원, 핸드 드립 커피 10,000원
📷 @os_gallery_

소양고택과 두베카페

소양고택은 고창과 무안에 있던 130년 된 고택 3채를 이축해서 고택 스테이를 운영한다. 고택 사이사이로 난 골목을 거닐며 오성한옥마을의 정취를 즐길 수 있다. 가장 높은 곳에는 180년 된 고택인 제월당이 있다. 문을 위로 올려 들어 마당에서 불어오는 바람을 맞이한다. 사랑채라 불리는 혜온당은 누마루가 있어 계절감을 만끽할 수 있다. 가희당, 후연당은 조용히 쉬기 좋다. 소양고택에서 운영하는 두베카페는 SNS에서 워낙 유명해진 장소여서 주말이면 사진을 찍으러 오는 사람들이 많다. 연못 위로 징검다리가 놓이고 열린 창문 너머 소나무가 인사를 한다. 모던한 건축물과 자연이 조화롭다. 카페 주위로 도심에서는 느낄 수 없는 한가로움이 가득하다. 카페 옆에는 플리커 책방이 있어 고택에 머무는 사람들에게 책을 대여해 준다.

📍 전북 완주군 소양면 송광수만로 472-23 🅿 가능 📞 0507-1438-5222 ⏰ 평일 10:00~18:50, 주말 10:00~18:30 ₩ 클래식 크림라테 8,500원, 시나몬애플티 9,000원 🏠 www.stayhanok.com

종남산 산자락이 연못을 수놓고

아원고택과 아원갤러리

오성한옥마을에서 가장 높은 곳에 자리 잡은 아원은 '우리들의 정원'이라는 뜻이다. 진주와 정읍의 고택을 옮겨 종남산 능선을 마주했다. BTS가 한복을 입고 화보를 촬영한 이후 더욱 유명해졌다. 아원고택에는 250년 된 한옥만 있는 게 아니라 현대적인 느낌의 미술관과 생활관이 함께 있다. 만사를 제쳐놓고 쉼을 얻는다는 만휴당은 다층적인 풍경을 가졌다. 연못에서 종남산에 이르는 시원한 풍경이 일품이다. 사랑채와 안채 뒤로는 누드 콘크리트로 지어진 별채가 있다. 별채 뒤로 아원갤러리까지 대나무 숲이 이어져 산책하기 좋다. 아원갤러리에서는 1년에 2~3번 현대미술초대전을 연다. 갤러리의 천장이 열리면 그랜드 피아노 옆의 실내 연못 위로 빛이 떨어진다. 고택에 머물지 않아도 갤러리를 감상하고 고택을 둘러볼 수 있다.

📍 전북 완주군 소양면 송광수만로 516-7 🅿 가능 📞 11:00~17:00 🕐 아원고택 12:00~16:00, 아원갤러리 11:00~17:00
₩ 입장료 1인 10,000원, 음료 2,000원 🏠 www.awon.kr

저수지 둘레길 걸으며 사진 여행
오성제와 BTS소나무

#사진여행 #힐링여행 #BTS성지

오성한옥마을로 올라가는 길에 오성제라
는 저수지가 위치한다. 저수지를 둘러싼
둑 위에 서면 푸른 물빛이 놀라울 만큼 청
명하다. 저수지 둘레길을 따라 한 바퀴 산
책할 수 있다. 입구에 서 있는 작은 소나무
는 2019년에 방탄소년단의 화보에 등장
한 후 BTS소나무라는 애칭을 얻었다.

📍전북 완주군 소양면 오도길 7 🅿가능

깊은 산속에 숨겨진 우리 문화재
위봉산성

#작은산성 #역사여행 #BTS화보촬영지

위봉산성은 전쟁이 발발하거나 위급한 상황에 전주
경기전에 모신 태조의 영정과 시조들의 위패를 피신
시키기 위해 세워졌다. 원래는 16km 길이에 높이가
4~5m정도인 큰 성이었으나 지금은 사진을 찍는 사
람들이 가끔 들를 뿐 3m 높이의 아치형 석문만이 덩
그러니 남아 있다.

📍전북 완주군 소양면 대흥리 산1-29 🅿가능
📞063-240-4224

시원한 폭포 소리 들으며 힐링
위봉폭포

#초록초록 #숲길산책 #걷기여행

완산 8경의 하나라는 위봉폭포는 상단이 50m에 가
깝고, 하단이 20m에 이르는 2단 폭포다. 주위의 풍경
이 아름답고 수려해 더운 날에 시원하게 운치를 즐기
기 좋다. 조선 후기의 판소리 명창인 권삼득이 이곳에
서 소리 연습을 하고 득음했다고 전한다.

📍전북 완주군 동상면 수만리 산51-1 🅿가능
📞063-243-8001

5만 여점의 유물과 술 문화 전시
대한민국 술테마박물관

#야외정원 #박물관나들이 #술빚기체험

박물관으로 입장하면 2015년에 박물관을 개관한 기념으로 전 세계의 술병 2015개를 쌓아올린 거대한 탑이 맞아준다. 우리 술의 역사나 지역별 소주, 주류광고 변천사 같은 전시가 자세하게 구현되어 흥미롭고, 노포와 호프집을 재현해둔 주점재현관에서 추억을 더듬는 재미가 있다. 체험관에서는 막걸리를 담그거나 막걸리 칵테일을 만들어보며 우리 술에 대해 배울 수 있다.

📍 전북 완주군 구이면 덕천전원길 232-58 🅿 가능
📞 063-290-3842 🕐 10:00~18:00, 11~2월 10:00~17:00(월요일 휴무) ₩ 성인 2,000원, 청소년 1,000원, 어린이 500원
🏠 www.sulmuseum.kr

삼례양곡창고의 의미 있는 변신
삼례문화예술촌

#문화재 #예술전시 #복합문화공간

1920년 일제강점기에 호남 지방의 쌀 수탈을 위해 만들어진 대규모 곡물창고가 복합문화단지로 탈바꿈했다. 오래된 농협 마크가 찍혀진 창고 내부는 고스란히 보존되어 미술 전시, 예술 공연, 문화 체험을 위한 공간으로 쓰인다. 야외에 전시된 작품 사이를 거닐며 사진 찍기 좋다.

📍 전북 완주군 삼례읍 삼례역로 81-13 🅿 가능 📞 063-290-3862 🕐 10:00~18:00(월요일 휴무) ₩ 무료
🏠 www.samnyecav.kr

비비정에서 내려다보는 옛 철도와 기차
비비정

#예쁜정자 #석양이예술 #비비낙안

만경강의 백사장에 날아든 기러기 떼가 무척이나 아름답다고 해서 완산8경의 하나로 '비비낙안'을 꼽는다. 비비정에서 내려다보는 드넓은 호남평야와 고요한 삼례천을 바라보면 마음이 평화로워진다. 이제는 폐선이 된 철도에 기차를 놓은 비비정예술열차가 옛 풍경을 재현한다.

📍 전북 완주군 삼례읍 비비정길 73-21 🅿 가능
📞 063-211-7788

대둔산구름다리

마천대

완주대둔산케이블카

케이블카를 타고 만나는 대둔산의 절경
완주대둔산케이블카

#완주여행 #출렁다리 #케이블카

삼선계단

대둔산에는 케이블카가 있어서 얼마나 좋은지 모르겠다. 등산을 좋아하는 사람이라면 상부 케이블카 승강장까지 30분이면 걸어올 수 있다지만, 케이블카를 타야만 대둔산의 기암절벽을 아래로 내려다보는 즐거움을 누릴 수 있다. 상부 케이블카 승강장에서 완주대둔산구름다리까지는 50m 정도 떨어져 있는데 오르막을 10분 정도 올라야 한다. 구름다리 위에 서면 정상인 마천대로 올라가는 삼선계단부터 아찔한 깊이의 계곡까지 대둔산의 매력을 모두 만날 수 있다. 구름다리에서 삼선계단까지도 10분이면 충분하다. 삼선계단은 일방통행이라서 한 번 발을 내딛으면 되돌아 내려올 수 없으니 손잡이를 꼭 잡고 위만 보며 오르자. 날씨가 좋으면 가뿐히 산 정상인 마천대에 올라 신선경을 만날 수 있다. 비오는 날과 겨울철에는 길이 미끄러우니 신발과 장비를 잘 갖추고 주의해서 다녀오자.

📍 전북 완주군 운주면 대둔산공원길 55 🅿 가능 📞 063-263-6621
🕐 09:00~17:00(20분 전 매표 마감) ₩ 왕복 성인 15,000원, 어린이 11,500원, 편도 성인 12,000원, 어린이 9,500원 🏠 daedunsancablecar.com

옛모습 그대로 말간 사찰
화암사

시인 안도현은 완주 화암사를 너무나 사랑한 나머지 〈화암사, 내 사랑〉이라는 시에서 찾아가는 길을 굳이 알려주고 싶지 않다고 썼다. 화암사는 찾아가기 어렵기로도 유명하고, 한 번 찾은 이는 그 매력에 푹 빠지기로도 유명하다. 화암사는 일주문이 없는 대신 8채의 건물이 견고하게 서로를 마주하고 섰다. 우화루를 받친 돌축대와 기둥은 고아하고, 백제 건축양식을 증명하는 하앙구조를 가진 극락전도 단아하다. 작지만 오래 들여다보고 싶어지는 당찬 절이다.

📍 전북 완주군 경천면 화암사길 271 🅿 가능 📞 063-261-7576

전통문화를 고려한 최초의 한옥성당
되재성당

1895년 지어진 되재성당은 서울의 약현성당에 이어 한국에서 두 번째로 지어진 성당이자, 첫 번째 한옥성당이다. 천주교 박해로 신자들이 험준한 되재를 넘어 산속으로 숨어들어 교우촌이 만들어졌고, 성당이 지어졌다. 남녀의 출입문이 다르고 중앙에 벽을 세워 남녀 자리를 구분했다. 장유유서의 전통에 따라 이용할 수 있는 문과 툇마루를 달리해 둔 건축물이 흥미롭다.

📍 전북 완주군 화산면 승치로 477 🅿 가능 📞 063-262-4171

군산에서 찍는 나만의 인생 영화
군산

호남평야에서 나는 쌀은 모두 이곳으로 흘러들었다는 말이 있을 만큼 군산은 예부터 쌀의 집산지였다. 일제 강점기에 군산항이 개항되면서 쌀 수탈의 전초 기지가 된 군산의 아픈 역사는 원도심의 근대 건축 유산들로 남아 시간 여행을 돕는다. 새만금방조제를 지나 고군산 군도를 달리면 흩어졌던 섬들이 하나의 이야기로 모인다.

기찻길 옆 오막살이
경암동 철길마을

#시간여행 #사진놀이 #SNS핫플

하루 두 번 화물 열차가 경암동을 가로질렀다. 느릿한 기차 앞에 역무원 세 명이 올라타고 다급히 호루라기를 불면 주민들은 분주하게 빨래를 걷고 화분을 들였다. 1944년 총길이 2.5km로 놓인 철길 위로 먼지를 풀풀 날리며 지나던 기차는 2008년에 운행을 멈췄다. 낡은 선로를 배경으로 향수를 자아내는 가게들이 하나둘 들어섰다. 태권브이 딱지와 종이 인형, 집집마다 한 세트씩 놓여 있던 못난이 인형과 팔각 성냥이 반갑다. 초원사진관을 그려 넣은 자석을 골라 기념품으로 챙긴다. 달콤한 달고나의 냄새가 선로를 따라 퍼져나간다. 옛 교복과 교련복에 사각형 책가방을 둘러메고 사진을 찍는다. 고무신을 신은 아이들도 신나라 뛰어다닌다.

📍 전북 군산시 경촌 4길 14 🅿 맞은편 이마트 군산점 주차장

드라마 촬영지로 더욱 유명한
이영춘 가옥

#문화유산 #드라마촬영지 #잠시산책

군산간호대학 교내에는 일제 강점기에 지은 가옥이 있다. 군산 지역에서 농민을 수탈하던 일본인 농장주 구마모토가 1920년대에 지은 건물이다. 외부는 유럽식, 평면 구조는 일본식, 응접실은 서양식, 온돌방은 한국식을 결합해 화려하게 지었다. 구마모토 농장의 의무실에 부임한 의학박사 이영춘이 해방 후 이곳에 머물며 농민들을 진료해 이영춘 가옥이라 부른다.

📍 전북 군산시 개정동 413-11 군산간호대학 내
🅿 가능 📞 063-452-8884 🕐 10:00~17:00, 브레이크 타임 12:00~13:00(월요일 휴무)

일제 강점기 수탈의 역사로 남다
신흥동 일본식 가옥

#사진여행 #시간여행 #히로쓰가옥

일제 강점기 군산의 신흥동에는 부유한 일본 유지들이 살았다. 히로쓰 가옥으로 널리 알려진 신흥동 일본식 가옥은 군산 지역의 유명한 포목상이었던 일본인 히로쓰가 지은 2층짜리 건물이다. ㄱ자 모양의 건물 사이에 석등을 놓고 일본식 정원을 꾸몄다. 당시 일본 상류층의 주택을 여실히 보여주는 온돌방, 부엌, 식당과 다다미방을 둘러보다 보면 좀처럼 씁쓸레함이 가시지 않는다.

📍 전북 군산시 구영1길 17 🅿 전북 군산시 신흥동 34-5 공영주차장 📞 063-454-3315 🕐 10:00~17:00, 가옥 내부 관람 불가(월요일 휴무)

©강진섭

서로에게 시간을 선물하는 곳
초원사진관

#그때그시절 #영화촬영지 #여름여행

허진호 감독이 사랑을 물은 영화 〈8월의 크리스마스〉의 배경이 바로 초원사진관이다. 순간을 포착한 사진을 오래도록 간직하는 상징적 공간이다. 차고였던 공간을 영화 제작진이 사진관으로 개조했고, 사진관 이름은 주인공인 배우 한석규가 지었다고 한다. 촬영 이후 철거되었던 초원사진관은 끊임없이 찾아오는 사람들 덕분에 다시 제 모습을 찾았다. 영화 속 주차요원의 자동차도 그대로 세워두었다.

📍전북 군산시 구영 2길 12-1 🅿️근처 골목길 주차

정성껏 끓여낸 소고기뭇국   #군산맛집 #해장국 #맛있다그램
한일옥

매일 새벽부터 뜨끈한 소고기뭇국을 먹기 위해 찾는 사람이 많다. 맑으면서도 구수한 소고기 국물을 내려면 오래오래 끓여야 함은 물론, 끓이는 동안 몇 시간이고 서서 핏물을 제거해야 한다. 이토록 정성이 가득 담기니 맛이 없을 수가. 사람이 많을 땐 2층에서 기다리는데, 옛 물건들이 건네는 소소한 이야기를 듣다 보면 지루할 틈이 없다.

📍전북 군산시 구영 3길 63 🅿️가능 📞063-446-5502
🕐06:00~21:30(명절 당일 휴무) ₩소고기뭇국 10,000원, 닭국 8,000원, 콩나물국 6,000원

아름다운 갤러리 카페
공감선유

#거리두기스폿 #포토존 #노키즈존

시내에서 남쪽으로 10km쯤 내려가는 한적한 마을에 조용한 카페를 겸한 갤러리가 자리 잡았다. 얕은 물이 메인 건물을 휘감으며 인스타그램 성지의 위용을 뽐낸다. 미술 작품을 전시한 첫 번째 건물에서 소원의 다리를 건너면 큰 창으로 빛이 쏟아지는 두 번째 건물이 이어진다. 그랜드피아노를 지나면 대나무 정원 앞 갤러리로 갈 수 있다. 공간들이 차분해 오래 머물기 좋다.

📍 전북 군산시 옥구읍 수왕새터길 53 **P** 가능
📞 063-468-5500 🕐 10:00~18:00(10세 미만 노키즈존) ₩ 문화 이용료 성인 10,000원, 청소년 8,000원(음료 1잔 포함)
📷 @gonggamsonyoo

단팥빵도 맛있고 야채빵도 맛있다
이성당

#빵지순례 #베이커리 #단팥빵맛집

전국의 빵집 순위를 매기면 몇 손가락 안에 꼽히는 군산의 명물. 본관과 신관 건물이 나란한데 이성당을 대표하는 단팥빵과 야채빵은 본관에서만 판다. 단팥빵의 팥소가 아주 적당하게 달아 여러 개를 먹어도 부담스럽지 않다. 야채빵의 채소는 더할 나위 없이 사각하고 고소하다.

📍 전북 군산시 중앙로 177 **P** 가능 📞 063-445-2772
🕐 평일 08:00~21:30, 주말 08:00~22:00 ₩ 단팥빵 2,000원, 야채빵 2,500원 🏠 www.leesungdang1945.com

줄서서 먹는 중국집
복성루

#짬뽕맛집 #잡채밥 #물짜장

언제 가더라도 줄을 서야 하는 군산의 유명한 중국집이다. 온갖 해물에 돼지고기를 더한 푸짐한 짬뽕과 춘장 대신 간장이 들어간 물짜장, 가장 먼저 매진되는 잡채밥이 인기 메뉴.

📍 전북 군산시 월명로 382 **P** 전라 군산시 미원동 336-14 공영주차장 📞 063-445-8412 🕐 10:00~16:00(일요일 휴무)
₩ 짜장면 7,000원, 물짜장 11,000원, 짬뽕밥 10,000원, 잡채밥 11,000원

신선도 반할 만한 풍경

#거리두기스팟 #신선경 #고군산열도

대장봉 정상

군산에서 새만금방조제를 따라 바다를 건너면 야미도, 신시도, 무녀도, 선유도를 지나 장자도에 도착한다. 여기서 끝이 아니다. 맨 끝에 있는 섬 대장도는 환경 보호를 위해 차량 통행을 금지해 장자도에서 타박타박 걸어가야 한다. 대장도의 꼭대기 대장봉은 해발 142m로 야트막해서 장자도에서 30~40분 걸으면 오를 수 있다. 바다 위로 고개를 내민 섬들에 안부를 전한다.

📍 전북 군산시 옥도면 대장도리 1 🅿 장자도 공영주차장(장자도 내 상권 10,000원 이상 이용 시 2시간 무료)

대장봉 정상에서 본 풍경

©강진섭

섬에서 누리는 아름다운 경치

#거리두기스팟 #장자도카페 #인스타핫플

카페 라파르

바다와 가깝게 앉아 망중한을 즐겨볼까. 바깥의 파라솔 자리도 좋고, 단정한 실내 자리도 좋다. 어디에 앉아도 푸른 바다와 섬마을의 풍경이 넘실거린다. 1층에서 2층으로 이어지는 층계 자리엔 창밖으로 관리도가 엽서처럼 담기고, 2층의 창에는 대장도로 가는 길이 파노라마처럼 펼쳐진다. 대장봉 정상을 오르내릴 때 잠시 들러 시원한 행복을 꾹꾹 눌러 담는다.

📍 전북 군산시 옥도면 장자도 2길 31 🅿 장자도 공영주차장(장자도 내 상권 10,000원 이상 이용 시 2시간 무료) 📞 0507-1423-8800
🕐 하절기 11:00~19:30, 동절기 10:00~19:30
🏷 라파르 크림라테 7,500원, 아메리카노 6,000원 📷 @cafe_la_phare

빼놓을 수 없는 근대 역사
광주

광주는 전주와 더불어 호남 지방의 중심 도시다. 느긋하고 구성진 노래
를 부르던 고장이지만 번개처럼 불의에 저항한 빛고을이었다. 동학농
민운동, 3·1운동, 광주학생항일운동에서 5·18민주화운동으로 이어진
광주의 빛, 광주의 정신을 따라 여행해보자.

눈이 부신 5월에는 광주에 가자
#거리두기스폿 #역사여행 #공원산책

5·18기념공원

5·18기념공원은 5·18기념문화센터, 광주학생교육문화회관, 무각사를 아우르는 넓은 공원이다. 공원에는 산책을 나온 시민들, 강아지를 데리고 나온 커플들이 여유롭다. 대동광장에서 분수대를 지나 계단을 오르면 우뚝 솟은 동상과 추모 공간이 맞이한다. 5·18민주화운동에 참여했던 시민들의 용기를 표현한 동상이 그날을 재현한다. 지하의 추모 공간에서는 빼곡한 희생자의 이름 앞에서 광주의 어머니를 만난다. 자식의 희생을 슬퍼하면서도 그가 민주화의 밑거름이 되기를 희망하는 어머니의 마음이 애처롭다. 평화롭고 자유롭게 광주를 여행할 수 있다는 사실이 새삼 감사하다. 지상으로 올라오면 따뜻한 햇살이 울컥 쏟아져 내린다.

📍 광주시 서구 상무민주로 61 🅿 가능 📞 062-376-5197

양림동을 대표하는 근대 건축물

우일선 선교사 사택

#거리두기스폿 #피크닉 #사진여행

광주의 선교사들은 양림동 언덕에 모여 살면서 의료 선교에서 민주화운동까지 광주의 근대사를 함께 겪었다. 선교사 윌슨은 광주기독병원 원장으로 부임하며 우일선이라는 한국 이름을 얻었다. 1920년대에 지은 선교사 사택은 광주에서 가장 오래된 서양식 주택이다. 이국적인 분위기의 건물을 배경으로 잔디밭에서 피크닉을 즐기거나 사진을 찍는 사람들이 찾아온다.

◆ 광주시 남구 양림동 226-25 ℗ 양림동 공영주차장 혹은 양림동 행정복지센터 주차장 ☏ 062-607-2311

무인 운영 선교사 사택

허철선 선교사 사택

#역사여행 #느린여행 #시위대의피신처

찰스 헌틀리, 한국 이름 허철선 선교사는 5·18민주화운동 당시 광주기독교병원의 원목으로서 시민군을 돕는 한편 참혹했던 현장 사진을 찍어 해외에 타전했다. 사택에는 그가 사진을 인화했던 암실이 공개되어 있으나 당시에 찍은 사진이 전시되지 않아 아쉽다.

◆ 광주시 남구 제중로47번길 22-22 ℗ 양림동 공영주차장 혹은 양림동 행정복지센터 주차장

아름다운 벽돌 건축물

오웬기념각

#거리두기스폿 #사진여행 #예쁜건물

광주에서 선교사로 의료 봉사를 하던 오웬 선교사를 기리는 중후한 건물이다. 기독간호대학교와 광주양림교회 사이에 있다. 대학교 건물 1층의 커피숍과 마당을 공유해 고즈넉하다.

◆ 광주시 남구 백서로70번길 6 ℗ 양림동 공영주차장 혹은 광주양림교회 주차장 ☏ 062-650-7647

양림동 커피 맛은 나야 나
육각커피

#맛있는커피 #카페그램 #사진맛집

선교사 사택과 펭귄마을로 유명한 양림동에 규모가 크고 화려한 카페들이 늘어나는 중이지만, 길모퉁이에 자리 잡은 육각커피는 단정한 차림으로 손님을 끌어당긴다. 문 앞의 작은 마당에는 하늘거리는 꽃무더기와 벤치가 놓여 포토존 역할을 톡톡히 한다. 광주에서 제일 맛있는 커피를 만들겠다는 주인의 야심에 호응하듯 커피를 주문하는 사람들이 줄을 잇는다.

📍 광주시 남구 제중로47번길 2 🅿 양림동 공영주차장 혹은 양림동 행정복지센터 주차장 📞 062-671-8241 🕐 평일 08:30~19:30, 주말 08:30~20:00 ₩ 육각코코넛커피 6,800원, 비엔나커피 6,000원, 피크닉 세트 2인 2시간 18,000원 📷 @6kcoffee

전통과 현대의 만남
1913 송정역시장

#시장구경 #광주여행 #맛집탐방

송정역 옆에 자리한 작은 재래시장이었는데 전통적인 모습에 현대적인 감각을 더해 리모델링한 이후 광주의 핫플레이스로 재탄생했다. 어르신들이 단골로 다녀가는 오래된 국밥집과 국숫집이 그대로 남아 있고, 젊은이들이 좋아하는 수제 맥주와 라멘집, 광주의 명물 상추튀김, 기념품 가게가 들어섰다. 흥겨운 시장이 낮에도, 밤에도 북적거린다.

📍 광주시 광산구 송정로8번길 13 🅿 1913 송정역시장 주차 타워 📞 062-942-1914 🕐 월~목요일 11:00~22:00, 금~일요일 11:00~23:00(둘째·넷째 월요일 휴무)

볼거리가 쏠쏠한 문화 마을

양림동 펭귄마을

#거리두기스폿 #정크아트 #문화마을

정크 아트로 가득한 마을에 생기가 넘친다. 정크 아트란 버려진 물건을 재활용해 만드는 예술을 뜻한다. 마을의 촌장은 허물어져 가는 빈집에 쓰레기가 쌓이자 깨끗이 치우고 텃밭을 가꾸어 마을 사람들과 결실을 나누었다. 이 마을에 교통사고로 걸음이 불편한 어르신이 사셨는데, 펭귄처럼 뒤뚱거리며 걷는 모습이 귀여워 공동 텃밭의 이름을 펭귄텃밭이라 불렀다. 마을 주민들의 밝은 에너지는 작은 펭귄텃밭을 거대한 펭귄마을로 일궈냈다. 이제 펭귄마을에는 전시실과 오픈 스튜디오를 갖춘 공예 거리도 있고, 펭귄주막, 펭귄사진관, 펭귄창작소, 펭귄빵카페, 산뜻한 공중화장실도 있다. 펭귄마을에 펭귄이 몇 마리나 사는지 신나게 둘러보자.

📍 광주시 남구 천변좌로446번길 7 🅿 양림동 공영주차장 혹은 양림동 행정복지센터 주차장 📞 062-674-5705

TIP 말 못 할 고민이 있다면 비밀 우체통

양림동 펭귄마을과 1913 송정역시장 중앙광장에는 '사막여우 비밀우체국'이 있다. 친구 문제, 직장 문제 같은 말 못 할 고민을 적어 비밀 우체통에 넣으면 자원활동가가 정성껏 답장을 해준다. 지난 5년간 수천 명에게 위로를 전했다. 잊지 말고 답장 받을 주소를 꼭 적어서 보내자.

두툼한 와규와 쫄깃한 관자

솔밭솥밥

#광주맛집 #동리단길 #맛스타그램

광주 원도심인 동명동은 2015년 국립아시아문화전당이 개관하면서 핫한 카페 거리가 되었다. 솔밭솥밥은 이런 '동리단길' 카페 거리의 중심에서 약간 떨어져 있는 밥집이지만 맛있는 솥밥을 먹고 싶은 사람들이 끼니때마다 줄을 선다. 주문과 동시에 밥을 앉히기 때문에 대기 시간이 생기지만, 친절한 안내와 맛있는 솥밥 덕분에 기다리는 시간이 아깝지 않다. 밥을 푼 다음 솥에 육수를 부어 남김없이 먹고 오자.

📍 광주시 동구 동명로 9-5 1층 🅿 전남여고 뒤 노상 공영주차장 📞 070-8844-2998 🕐 11:30~21:00, 브레이크 타임 15:00~17:00 ₩ 스테이크솥밥 17,000원, 전복솥밥 17,000원 📷 @solbatsotbob

바텐더의 손맛을 느끼는 칵테일바

비비드

#동명동카페거리 #카페그램 #SNS핫플

동명동의 핫플레이스였던 비비드 카페가 매장 내 리모델링을 마치고 저녁에만 문을 여는 칵테일바로 돌아왔다. 인테리어는 여전히 근사하고, 칵테일은 수준급이다. 바텐더의 자부심을 느낄 수 있는 칵테일만큼 안주도 다양하고 맛있다.

📍 광주시 동구 동계천로 124 🅿 중앙도서관 공영주차장 혹은 동명3 공영주차장 📞 062-229-7896 🕐 17:00~03:00 ₩ 마이타이펀치 13,000원, 모둠 소시지 18,000원 📷 @vivid_2018_

CITY
25

초록이 가득한 힐링 여행지
담양

담양은 대나무의 고장이다. 숨겨진 비경마다 정자를 하나씩 품고 물소리와 새소리에 젖어드는
선비의 고장이기도 하다. 정자에 앉아 시를 짓던 은둔 선비처럼 카페에 앉아 쏟아지는 햇살과 대
나무를 스치는 바람을 맞으며 여유를 만끽해보자

©윤유섭

대나무 숲을 어루만지는 초록빛 손길

#거리두기스폿 #낭만산책 #사진여행

죽녹원

한순간도 한눈팔지 않고 하늘을 향해 뻗어 올라간 대나무의 곧은 자태를 마주하면, 옛 선비들이 사랑했던 군자의 모습이 그려진다. 대밭으로 한 줄기 바람이 불어오면 차르르르 댓잎 부딪치는 싱그러운 소리에 마음까지 시원하다. 담양의 죽녹원은 약 16만㎡의 울창한 대숲이다. 빽빽하게 들어선 대나무 숲길이 2km 넘도록 이어진다. 운수대통길, 죽마고우길, 철학자의 길처럼 굽이굽이마다 독특한 이름이 붙어 있어 걷는 시간이 지루하지 않다. 죽녹원은 여름에도 서늘한 온도를 유지해 걷기 좋다. 연인과 함께라면 사랑이 변치 않는 길을, 오래된 친구와 함께라면 추억의 샛길을 걸으며 도란도란 이야기를 나누어 보자.

©윤유섭

©윤유섭

📍 전남 담양군 담양읍 죽녹원로 119 🅿 가능
📞 061-380-2680 🕐 09:00~19:00, 동절기 09:00~18:00
₩ 성인 3,000원, 청소년·군인 1,500원, 어린이 1,000원
🏠 www.juknokwon.go.kr

오래된 나무의 숨결 따라
담양 메타세쿼이아길

#거리두기스폿 #담양가로수길 #사진여행

담양 메타세쿼이아길은 우리나라에서 아름답기로 손꼽히던 가로수길이었다. 1974년에 도로 양옆으로 빼곡하게 심은 메타세쿼이아가 30~40m의 높이로 자라 2km 남짓 싱그러움을 연다. 옛 가로수길 옆으로 넓은 도로를 새로 내면서 기존 메타세쿼이아길이 관광지로 거듭났다. 메타프로방스, 어린이프로방스, 개구리생태공원 등을 함께 둘러볼 수 있다.

📍전남 담양군 담양읍 학동리 633 🅿 메타세쿼이아랜드 주차장 📞061-380-3149 🕐09:00~18:00 ₩ 성인 2,000원, 청소년·군인 1,000원, 어린이 700원

ⓒ윤유섭

영산강변에서 맛보는 국수 한 그릇
담양 국수 거리

#국수맛집 #국수거리 #담양맛집

영산강을 마주한 경치 좋은 곳에 국수 거리가 펼쳐진다. 천변에 10개가 넘는 국수 가게가 늘어서 성업 중이다. 멸치 국물에 말아주는 잔치국수, 고소한 콩국수, 매콤한 열무국수, 부드러운 칼국수도 맛있지만 담양에서만 먹을 수 있는 댓잎국수나 죽순국수를 먹어보자. 죽순닭국수는 닭 육수로 끓인 진하고 담백한 국물과 부드러운 면, 아삭한 죽순의 식감이 어우러진 별미다.

죽순닭국수
📍전남 담양군 담양읍 객사 3길 15 🅿 가능
📞0507-1343-3201 🕐10:00~20:00
₩ 죽순닭국수 6,000원, 죽순비빔닭국수 7,000원, 죽순초계국수 8,000원

도가적인 삶을 추구했던 선비들의 정원
소쇄원

#거리두기스팟 #미적감각 #무릉도원

양산보는 스승 조광조가 유배지에서 사약을 받자 충격을 받아 고향으로 낙향했다. 은둔하던 선비는 소쇄원을 지어 이상향을 꿈꾸었다. 봉황을 기다리는 정자인 대봉대, 양반들도 겸손하게 지나던 통나무 다리, 방과 대청마루가 붙어 주인이 조용히 독서를 하던 제월당, 개울물 소리가 들려오는 사랑방인 광풍각, 너른 바위에서 물길을 내는 통나무 홈통, 소쇄원 안의 모든 조경물이 조화롭다. 아름다운 풍광을 담아낸 원림이자 문학적 감성을 자아내는 정원에 송순, 정철, 송시열, 기대승 같은 당대 최고의 선비들이 모여들어 풍류를 즐겼다. 500년의 세월이 지났지만 자연과 어우러지는 소쇄원의 빼어난 미적 감각은 여전히 현대인들을 사로잡는다.

📍 전남 담양군 가사문학면 소쇄원길 17 🅿 가능 📞 061-381-0115
🕐 09:00~18:00, 11~2월 09:00~17:00, 5~8월 09:00~19:00
🏧 성인 2,000원, 청소년 1,000원, 어린이 700원
🏠 www.soswaewon.co.kr

제월당

광풍각

당대의 시인이 사랑했던 정자
송강정

#송강정철 #작은정자 #문학기행

송강 정철은 무등산이 보이는 작은 언덕에 초막을 짓고 죽록정이라 불렀다. 가사문학의 대가였던 정철은 이곳에서 지내는 동안 〈사미인곡〉과 〈속미인곡〉 같은 문학 작품을 남겼다. 후손들이 언덕에 소나무를 심고 정자를 지어 송강정이라는 현판을 달았다. 언덕 위 정자에 앉으면 정쟁과 풍류를 시로 풀어낸 옛 선비의 마음이 그려져 허허롭다.

📍 전남 담양군 고서면 송강정로 232 🅿 가능 📞 061-380-3151

대나무 숲을 그대로 품은
카페 림

#분위기좋은 #담양카페 #인스타핫플

작은 연못에 잔물결이 일면 벽에 비친 댓잎의 그림자가 윤슬처럼 흔들린다. 1층과 2층 모두 고급스러운 소파를 널찍하게 배치해 오래 머물러도 편안하다. 정원의 대숲에서 새소리를 들으며 앉아 있어도 좋고, 층고가 높은 2층에 앉아 통유리 밖 경치를 감상해도 좋다. 멋진 인테리어만큼 직접 만든 베이커리와 친절한 주인도 오래 기억에 남는다.

📍 전남 담양군 봉산면 송강정로 192 🅿 가능 📞 070-4070-0996
🕐 11:00~21:00(일요일 휴무) ₩ 아메리카노 5,000원, 카페라테 5,500원
📷 @limmcoffee

구름 탄 청학이 천 리를 가리라
면앙정

#면앙정가 #송순 #대나무숲

조선시대 문신이자 〈면앙정가〉를 지은 송순이 벼슬에서 물러난 후 후학을 가르치며 여생을 보낸 정자다. 원래 정자는 임진왜란 때 파괴됐고 지금의 정자는 후손들이 다시 지은 것이다. 대나무가 빽빽하게 우거진 숲을 지나 작은 언덕에 오르면 방 한 칸이 딸린 간소한 정자가 오도카니 서 있다. 당대의 명사들과 시인들이 면앙정의 풍류를 흠모하며 자주 출입했다고 한다.

◉ 전남 담양군 봉산면 면앙정로 382-11 ℗ 가능 ☎ 061-380-3151

사진 찍기 좋은 크로플 맛집
옥담

#사진맛집 #브런치 #담양카페

가로로 길게 세운 건물 앞으로 넓은 연못을 조성해 분위기 좋은 카페다. 어두워지면 건물을 배경으로 예쁜 사진을 찍으라고 인물용 야외 조명도 설치했다. 1층 실내는 칸막이를 설치하고 테이블을 두어 공간이 프라이빗하고, 2층에는 실내 공간과 루프톱이 있어 탁 트인 전망을 내려다볼 수 있다. 화창한 날이면 넓은 야외 자리가 꽉 찬다.

◉ 전남 담양군 봉산면 연산길 89-11 ℗ 가능 ☎ 0507-1440-8998
🕐 10:30~21:00 ₩ 아메리카노 7,000원, 따뜻한 크로플 세트 18,000원

춘향과 몽룡의 사랑 이야기
남원

성춘향과 이몽룡의 사랑 이야기가 아름답게 피어나는 남원. 《춘향전》의 배경으로 유명한 광한
루원, 남원관광단지에 조성된 춘향테마파크, 춘향이의 절개를 기리는 춘향묘가 고전의 생명력
을 전한다. 남원과 맞닿은 지리산의 둘레길과 구룡계곡까지 놓치지 말고 둘러보자.

성춘향과 이몽룡의 사랑 이야기
광한루원

#거리두기스폿 #낭만여행 #봄나들이

싱그러운 잎을 물가에 드리운 버드나무도, 어린아이 키만큼 자란 잉어들도 광한루원에 운치를 더한다. 광한루원은 조선 시대에 지방 관아에서 조성한 대표적인 관아 정원이다. 경회루, 촉석루, 부벽루와 함께 우리나라의 4대 누각으로 꼽히는 광한루원은 척 보아도 만듦새가 뛰어나다. 은하수를 상징하는 연못 안에 삼신도를 만들어 한 섬에는 대나무, 한 섬에는 백일홍을 심고, 한 섬에는 연정을 지었다. 연못을 가로지르는 오작교는 견우와 직녀의 사랑을 이어주는 다리이자 춘향이와 몽룡의 사랑을 이어주는 상징이다. 일 년에 한 번 오작교를 밟으면 부부의 금슬이 좋아진다고 한다. 드라마와 예능을 아우르는 인기 있는 촬영지이기도 하다.

📍 전북 남원시 요천로 1447 광한루 🅿 가능 📞 063-620-8907 🕐 08:00~21:00, 11~3월 08:00~20:00 ₩ 성인 4,000원, 청소년·군인 2,000원, 어린이 1,500원 🏠 www.gwanghallu.or.kr

광나루원 건너편 대형 테마파크
춘향테마파크와 남원향토박물관

#스토리텔링 #테마여행 #영화촬영지

> TIP **남원 연계 관광**

남원의 대표 관광지를 함께 여행할 계획이라면 연계 할인 혜택을 받아보자. 춘향테마파크에서는 광한루원, 항공우주천문대, 백두대간 생태교육장 전시실을 같은 날 둘러볼 경우 입장권 소지자에 한해 성인 1,800원, 청소년·군인 1,500원, 어린이 1,200원으로 입장료를 할인해준다.

춘향테마파크는 3만 5,000평 규모의 공간을 오로지 《춘향전》을 소재로 꾸민 관광지로, 영화 〈춘향뎐〉과 드라마 〈쾌걸춘향〉 등을 촬영한 곳이기도 하다. 춘향과 몽룡의 사랑의 맹세가 담긴 옥가락지 조형물을 통과하면 춘향의 엄마가 살던 월매집, 춘향과 몽룡이 첫날밤을 보낸 부용당을 구경할 수 있다. 단심정에 오르면 남원의 경치가 한눈에 들어온다. 남원향토박물관은 춘향테마파크 내부에 있는데 남원성 전투 영상, 남원의 명창 등 남원의 문화를 이해할 수 있는 다양한 문화유산이 잘 정리되어 있다.

📍 전북 남원시 양림길 43 ⓟ 가능 📞 063-620-5799 🕐 춘향테마파크 09:00~22:00, 11~3월 09:00~21:00, 남원향토박물관 09:00~18:00(남원향토박물관 월요일 휴관) ₩ 성인 3,000원, 청소년·군인 2,500원, 어린이 2,000원 🏠 www.namwontheme.or.kr

춘향이가 실제 인물은 아니지만요

춘향묘와 육모정

#거리두기스폿 #춘향의무덤 #사진놀이

춘향묘는 남원시에서 조성한 성춘향의 무덤이다. 춘향이라는 소설 속 주인공을 위해 상징적으로 만든 가묘지만 여기서 제사도 지내고 축제도 벌인다. 춘향묘 근처에 자리한 육모정은 약 400년 전 용소 앞 널따란 바위 위에 6각형 모양으로 지은 정자다. 아래쪽에 펼쳐진 구룡폭포 제2곡을 지나면 건너편에 용호정이 있다. 시원한 경치를 바라보며 풍류를 즐겼을 옛 선비들이 살짝 부러워진다.

📍 전북 남원시 주천면 호경리 16-5
🅿 가능

아홉 마리의 용이 승천한 폭포

구룡폭포

#거리두기스폿 #지리산절경 #출렁다리
육모정에서 한없이 내려가다 보면 물소리가 폭풍처럼 몰아친다. 엄청난 물살 위로 출렁거리는 다리를 건너면 아찔하다. 아홉 마리의 용이 내려와 아홉 군데 폭포에서 각기 노닐다가 다시 승천했다는 구룡계곡은 백문이 불여일견, 하늘의 용도 반할 만한 위용이다.

📍 전북 남원시 주천면 고기리 산 33-1 🅿 가능 📞 063-625-8911

원기회복에 좋은 얼큰한 추어탕

추어탕과 추어숙회

#남원추어탕 #남원맛집 #추어탕맛집
광한루원 앞에 추어탕 거리가 조성되어 있다. 택시 기사님들의 정보에 따르면 남원에서는 새집추어탕, 월매추어탕, 현식당이 맛집이라고 한다. 새집추어탕에 가면 추어숙회와 추어튀김까지 맛볼 수 있다.

새집추어탕 📍 전북 남원시 천거길 9 🅿 가능 📞 063-625-2443 🕘 09:00~20:30 ₩ 추어탕 12,000원, 추어숙회 40,000원, 미꾸리깻잎말이튀김 반접시 10,000원

갈대밭에 이는 바람이 생각날 때
순천

소리 없이 불어오는 바람에 갈대가 간지럽다며 몸을 흔든다. 사르락거리는 갈대의 웃음소리가 퍼져나가면 조선시대의 낙안읍성, 1960년대의 순천 읍내, 1980년대의 봉천동을 지나 꿈을 담은 청춘창고와 브루웍스, 세계의 정원까지 온 순천이 황금빛으로 물든다.

©윤우섭

황금빛 일렁이는 갈대밭

순천만습지

#거리두기스폿 #가을여행 #사진여행

머리 꼭대기에 햇살 한 줌 이고 바람의 리듬에 맞춰 춤을 추는 갈대는 유혹적이다. 갈대밭 사이로 놓인 산책로를 따라 가을 속으로 걸어 들어간다. 순천 시내를 지나던 물이 바다로 흘러가기까지 3km에 이르는 물길 양쪽으로 빽빽한 갈대 군락이 펼쳐진다. 갈대밭 사이로 보이는 뻘 위를 부지런히 걷는 농게나 칠게도 반갑다. 여름에는 갯벌에서 노는 짱뚱어와 칠게를 만나고, 겨울이면 200여 종의 철새 군무를 만난다. 순천만습지 탐사선을 타면 갈대를 벗 삼아 먹이를 잡는 흑두루미와 왜가리를 볼 수 있다. 해질 무렵 용산 전망대에서 내려다보는 순천만의 일몰은 남도에서 볼 수 있는 가장 황홀한 장면으로 손꼽힌다.

★ 2024년 1월 현재 용산 전망대 신축 공사로 폐쇄,
　보조 전망대만 개방 중

📍 전남 순천시 순천만길 513-25 🅿 소형 3,000원, 대형 5,000원 📞 061-749-6052 🕗 08:00~일몰 ₩ 성인 7,000원, 청소년 5,000원, 어린이 3,000원 🏠 scbay.suncheon.go.kr

©윤우섭

소풍 가기 좋은 드넓은 정원
순천만국가정원

#거리두기스폿 #정원산책 #국가정원

순천만국가정원은 면적이 약 90만㎡에 이르며 국가별, 테마별 공원이 조성되어 있다. 워낙 넓어 관람 코스가 1시간부터 4시간 짜리까지 있으니 원하는 코스를 선택해 천천히 둘러보자. 세계의 전통 정원에는 한국정원을 비롯해 몽골정원, 터키정원, 프랑스정원 등 각국의 개성을 담은 13개의 정원이 펼쳐진다. 무궁화정원, 꿈틀정원, 미로정원 같은 14개의 테마 정원도 근사하다. 호수정원과 봉화언덕은 사진 찍는 사람들의 필수 코스. 수목원 전망지에 오르면 순천만국가정원의 풍경뿐만 아니라 멀리 지리산까지 내다보인다. 국가정원 1호라는 명성에 걸맞은 경치다. 식당과 카페, 매점이 들어서 하루 종일 편하게 소풍 삼아 다녀올 수 있다.

★ 2024년 1월 현재 재정비를 위해 임시 휴업 중

📍 전남 순천시 국가정원1호길 47 🅿 가능 📞 1577-2013 🕐 4·5·9·10월 09:00~21:00, 6~8월 09:00~22:00(1시간 전 입장 마감) ₩ 입장료 성인 15,000원, 청소년 12,000원, 어린이 8,000원/ 스카이큐브 왕복 성인·청소년 8,000원, 어린이 6,000원/ 갈대열차 성인 3,000원, 청소년 2,000원, 어린이 1,000원(스카이큐브 티켓 소지자 무료), 당일 순천만습지 관람 가능 🏠 scbay.suncheon.go.kr

조선시대의 생활상이 그대로
낙안읍성 민속마을

#거리두기스폿 #초가집풍경 #민속마을

초가집들이 둥그런 머리를 맞대고 옹기종기 모여 있는 모습이 정겹다. 구불구불 곡선으로 이어지는 돌담 위에도 이엉을 얹었다. 낙안읍성은 산으로 이어지는 다른 읍성과 달리 평지에 3~5m의 흙과 돌을 쌓아 올린 조선시대의 성이다. 낮은 성벽 위로 걸으며 지금도 200명의 주민이 거주하는 고즈넉한 옛 마을을 살핀다. 다양한 전통 체험이 가능하며 주막에서 요기도 할 수 있다.

📍 전남 순천시 낙안면 쌍청루길 157-3 🅿 가능 📞 061-749-8831 🕐 2·3·4·10월 09:00~18:00, 5~9월 08:30~18:30, 11~1월 09:00~17:30 ₩ 성인 4,000원, 청소년·군인 2,500원, 어린이 1,500원 🏠 nagan.suncheon.go.kr

©강진섭

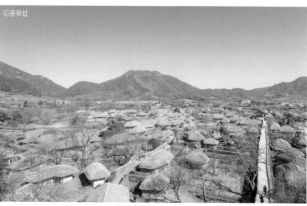

©윤유섭

ⓒ윤유섭

드라마 속 주인공이 되는 곳
순천드라마촬영장

#거리두기스폿 #교복체험 #사진여행

드라마 〈사랑과 야망〉, 〈눈이 부시게〉, 영화 〈말모이〉, 〈마약왕〉 등 수많은 드라마와 영화를 이곳에서 촬영했다. 옥천 냇가를 끼고 1960년대 순천 읍내 배경으로 식사도 하고 달고나도 만들어본다. 시계방과 롤러장, 극장이 들어선 1980년대 서울 번화가에서는 교복을 대여해준다. 서울 봉천동의 달동네를 재현한 판자촌 골목을 걸으면 TV 속 주인공이 된 듯하다.

📍전남 순천시 비례골길 24 🅿가능 📞061-749-4003
🕐09:00~18:00(입장 마감 17:00) ₩성인 3,000원, 청소년 2,000원, 어린이 1,000원

젊은 공간으로 변신한 양곡 창고
청춘창고

#순천역근처 #문화공간 #공연장

1945년에 지어 정부의 양곡을 보관하던 창고가 청년들의 창업을 돕는 세련된 문화 공간으로 탈바꿈했다. 1층과 2층을 아우르는 거대한 공연장을 둘러싸고 1층에는 카페와 식당, 2층에는 손수 만드는 공예품 매장이 있다. 공연장에서는 다양한 공연이 수시로 열리고, 매장마다 독특한 체험 프로그램과 원데이 클래스를 운영한다.

📍 전남 순천시 역전길 34 🅿 가능 📞 061-746-9697 🕐 11:30~21:00(가게별 상이, 수요일 휴무) 📷 @youthstore_2023

커피와 브런치 혹은 수제 맥주
브루웍스와 순천양조장

#순천역근처 #인스타핫플 #카페그램

곡물 보관 창고였던 건물에 새로운 이야기를 입혔다. 카페 건물로 들어서면 곳곳에 자리한 올드카가 시선을 끌고, 벽을 둘러싼 기계 부품과 어둑한 조명이 인더스트리얼한 느낌을 물씬 풍긴다. 양곡을 나르던 컨베이어 벨트마저 테이블로 활용한 센스가 놀랍다. 브루웍스에서는 직접 로스팅한 카카오로 만든 카카오라테를 마셔볼 것. 브루웍스에서 운영하는 바로 옆 순천양조장 건물에서는 브런치와 다양한 수제 맥주를 즐길 수 있다.

순천양조장

📍 전남 순천시 역전길 57 🅿 맞은편 농협 주차장 📞 0507-1351-2545 🕐 월~금요일 16:00~24:00, 토요일 10:30~24:00, 일요일 10:30~23:00, 주말 브레이크 타임 14:30~16:00 (맥주 주문 가능, 월요일 휴무) 🏧 순천특별시 7,500원, 월등 11,000원, 샘플러 15,000원 📷 @suncheon_brewery

브루웍스

📍 전남 순천시 역전길 61 🅿 맞은편 농협 주차장 📞 0507-1334-2545 🕐 10:00~22:00 🏧 카카오라테 6,500원, 더치커피아이스 5,900원 🏠 brewworks.kr

순천양조장

브루웍스

무려 돼지고기 수육이 서비스

#순천웃장 #시장구경 #국밥맛집

순천 웃장의 국밥 골목

순천에는 웃장, 아랫장, 중앙시장까지 여러 재래시장이 있다. 순천의 아랫장은 전국에서 열리는 5일장 중 가장 규모가 큰 호남 최대의 재래시장으로, 2와 7로 끝나는 날에 장이 선다. 5와 10으로 끝나는 날에 장이 서는 웃장은 토속 음식으로 유명하다. 순천 웃장의 1층은 돼지국밥 골목이고 2층은 청년몰인 청춘웃장이다. 순천에서 국밥을 먹을 때는 웃장의 국밥 골목으로 가자. 웃장에서는 돼지국밥을 시키면 국밥보다 먼저 막 삶은 따끈한 수육을 서비스로 준다. 동네 단골들이 끊임없이 드나드는 이유가 있다. 인원수에 맞춰 푸짐하게 수육을 내어주는 인심 덕분에 순천에 가면 웃장부터 찾게 된다.

웃장의 향촌식당 ♥ 전남 순천시 북문길 40 Ｐ 가능
☎ 061-752-2522 ◐ 08:00~20:00, 평일 브레이크 타임 14:30~15:30, 주말 브레이크 타임 15:00~16:00(수요일 휴무) ₩ 국밥 9,000원, 옛날순대국밥 10,000원, 수육(중) 20,000원

너와 함께 걷고 싶은 바다
여수

여수 바닷가에선 파도가 낭만의 노래를 부른다. 상쾌한 바닷바람이 불어오는 해안선을 따라 걷다가 케이블카도 타고, 루지도 타보자. 게장백반과 선어회, 장어탕을 한번 맛보고 나면 벚꽃이 피고 질 때마다 여수가 그리울 테다.

여수를 가장 멋지게
여행하는 방법

01
하늘에서, 섬에서, 절에서
여수 바다 즐기기

02
'여수 밤바다' 들으며
검은 해변 걷기

03
백반부터 삼합까지
안 먹으면 후회할 맛!

여수의 푸른 바다를 즐기는 방법

케이블카를 타고 여수 앞바다를 내려다보거나 스카이타워에 올라 오동도를 배경으로
인생 사진을 찍어도 좋다. 여수 예술랜드 앞 카페에서 통유리 너머로 만나는 바다도 그윽하다.
날씨만 좋다면 매일 아침 향일암에 오르고 싶을 정도로 여수의 바다는 무척이나 찬란하다.

시속 40km의 속도감을 즐겨요

유월드 루지 테마파크

#아이와함께 #커플여행 #액티비티

바퀴 달린 썰매를 타는 기분이 이렇게 좋을 줄이야! 지상에서 7m 높이로 세운 1.3km의 트랙을 달리면 저 멀리 여수 앞바다까지 날아갈 듯 가슴이 두근거린다. 커브에서 적절하게 속도를 제어하고, 다른 이용자와 부딪치지 않도록 주의하면서 스릴을 즐겨보자. 종점에 도착하면 리프트를 타고 탑승장으로 다시 올라가는 재미도 쏠쏠하다. 루지 외에도 실내 키즈 카페인 쥬라기 어드벤처, 야외 놀이공원인 다이노밸리를 운영해 아이와 함께 놀러 가기 좋다. 이용하는 공간과 루지 이용 횟수에 따라 요금이 달라진다. 날씨에 따라 루지 탑승과 다이노밸리 입장이 제한될 수 있으니 방문 전 홈페이지에서 확인하자.

📍 전남 여수시 소라면 안심산길 155 🅿 가능 📞 0507-1368-6000 🕐 10:00~19:00 ₩ 초등학생 이상 루지 2회권 23,900원, 3회권 26,900원, 5회권 31,900원/ 미취학 아동 2회권 13,900원, 3회권 16,900원, 5회권 23,900원 🏠 www.u-world.kr

맑은 날 여수 여행의 즐거움
여수 해상케이블카

#뷰맛집 #여수바다 #낭만여행

여수 바다는 형용할 수 없는 푸르름이 넘실댄다. 그 바다를 내려다보며 케이블카를 타는 기분이 환상적이다. 중앙동의 이순신광장, 알록달록한 고소동의 벽화 거리, 여수해양공원과 빨간 하멜 등대가 여수의 물빛을 배경으로 영화처럼 펼쳐진다. 돌산대교와 장군도, 거북선대교 아래 크고 작은 배들이 바다로 흘러간다. 돌산 탑승장에서는 돌산공원을 산책하며 여수의 석양을 감상할 수 있고, 자산 탑승장에서는 일출정에 올라 오동도 앞 남해를 내려다볼 수 있다. 자산 탑승장에서는 오동도까지 걸어서 다녀올 수도 있다. 낮이든 밤이든 맑은 날을 콕 집어 여수의 낭만적인 바다를 근사하게 즐겨보자.

📍 (돌산 탑승장) 전남 여수시 돌산로 3600-1, (자산 탑승장) 전남 여수시 오동도로 116
🅿 가능 📞 061-664-7301 🕐 09:30~21:30(왕복 1시간 전 탑승 마감) ₩ 일반 캐빈 8인승 왕복 성인·청소년 17,000원, 어린이 12,000원/ 크리스털 캐빈 6인승 왕복 성인·청소년 24,000원, 어린이 19,000원 🏠 www.yeosucablecar.com

바다를 보며 짜릿한 액티비티
여수 예술랜드

#공중그네 #스카이워크 #전망대

여수 예술랜드는 리조트 부지 안에 있는 미디어
아트 조각공원이다. 거대한 손 조형물인 마이다스
의 손 전망대에서 인증 사진을 찍으려면 부지런히
줄을 서야 한다. 100m 상공을 나는 익스트림 공
중그네와 투명 강화유리를 설치한 바닥 위로 집라
인을 연결해 걷는 오션스카이워크는 옆에서 봐도
짜릿하다. 입장료 대비 부지의 규모는 그리 크지
않다.

📍 전남 여수시 돌산읍 무술목길 142-1 🅿 가능
📞 0507-1493-0022 🕐 09:00~18:00 🆆 미디어아트
입장료 성인·청소년 15,000원, 어린이 10,000원/ 익스트
림 공중그네 5,000원/ 오션스카이워크 8,000원
🏠 www.alr.co.kr

오션 뷰가 근사한 대형 카페
모이핀 오션

#인생사진 #오션뷰 #여수핫플

몽돌이 자글자글한 무슬목 해변에서 여수 예술랜
드로 올라가는 길에 바다 전망 카페들이 줄지어
섰다. 모이핀은 주차장부터 어마어마한 규모와 압
도적인 풍경으로 손님을 맞이한다. '안녕 핀란드'
라는 뜻의 이름처럼 산뜻한 북유럽풍 인테리어로
내부를 꾸몄다. 바다가 보이는 테라스에 앉으면 여
수 여행을 다 한 기분. 지하의 베이커리, 야외 산책
로도 근사하다.

📍 전남 여수시 돌산읍 무술목길 50 🅿 가능 📞 0507-
1477-6003 🕐 09:30~19:00(30분 전 주문 마감, 인스
타그램 휴무일 공지 참고) 🆆 아메리카노 7,000원, 카페
라테 7,500원, 스파클링 9,000원 📷 @cafe_moifin

너와 함께 걷고 싶은 여수 밤바다

만성리 검은 모래 해수욕장

#거리두기스폿 #여수밤바다 #노래배경지

여수 시내에서 동북쪽에 자리한 작은 해변이 〈여수 밤바다〉라는 노래의 배경이라고 알려지면서 밤바다의 낭만을 찾아오는 사람이 두 배로 늘었다. 철 성분이 많이 함유된 거무스름한 모래 색깔이 독특한 분위기를 자아낸다. 여름이면 뜨겁게 달아오른 모래에 찜질하기도 좋고, 물이 얕아 아이들과 함께 물놀이를 하기에도 좋다.

📍 전남 여수시 만성리길   🅿 가능

만성리 바다 앞 산뜻한 카페

NCNP

#여수카페 #카페그램 #인스타핫플

언덕배기에 세운 하얀 카페가 여수 바다의 낭만을 찾는 사람들을 끌어 모은다. NCNP는 'No Coffee, No Peace'의 약자라고 한다. 바다를 즐기고 싶다면 통유리로 된 2층의 창가 자리가 제격. 건물 뒤편에는 대나무를 심어 싱그러운 작은 공간이 있다. 각 층에 아기자기한 포토존이 있고, 루프톱에는 작지만 안전한 천국의 계단이 있어 사진 찍는 이들을 반긴다.

📍 전남 여수시 망양로 201 🅿 가능 📞 0507-1372-4550 🕐 평일 11:30~19:20, 주말 10:00~21:00(20분 전 주문 마감) ₩ 솔티드크림커피 7,300원, 흑임자크림라테 7,800원, 밤바다에이드 7,500원 📷 @ncnp.official

해양 생물과 다정한 시간

아쿠아플라넷 여수

#가족나들이 #수족관 #체험여행

2012 여수세계박람회의 메인 관람 시설로 지은 해양 테마
파크다. 지상 4층 규모의 거대한 아쿠아리움은 층별로 오
션라이프, 마린라이프, 아쿠아포리스트 같은 테마로 꾸며
300여 종의 해양 생물에게 보금자리를 제공한다. 메인 수
조에서는 거대한 가오리, 상어, 자이언트그루퍼가 헤엄친
다. 터널로 이어진 돔 수조 아래 서면 잠수부가 된 기분. 아
마존의 담수어들, 육식 물고기 피라니아, 손을 넣어볼 수
있는 닥터피시 같은 신기한 특징을 가진 물고기들은 따로
모았다. 여수 앞바다의 친근한 물고기들, 온화하게 웃는
표정의 흰고래, 점박이 참물범, 신나게 수영하는 펭귄도 인
기다. 매시간 설명회와 먹이 주기, 마술 공연 등 볼거리가
넘쳐난다.

📍 전남 여수시 오동도로 61-11 🅿 가능 📞 1833-7001
🕐 09:30~19:00(입장 마감 18:00) ₩ 성인 33,400원, 청소년
30,400원, 어린이 28,400원 🏠 www.aquaplanet.co.kr/yeosu

파이프오르간 소리 즐기는 전망대
여수세계박람회 스카이타워

#오션뷰 #여수풍경 #쉬어가기

1980년부터 약 30년 동안 남해안의 산업화를 담당했던 시멘트 저장고가 2012 여수세계박람회를 계기로 전망대로 변신했다. 남해안과 오동도, 여수 시내와 박람회장, KTX 여수엑스포역까지 한눈에 아우른다. 건물 외벽에 설치한 80개의 파이프에서는 뱃고동 소리를 닮은 파이프오르간 선율이 흘러나온다. 전망대 꼭대기에서 바다의 소리를 듣는 호사를 누려보자.

📍 전남 여수시 박람회길 1 국제관 🅿 가능 📞 061-659-2065
🕙 10:00~22:00 ₩ 성인 2,000원, 청소년·65세 이상 1,500원, 어린이 1,000원
🏠 www.expo2012.kr/web

육지와 연결된 동백섬
오동도

#거리두기스폿 #동백섬 #산책로

오동도의 봄은 점점이 붉다. 3월이면 3,000여 그루의 동백나무가 발그레 물든다. 여수에서 오동도까지 도로가 연결되지만 일반 차량은 출입할 수 없다. 슬슬 걷거나 동백열차를 타고 섬으로 들어간다. 용이 들고 났다는 용굴, 하얀 등대가 반기는 정상, 야경이 아름다운 음악 분수, 바다와 가까운 전망대와 포토존이 있다. 한두 시간은 걸어야 하니 편안한 신발을 신고 가자.

📍 전남 여수시 오동도로 222 🅿 오동도 주차장 혹은 오동도 공영주차타워
📞 061-659-1819 ₩ 동백열차 편도 성인 1,000원, 어린이·청소년·65세 이상 500원 🏠 www.yeosu.go.kr/tour/travel/10tour/odongdo

황금빛 소원을 담은 해를 향한 암자

향일암

#거리두기스폿 #일출맛집 #인생사진

일주문을 지나 등용문까지 오르는 길이 가파르다. 층계를 지나고 오솔길을 걷다가 해탈문을 상징하는 바위틈을 지나야 대웅전 앞에 도착한다. 거침없이 해를 마주한 대웅전이 반짝반짝하다. 용왕전으로 불리는 천수관음전에서 기도하는 사람들의 마음을 헤아린다. 관음굴을 지나 관음전으로 한 번 더 오른다. 원효대사가 좌선을 했다는 넓적한 바위가 꼿꼿하게 바다를 응시한다. 1,300년 전 원효대사는 거북이가 바다로 뛰어드는 이곳의 형세를 보고 기도를 드리다 관세음보살을 친견했다고 전한다. 절 곳곳에 거북이가 많은 이유다. 신라시대 원효대사가 지은 원통암이 1715년, 향일암이 되었다. 향일암이란 명칭은 금오산의 기암절벽에 핀 울창한 동백이 남해의 일출과 어우러진 모습에서 유래했다고 한다. 관음전 해수관세음보살상 아래 뭇 사람들의 황금빛 소원이 펄럭인다.

📍 전남 여수시 돌산읍 향일암로 60 🅿 가능
📞 061-644-4742 🏧 무료 🏠 www.hyangiram.or.kr

잊을 수 없는 여수의 맛

여행하기에 맛있는 고장과 맛있는 고장이 있다면 어디를 고를까? 여수에서는 고민할
필요가 없다. 푸른 바다를 유영하며 여수의 낭만을 즐기다 밥도둑 간장게장부터
촉촉한 선어회, 매콤달콤한 서대회무침에 갓김치를 곁들이면 여수의 맛과 멋이 동시에 살아난다.
낭만포차 거리에서 여수 삼합을 안주로 '여수밤바다' 한잔하며 여행을 시작해보자.

낭만적인 여수 밤바다 풍경
여수 낭만포차 거리

#여수밤바다 #낭만가득 #여수삼합

여수 밤바다의 낭만을 견인하던 붉은 천막의 낭만포차들이 종포해양공원에서 거북선대교 아래쪽으로 이전했다. 여수에 왔으니 여수 삼합을 먹어야지! 돌문어에 고기와 김치는 기본이고, 집집마다 개성을 살려 전복, 새우, 관자 같은 싱싱한 해산물을 더한다. 남은 삼합에 밥을 볶아 먹거나 싱싱한 딱새우회, 얼큰한 문어라면을 곁들이면 여럿이 즐겁다.

📍 전남 여수시 하멜로 102 거북선대교 아래 🅿 가능 🕐 18:00~01:00

©송휘범

낭만포차18번 이순신해물삼합
📍 전남 여수시 하멜로 78 102호 🅿 가능
📞 061-662-0345 🕐 12:00~24:00
₩ 이순신돌문어삼합 44,000원, 전복버터구이 30,000원, 돌문어숙회 30,000원
📷 @nangmanno18

여수에서 유명한 선어회 맛집
41번포차

#기사님추천 #여수맛집 #선어회맛집

수많은 미식가가 41번포차에 다녀와야 여수를 제대로 맛본 것이라 했다. 봉산동 게장 골목 근처에 자리한 41번포차에서 '선어회'를 먹어보면 이유를 안다. 삼치, 병어, 민어회는 그냥 먹어도 입에서 살살 녹지만 양파에 마늘종을 더한 양념장에 싸 먹으면 한껏 맛이 산다. 뜨끈한 미역국도, 살이 가득한 게장도, 잘 삶은 신선한 꼬막도, 아껴 먹고 싶을 만큼 맛있다.

📍 전남 여수시 봉산남 3길 17 🅿 가능
📞 061-642-8820 🕐 16:00~23:00(일요일 휴무) ₩ 선어회 모둠(소) 60,000원, 선어회 모둠(중) 80,000원, 해물삼합(대) 50,000원 🏠 41pocha.modoo.at

맛있는 돌게장을 무한 리필
황금게장

#밥도둑 #간장게장 #여수맛집

황금게장에서는 커다란 그릇에 양념게장 한 그릇, 간장게장 한 그릇을 인심 좋게 담아준다. 게다가 청양고추 송송 썰어 넣은 간장돌게장이 무한 리필이라니. 양념 묻은 손가락을 쪽쪽 빨며 아쉬워했던 경험은 안녕. 무한 리필 게장으로 실컷 배불러보자. 갓김치에 된장찌개도 깔끔하다. 게장을 포장해가는 사람도 많다. 향일암에 다녀오거나 돌산공원 가는 길에 들러보자.

📍 전남 여수시 돌산읍 돌산로 3396
🅿 가능 📞 061-644-3939 🕘 09:00~
20:00(30분 전 주문 마감) ₩ 돌게장정식
15,000원, 갈치조림 20,000원

남도의 한상, 여수의 백반
로타리식당

#게장백반 #반찬푸짐 #맛있다그램

일부러라도 여수에서의 한 끼는 백반을 위해 남겨두자. 한 상 가득 차려내는 여수의 맛을 느낄 기회. 유명한 백반집이 여럿이지만 아침부터 저녁까지 부지런하고 깔끔하게 운영하는 로타리식당을 추천한다. 기본 백반을 시키면 튼실한 게를 넣어 끓인 된장찌개와 돼지불고기, 간장게장과 양념게장, 갓김치와 쌈 채소까지 넉넉하게 나온다. 먹고 나면 하루가 든든하다.

📍 전남 여수시 서교3길 2-1 🅿 근처 유료 주차장 📞 061-642-2156 🕘 08:00~20:00
₩ 백반 12,000원, 돼지갈비 12,000원, 공깃밥 1,000원

무엇을 시켜도 다 맛있다

광장미가

#여수맛집 #장어탕 #서대회무침

국물 한 숟가락만 떠먹어도 진짜
다 싶은 집이 있다. 남도음식 명
가로 선정된 광장미가의 장어탕
에는 통통한 장어가 가득하다.
진한 육수에 아삭한 숙주와 향긋
한 쑥갓을 더해 진하고 깊은 맛이
난다. 푸짐한 서대회무침은 밥을
비벼 먹으면 고소한 맛이 더욱 살
아난다.

📍 전남 여수시 중앙로 72-22
🅿 해안로 노상 공영주차장
📞 061-662-2930
🕐 09:00~21:00(화요일 휴무)
₩ 장어탕 12,000원, 서대회 12,000원

통 유리 너머로 보이는 오션 뷰

낭만카페

#돌산대교뷰 #포토존 #카페그램

여수를 대표하는 벽화마을인 고소동에 예쁜 카페가 늘
었다. 층층이 통유리로 마감한 낭만카페에서는 대부분의
자리에서 돌산도와 돌산대교까지 볼 수 있다. 루프톱에
올라 사각형 프레임의 포토존도 놓치지 말자.

📍 전남 여수시 고소 5길 11 🅿 가능 📞 0507-1461-1189
🕐 일~목요일 10:00~21:00, 금·토요일 10:00~22:00 ₩ 아메리
카노 5,500원, 카페라테 6,000원 📷 @cafenangman

초심을 잃지 않은 수제 버거

이순신수제버거

#여수맛집 #수제버거 #맛집그램

다양한 맛집이 넘쳐나는 이순신 동상 로터리에서 제일
잘나가는 수제 버거집이다. 두툼한 패티와 꽉 찬 채소로
사랑받는다. 주문하는 곳과 별도로 건물 뒤편에 먹고 가
는 공간을 마련했다.

📍 전남 여수시 중앙로 73 🅿 중앙1 공영주차장 📞 0507-1315
-3243 🕐 10:00~21:00, 라운지 11:00~16:00 ₩ 이순신버거
단품 5,500원, 세트 8,500원

진짜 경상도를 만나는 시간

가장 다채로운 여행지로 떠나볼까
한눈에 보는 경상도

부산과 대구에서 도시 여행을 해도 좋고,
안동과 경주를 잇는 역사 여행을 해도 좋다.
하동을 지나 남해와 통영, 거제를 둘러보며 아기자기한
한려수도의 멋과 맛을 느끼고, 울릉도와 독도에서
천혜의 자연을 만나는 기쁨을 누려보자.

울릉도　독도

안동

대구　경주

하동　부산

통영

거제

남해

CITY
29

천년 왕조의 유산
경주

교과서에 등장하는 신라의 화려한 금관, 대릉원의 산처럼 거대한 무덤, 에밀레종으로 잘 알려진 성덕대왕신종, 수학여행에 빠지지 않는 코스인 불국사와 석굴암 모두 신라가 전해준 우리의 보물이다. 기원전에 건국한 신라가 천년을 이어오는 동안 변함없이 수도의 자리를 지킨 경주로 떠나보자.

경주를 가장 멋지게
여행하는 방법

01
대릉원의 23기 고분 중
천마총 내부 탐험하기

02
'능뷰'의 카페에서
대릉원 보며 커피 한잔

03
오징어구이 한입 야외 음주 한잔
황리단길 가맥 즐기기

신라의 비밀을 간직한 도시

경주는 천 겹의 레이어를 가진 양파 같은 도시다.
23기의 무덤이 봉긋한 대릉원 깊은 곳에는
또 무엇이 묻혀 있을까. 아직 정확히 밝혀지지 않은
첨성대의 별 관측법은 과연 무엇이었을까.
세계 곳곳의 불자들이 모여들었다는
황룡사 9층 석탑은 얼마나 근사했을까.
신라가 삼국을 통일하고 찬란한 문화를 꽃피운
비밀이 궁금하다면 경주에서 보물찾기를 시작해보자.

봉긋한 고분이 무려 스물셋이나!
경주 대릉원

#거리두기스폿 #신라의고분 #대표여행지

구불거리며 하늘로 뻗어 오른 소나무가 심상치 않다. 시원한 소나무 숲 사이로 23기의 고분이 독특한 능선을 그린다. 이정표를 따라 차례로 미추왕릉, 천마총, 황남대총을 만난다. '신라의 유물' 하면 떠오르는 화려한 금관부터 금제 허리띠, 금장신구 같은 국보급 유물들이 이곳에서 나왔다. 유물 1만 1,500여 점이 출토된 천마총 안으로 들어가면 신라인의 무덤 형식을 살펴볼 수 있다. 황남대총은 남북의 길이가 120m에 달하는 거대한 쌍무덤이다. 남쪽 무덤의 주인은 남자, 북쪽 무덤의 주인은 여자로 부부의 무덤을 붙여서 만든 것으로 추정한다. 황남대총 앞에 조성된 연못가에 앉으면 하늘을 가르는 오목한 곡선이 근사하다.

📍 경북 경주시 황남동 53 🅿 가능 📞 054-750-8650 🕐 정문 09:00~22:00, 후문 천마총 09:00~21:30 ₩ 성인 3,000원, 청소년·군인 2,000원, 어린이 1,000원

동양에서 가장 오래된 천문 관측대

첨성대

#신라의천문학 #야경명소 #필수여행지

7세기 선덕 여왕 때 지은 동양에서 가장 오래
된 천문 관측대다. 10m가 채 안 되는 높이의
낮은 돌탑에 기본 별자리 수, 한 달의 길이, 1
년 12개월과 24절기, 1년의 날수 등 헤아릴
수 없이 절묘한 구조와 상징을 품었다. 천원
지방天圓地方이라는 말대로 기단은 정사각형
이고 몸체는 원형이다. 거친 질감을 솔직하게
내비치는 첨성대가 여전히 숨기고 있는 별 관
측법의 비밀이 궁금해진다.

◎ 경북 경주시 인왕동 839-1 ❷ 가능

문무왕이 지은 태자의 궁전이자 연회장

동궁과 월지

#거리두기스폿 #야경명소 #안압지

동궁은 신라시대의 여러 궁궐터 중 하나로 연못을 파고 산을 만들어 귀한
새와 기이한 짐승들을 길렀다. 또한 태자가 거처하면서 나라의 경사가 있
을 때나 귀한 손님을 맞을 때 연회를 베풀었다. 연회 도중 연못에 빠뜨리
거나 전쟁 통에 잃어버린 화려하고 세련된 궁중 생활용품이 3만 점이나
나왔다고 하니 당시의 야경이 지금보다 훨씬 더 근사했을지도 모른다.

◎ 경북 경주시 원화로 102 ❷ 가능 ☎ 054-750-8655 ◷ 09:00~22:00 ₩ 성
인 3,000원, 청소년·군인 2,000원, 어린이 1,000원

최씨 고택

최씨 고택과 향교를 품은 한옥마을
교촌마을

#최씨고택 #경주향교 #월정교

교촌마을은 신라시대의 국립 유교 교육기관
인 국학이 있던 곳이다. 신라의 국학은 이후
고려의 향학으로, 조선의 향교로 이어졌다.
마을의 이름이 교동, 교리, 교촌으로 불린 이
유다. 최씨 고택을 중심으로 경주향교와 전통
한옥이 남아 있고, 된장이나 경주법주를 구입
할 수도 있다. 최근에는 카페와 레스토랑, 게
스트하우스도 들어섰다. 마을에서 월정교까
지 한 번에 돌아볼 수 있다.

📍 경북 경주시 교촌길 39-2 🅿 가능
📞 054-760-7880

경주향교

신라 선덕 여왕 때 창건한 유서 깊은 사찰
분황사

#거리두기스폿 #신라의석탑 #모전석탑

살아낸 세월에 비해 절의 규모는 아담하지만 지금까지
남아 있는 신라시대의 석탑 중 가장 오래된 모전석탑이
이곳에 있다. 흔하지 않은 모양의 벽돌 탑이 신기하다. 탑
의 네 귀퉁이에는 돌사자가 당당하게 앉아 있고, 탑의 네
방향에는 독특한 여닫이 돌문이 달렸다.

📍 경북 경주시 분황로 94-11 🅿 가능 📞 054-742-9922
🕘 09:00~18:00, 동절기 09:00~17:00 💰 성인 2,000원, 청소
년·군인 1,500원, 어린이 1,000원 🏠 www.bunhwangsa.org

1,400년 전 서라벌의 중심
황룡사지

#거리두기스폿 #상상력이필요해 #복원중

원래 궁궐이 들어설 뻔했던 자리였는데 황룡이 나타나
는 바람에 절을 세웠다는 웅장한 설화가 전해진다. 선덕
여왕 때 백제의 명공 아비지를 초청해 지은 80m 높이의
9층 목탑과 솔거가 그렸다는 금당벽화가 이곳에 있었
는데, 지금은 까치들만 빈 터의 주인 행세를 한다.

📍 경북 경주시 구황동 832 경주역사유적지구 황룡사지구
🅿 분황사 주차장 혹은 황룡사지 황룡사역사문화관 주차장
📞 054-777-6862

불국사

대웅전(보물)

범종각

불국사는 신라 사람들이 상상하던 부처의 세계다. 완공 당시에는 건물이 80채가 넘었다니 지금보다 훨씬 규모가 컸을 것이다. 33계단으로 이루어진 청운교와 백운교는 최고의 포토존이자 부처의 세계와 인간의 세계를 나누는 상징적인 역할을 하는 다리라고 한다. 돌다리 양쪽에는 불전사물이 놓인 좌경루와 수미산을 상징하는 범영루를 두었다. 동쪽에 청운교와 백운교가 있다면, 서쪽에는 연화교와 칠보교가 있는데 깨달음을 얻은 사람만 오르내렸다고 한다. 또한 부처의 나라를 상징하는 대웅전과 극락전, 비로전과 관음전은 높은 곳에 위치해 경건한 마음으로 오르게 된다. 다보탑과 석가탑뿐만 아니라 석등과 불상까지 알고 보면 시선이 닿는 모든 것이 국보와 보물이다.

📍 경북 경주시 불국로 385 🅿 가능, 승용차 1,000원, 버스 2,000원 📞 054-746-9913 🕐 하절기 09:00~18:00, 동절기 09:00~17:00 🏠 www.bulguksa.or.kr

다보탑(국보)

자하문 청운교 백운교(국보)

사리탑(보물)

석가탑(국보)

신라 불교 예술의 전성기에 만든 걸작

#신라의과학 #국보제24호 #세계문화유산

석굴암

상상해보자. 동쪽 바다에서 해가 떠올라 햇살이 부처
의 이마를 비추면 석굴 전체가 따뜻하게 빛나는 모습
을. 석굴암의 부처가 정확하게 동남쪽 30도를 향해 앉
은 이유다. 접착제 하나 없이 둥글게 돌을 쌓아 20톤 무
게의 덮개돌로 마무리한 신라 석공들의 기술도 놀랍고,
예술혼을 담아 조각한 부처의 오묘한 표정도 신비롭다.
석굴암 내부는 사진 촬영이 금지다. 직접 찾아가 눈에
담아야 하는 이유이기도 하다.

📍 경북 경주시 석굴로 238 🅿 가능, 승용차 1,000원, 중형차
2,000원, 대형차·버스 4,000원 📞 054-746-9933
🕐 하절기 09:00~17:30, 동절기 09:00~17:00
🏠 www.seokguram.org

TIP 신라인들의 놀라운 기술력

잘 보존되던 석굴암은 일제 강점기에 시멘트를 바르는 잘못된
보수를 시작해 내부에 습기가 차기 시작했고, 지금은 복구할
방법을 몰라 에어컨을 틀어 습기를 제거하고 있다. 천년의 세월
동안 습기 하나 없이 보존된 석굴암을 만든 신라인들의 기술이
놀라울 따름이다.

황금의 나라 신라

국립경주박물관

#박물관 #신라의유물 #가족나들이

도시 전체가 박물관이나 다름없는데 굳이 박물관을 찾
아가야 하나 싶겠지만, 국립경주박물관에 전시된 화려
한 국보급 유산들은 그럴 만한 가치가 있다. 전시실에
'황금의 나라 신라'라는 이름이 붙을 정도다. 교과서에
서 보던 금관뿐만 아니라 금으로 만든 관장식, 허리띠,
장신구가 다 모였다. 옛 신라인들의 신심을 담은 불상들
이 늘어선 불교미술실 또한 경이롭다. 야외에는 성덕대
왕신종, 다보탑과 석가탑 같은 석조물만 1,000여 점을
전시하니 넉넉한 일정으로 방문하자.

📍 경북 경주시 일정로 186 🅿 가능 📞 054-740-7500
🕐 월~토요일 10:00~18:00, 일요일·공휴일 10:00~19:00,
3~12월 토요일·마지막 수요일 10:00~21:00(1월 1일·명절 당
일 휴관) 🏠 gyeongju.museum.go.kr

경주 핫플 황리단길

경주를 대표하는 핫플레이스로 자리 잡은 황리단길에는 전통적인 외양에 모던한 감각을 더한
카페와 식당, 숍들이 즐비하다. 한옥 마당에서 맛보는 이탈리언 음식이라든가
한옥 지붕 밑의 서양식 등나무 테이블이 의외로 조화롭다. 기와 밑으로 선명하게 칠한
옥색과 노란색, 원색의 벽이 독특한 에너지를 발산한다.

0 50m

여기가 요즘 경주
황리단길 지도

대릉원 후문

교리김밥(봉황대점) ✕

황리단길

미실카페 ☕

온천집 ✕

경주체리주 🍸

대릉원

동리 🍸

도솔마을 ✕

카페 능 ☕

정밤 🍸

황남밀면 ✕

료미 ✕

스컹크웍스 🍲

황남주택 🍸

대릉원 정문
대릉원 주차장 ▶

TIP 황리단길 주차 꿀팁

대릉원 정문 주차장에 차를 세우고 돌아
본 뒤 후문으로 나가면 왼쪽으로 황리단
길이 이어진다. 황리단길에서 유유자적
식사도 하고 음료도 마신 후 주차장으로
돌아가면 황리단길의 무시무시한 주차
난을 피할 수 있다.

355

황리단길 한복판에 쏟아지는 흥
황남주택

#거리두기스폿 #경주핫플 #야외음주

한옥이 빼곡히 들어선 골목에서 뿜어져 나오는 자유롭고 힙한 감성, 한여름 밤의 해수욕장 저리가라 할 흥겨움 가득한 마당. 이곳 앞에 서면 누구라도 자리를 찾아 두리번거리게 된다. 테이블당 안주 하나를 기본으로 주문하고 맥주는 직접 냉장고에서 꺼내 먹는 가맥집 스타일. 이왕이면 황리단길 근처에 숙소를 잡고 본격적으로 마셔보자.

📍 경북 경주시 포석로1050번길 45-8 🅿 대릉원 주차장 📞 0507-1480-5359
🕐 15:00~24:00 ₩ 손질먹태 15,000원, 오징어 13,000원, 미니오뎅탕 5,000원,
국산맥주 5,000원 📷 @hn_house

전국에서 손꼽히는 김밥의 단맛
교리김밥

#경주맛집 #달걀김밥 #국수도맛있다

교리김밥 봉황대점
📍 경북 경주시 태종로 746 🅿 대릉원 주차장
📞 0507-1358-5130 🕐 09:30~20:00, 브레이크 타임 14:00~15:00(목요일 휴무)

교리김밥 본점
📍 경북 경주시 탑리3길 2 🅿 가능 📞 054-772-5130 🕐 평일 08:30~17:30, 주말·공휴일 08:30~18:30(수요일 휴무) ₩ 김밥 2줄 도시락 11,000원, 김밥 3줄 도시락 16,500원, 교리국수 7,500원 🏠 www.교리김밥.kr

교촌마을을 방문한 여행자들이 줄을 서서 맛보던 50년 전통의 교리김밥은 아는 사람은 다 안다는 경주 여행의 필수 코스였다. 작은 김밥집에 하염없이 줄이 늘어서자 교촌마을을 중심에서 경주 오릉 앞으로 확장 이전했다. 달큼하고 폭신한 지단을 꾹꾹 눌러 싼 김밥과 간이 딱 맞는 잔치국수를 함께 먹어보자. 김밥 맛집인지 국수 맛집인지 헷갈릴 정도로 궁합이 좋다. 황리단길에선 봉황대점이 가깝다.

마치 일본의 료칸에 들어선 듯
온천집

#경주핫플 #인생사진 #샤브샤브

한옥 대문을 들어섰을 뿐인데 일본의 료칸을 닮은 온천이 펼쳐진다. 흰 모래가 깔린 정원, 김을 모락모락 뿜어내는 연못, 조롱조롱 등불 매단 대나무 숲길을 지나는 기분이 묘하다. 1인분 주문이 가능해 혼자 방문해도 샤브샤부를 끓여 먹을 수 있다. SNS에서 유명세를 타는 바람에 기다리는 시간이 꽤 길지만 평일 오전 11시와 오후 5시에 예약이 가능하니 이용해보자.

📍경북 경주시 사정로57번길 13 🅿️대릉원 주차장 📞054-773-8215 🕐11:00~21:00, 평일 브레이크 타임 15:00~17:00 ₩북해도식 얼큰한 샤브샤브 20,000원, 4단 된장 샤브샤브 25,500원
📷@oncheonjip_gyeongju

황리단길을 내려다보는 루프톱 카페
카페 능

#루프톱카페 #베이커리 #황리단길카페

동네 목욕탕이었던 황남탕이 근사한 카페로 변신했다. 모던한 화이트 인테리어의 1층, 좌식과 테이블이 함께 놓인 한옥 스타일의 2층을 지나면 아기자기한 황리단길이 내려다보이는 옥상이다. 어느 도시에서나 루프톱 카페는 옳은 선택. 황리단길에서도 마찬가지다.

📍경북 경주시 포석로1068번길 3 🅿️대릉원 주차장
📞0507-1320-3898 🕐10:00~22:00 ₩아메리카노 5,500원, 아인슈페너 6,500원 📷@cafe_neung

더울 때는 밀면, 쌀쌀해도 밀면
황남밀면

#밀면맛집 #경주맛집 #면요리

맛있다는 소문은 들었지만 이렇게 푸짐할 줄은 몰랐다. 한우사골에 토종닭, 24가지 약재와 과일로 끓여냈다는 육수는 살얼음을 띄운 자태만 봐도 맛깁스럽다. 비빔면의 양념은 10가지 이상의 과일이 들어가서 새콤달콤하고 국내산 고춧가루의 매운맛이 산뜻하다. 주문과 동시에 면을 뽑아낸다. 속이 든든해지는 따뜻한 육수는 셀프 서비스. 제주 흑돼지 연탄불고기를 함께 주문해 밀면에 얹어 먹으면 부산까지 가지 않아도 밀면의 매력에 빠지기에 충분하다.

📍 경북 경주시 포석로1068번길 12 🅿 대릉원 주차장
📞 054-745-0096 🕐 11:00~20:00, 브레이크 타임
15:30~16:30 ₩ 물밀면 10,000원, 황남밀면 10,000원,
매운밀면 11,000원 📷 @hwangnam0102

황리단길에서 만나는 우리 술
경주체리주

#보틀숍 #와인숍 #경주여행기념

황리단길 곳곳에 보틀숍이 늘었다. 여행 기념품으로 지역의 특색 있는 술을 고른다면 경주법주나 교동법주를 사와야 할 것 같지만, 요즘엔 보틀숍 주인들마다 개성 있는 술을 진열하고 센스 있게 권한다. 경주체리주는 작지만 와인리스트도 다양하고, 전국 각지의 우리 술을 거의 다 모아두었다. 원하는 맛을 이야기하면 척척 술을 골라주는 주인장이 꽤 믿음직스럽다. 이왕이면 경주 여행 기념으로 경주체리주를 맛보아도 좋다.

📍 경북 경주시 포석로 1079 🅿 대릉원주차장
📞 0507-1324-9736 🕐 12:00~20:00 ₩ 경주체리주
19,000원, 경주체리스파클링 23,000원

칼칼한 닭칼국수 한 그릇
도솔마을

#한옥맛집 #손맛좋은집 #칼국수맛집

황리단길의 유명한 백반집인 도솔마을은 갈 때마다 새로운 메뉴를 선보인다. 아무리 메뉴를 바꿔도 주인장의 손맛은 그대로다. 깔끔하게 부쳐낸 모둠전에 막걸리를 곁들여 한상 가득 차려지는 수리산 정식을 맛보자. 한옥의 묘미를 잘 살린 내부 공간도 매력적이다.

📍 경북 경주시 손효자길 8-13 P 노동공영주차장이나 대릉원주차장 📞 054-748-9232 🕐 11:00~21:00, 브레이크 타임 15:00~17:00(1시간 전 주문 마감, 화·수요일 휴무) ₩ 수리산 정식 1인 10,000원(2인 이상), 모둠 전 15,000원

널찍한 한옥에서 즐기는 일식
료미

#한옥식당 #일식당 #분위기맛집

시원한 바람 솔솔 부는 바깥 자리도, 반투명 레이스 커튼으로 분위기를 살린 실내의 테이블 자리도 운치 있다. 깻잎 페스토와 수란을 얹은 고마소바, 수란을 얹어 고추냉이에 비벼 먹는 스테이크덮밥, 생선회를 넣은 김밥인 후토마키까지 한 번에 맛보고 싶다면 2인 세트를 시켜보자.

📍 경북 경주시 포석로 1058-1 P 대릉원 주차장 📞 054-624-5060 🕐 11:00~21:00, 브레이크 타임 15:00~17:00 ₩ 고마소바 12,000원, 후토마키(5피스) 16,000원, 2인 세트 39,000원

50년 장인의 수제빵
이상복명과 본가

#경주빵 #찰보리빵 #경주맛집

황남빵의 계보를 잇는 경주빵을 맛보자. 적당하게 달고 맛있는 팥앙금에 반한다. 이상복명과는 경주 시내에 20여 군데가 있는데 첨성대 앞의 본가에 가면 부지런한 이상복 명인이 50년 손맛을 담아 빵을 반죽하고 구워내는 모습을 볼 수 있다.

📍 경북 경주시 첨성로 169 P 길가 공영주차장 📞 1599-3301 🕐 08:00~22:00 ₩ 이상복경주빵 20개 22,000원, 찰보리빵 20개 18,000원, 이상복계피빵 10개 13,000원 🏠 gjbakery.com

레트로한 분위기의 한옥카페
미실카페

#황리단길카페 #마당있는집 #카페그램

단정한 마당을 품은 한옥카페가 골목을 지나는 이들의 발걸음을 멈춰 세운다. 낮에는 싱그러운 초록으로, 저녁에는 나무와 어울리는 따뜻한 불빛으로 분위기를 갈아입는다. 80년대의 가전으로 빈티지하게 꾸민 실내에는 화려한 샹들리에가 달렸다. 야외 공간에는 파라솔과 평상을 두어 경주의 선선한 공기를 느낄 수 있다. 별채의 화장실 옥상에는 루프톱 좌석을 두어 계절별로 다른 매력을 뿜어낸다.

📍 경북 경주시 사정로57번길 19 🅿 서라벌문화회관주차장 📞 0507-1349-1122 🕐 10:30~21:00 ₩ 봉황대라테 7,500원, 청귤에이드 6,500원 📷 @misil_official

바람 솔솔 부는 대청마루에 앉아
스컹크웍스

#야외정원 #황리단길핫플 #한옥카페

황리단길에서 마당이 예쁜 카페를 꼽자면 한 손에 꼽을 만한 카페다. 마당에 나무 한 그루가 곧게 자라 여름에는 시원한 그늘을 만들고 가을에는 느긋하게 낙엽이 진다. 실내 자리는 드라마에 응답할 만한 빈티지 가구들로 채워져 포근함을 더한다. 야외에 있어도 춥지 않은 날씨라면 대청마루에 놓인 작은 소반에 커피 한 잔 올려놓고 계절을 만끽해 보자. 비가 오는 날에는 더욱 운치 있다.

📍 경북 경주시 포석로 1058-3 🅿 대릉원주차장이나 황남공영주차장 📞 0507-1418-9300 🕐 10:00~22:00 ₩ 아메리카노 5,000원, 동동라테 6,500원, 화이트 벨벳 6,500원 📷 @skunkworks_official

황리단길에서 보내는 정다운 밤

정밤

#황리단길핫플 #맛있는안주 #하이볼러버

고즈넉한 분위기의 작은 정원과 심플한 인테리어, 맛있는 안주와 다양한 하이볼을 갖추고 황리단길의 신흥 강자로 떠올랐다. 유자하이볼, 얼그레이하이볼 같은 다양한 하이볼 메뉴를 갖췄다. 시그니처 하이볼은 정밤하이볼인데 파인애플 향이 은은해서 마치 고량주 같다. 가게 이름에 적인 정(酊)자는 '술 취할 정'자다. 취하고 싶은 밤이면 정밤이 생각날 듯하다.

📍 경북 경주시 사정로50번길 5-1 🅿 대릉원주차장
📞 0507-1424-1994 🕐 수·목·일요일 17:30~24:00, 금·토요일 17:30~24:30(월·화요일 휴무) 🏧 정밤하이볼 8,000원, 라구파스타 15,000원, 도나스나베 27,000원
📷 @jeong_bam_

정갈한 한식과 다양한 우리 술

동리

#황리단길맛집 #줄을서시오 #분위기최고

점심시간에는 가정식집으로, 저녁시간에는 한식 주점으로 변신한다. 테이블 수가 적어서 저녁마다 길게 대기줄이 늘어서곤 했는데 이제 브레이크 타임 없이 운영하면서 낮에도 이용이 가능해졌다. 멋스러운 인테리어만큼이나 음식이 정갈하고 맛있다. 양념 소갈비찜과 한우 육회가 메인 메뉴. 다양한 우리 술을 갖추어 우리 술로 만든 하이볼을 비롯, 요리에 걸맞은 술을 주문할 수 있다. 테이블 간격이 넉넉해서 일행끼리 오붓하게 먹고 마시기 좋다.

📍 경북 경주시 사정로57번길 3-1 🅿 대릉원주차장
📞 054-775-6580 🕐 10:30~22:00(화요일 휴무)
🏧 양념 소갈비찜 21,000원, 한우 육회 25,000원
📷 @dongri.gyeongju

CITY
30

자연스럽게, 자랑스럽게
안동

두루마기를 평상복처럼 걸친 하회마을의 어르신부터 반평생 안동간고등어의 간잽이를 해온 명
인들, 옛 유생들의 뒤를 이어 서원을 지키는 해설사, 아버지의 가업을 이어 빵을 굽는 파티시에
의 이야기가 안동에서는 참 자연스럽다. 먹고 자고 쉬어가는 여행의 모든 순간에 우리의 전통이
새삼 자랑스럽다.

안동을 가장 멋지게
여행하는 방법

01
솔숲을 걸어 올라
부용대에서 하회마을 뷰를!

02
간고등어부터 헛제삿밥까지
안동찜닭은 포장이요!

03
서원 건축의 백미
병산서원 둘러보며 사색을

안동 하면 하회마을

평온하게 햇살 내리쬐는 땅에 낙동강 물길이 굽이굽이 흐른다.
서쪽 벼랑 끄트머리에는 옛 위인이 후학들을 양성하며
책을 쓰던 서원과 정사가 자리하고, 강물이 둥글게 깎아낸 땅에는
마을과 생사를 함께한 느티나무가 600년이나 고요하다.
세계 문화유산으로 지정된 마을이 더욱 애틋한 이유는
그 안에 여전히 전통적인 삶을 살아가는 사람들이 있어서다.
그래서, 역시나, 안동 하면 하회마을이다.

마을 전체가 세계 문화유산

하회마을

마을을 둥글게 휘도는 낙동강이 유유하다. 600년 동안 옛 모습을 지켜온 풍산 류씨의 집성촌이자 조선시대의 학자 류운룡과 영의정을 지낸 류성룡 형제의 고향이다. 대종택인 양진당 앞에 두루마기까지 갖춰 입고 앉은 어르신들께 공손하게 인사를 드리고 마을 구경에 나선다. 마을 한복판에 고고하게 선 삼신당 느티나무가 영험한 기운을 풍긴다. 영국의 엘리자베스 여왕이 방문해 기념식수를 남긴 충효당에는 전서체의 멋진 현판이 걸렸다. 화경당, 염행당, 양오당 같은 고택들이 으리으리하다. 만송정 숲에서 강 건너편을 올려다보면 부용대가 까마득하다. 하회마을에는 지금도 100여 가구의 주민들이 살아 사람의 온기가 돈다.

📍경북 안동시 풍천면 전서로 186 🅿️가능 📞054-852-3588 🕘09:00~18:00, 10~3월 09:00~17:00(30분 전 입장 마감) ₩성인 5,000원, 청소년·군인 2,500원, 어린이 1,500원 🏠www.hahoe.or.kr

TIP 하회마을 둘러보는 방법

마을 사람이 아니면 차를 가지고 출입할 수 없다. 안동 하회마을 주차장에 차를 세우고 셔틀버스를 이용한다. 배차 간격은 10~15분. 전기차를 대여해 마을을 둘러볼 수 있지만 골목이 좁아 사고가 잦으니 문화재를 아끼는 마음으로 걸어서 둘러보자. 하회마을에서 옥연정사를 잇는 섶다리는 보통 4~5월에 놓였다가 장마가 지면 떠내려간다. 섶다리가 없는 기간에 부용대와 옥연정사를 보려면 차를 타고 이동해야 한다.

양진당

삼신당

충효당

탈의 종류가 이렇게나 많을 줄이야
#하회탈 #탈놀이 #풍자와해학

하회세계탈박물관

'하회탈 몇 개 전시한 작은 박물관이겠지'라고 생각하면 오산이다. 지방마다 내려오는 하회탈, 봉산탈, 강령탈, 산대탈, 오광대탈, 양주별산대탈, 예천청단놀음탈이 저마다 눈을 동그랗게 뜨고 맞아주어 시간 가는 줄 모르고 머물게 된다. 우리나라 탈의 역사와 각양각색 탈의 종류, 탈춤이 품은 해학적인 의미가 새삼스럽다. 2층에서 만나는 세계 30여 개국의 탈도 흥미롭다.

📍 경북 안동시 풍천면 전서로 206 🅿 가능 📞 0507-1423-2289 ⏰ 09:30~18:00(1월 1일·명절 당일 휴무) ₩ 무료 🏠 www.mask.kr

TIP 국보가 된 '하회탈 및 병산탈'
하회탈은 사실적인 조형미도 뛰어나지만 다른 탈과 달리 턱이 분리되어 있다. 광대가 웃기 위해 고개를 젖히면 입이 벌어지면서 웃고, 화내면서 고개를 숙이면 입을 꾹 다물고 무서운 표정을 짓는다. 고려시대에 만든 하회탈 11개와 병산탈 2개가 국보 121호로 등록되어 있다. 국보로 지정된 하회탈은 현재 안동시립민속박물관에서 만날 수 있다.

하회마을을 조망하는 천혜의 전망대
부용대

#거리두기스폿 #겸암정사 #사진여행

소나무 숲을 자박자박 걸어 올라 64m 높이의 절벽 위에 서면 만송정 숲과 형제바위, 하회마을에 물이 돌아나가는 풍경을 만난다. 하회마을이 왜 명당이라 불리는지 단숨에 이해되는 절경이다. 류운룡, 류성룡 형제는 부용대의 오솔길을 따라 옥연정사와 겸암정사를 오갔다는데 지금은 길이 없어 아쉽다. 화천서원과 옥연정사를 둘러보며 아쉬움을 달래보자.

📍 경북 안동시 풍천면 광덕솔밭길 72 🅿 가능 📞 054-856-3013

하회마을 건너편의 아름다운 정사

옥연정사

#서애류성룡 #징비록 #고택스테이

서애 류성룡의 학식을 흠모한 스님이 시주를 모아 지어준 정사다. 앞에 흐르는 옥색 물빛이 얼마나 마음에 들었으면 옥연정사라고 이름 붙였을까. 임진왜란과 권력 다툼에 지친 학자에게 위로를 건네던 소나무가 400년이 넘도록 마당을 지키고 있다. 류성룡이 《징비록》을 집필했다는 원락재와 후학을 가르치던 서당채인 세심재에서 고택 스테이를 할 수 있다.

📍 경북 안동시 풍천면 광덕솔밭길 86 🅿 가능 📞 0507-1434-2206 🏠 www.okyeon.co.kr

---

만송정 숲이 그림이 되는 정사

겸암정사

#부용대 #풍경맛집 #힐링여행

서애 류성룡이 옥연정사에서 글을 쓸 때 맏형인 겸암 류운룡은 겸암정사에서 후학을 가르쳤다. 부용대의 험한 숲길을 마다하지 않고 왕래할 만큼 형제의 우애가 좋아 낙동강 물 위로 봉긋한 2개의 바위에 형제바위라는 이름이 붙었다. 누마루에 앉으면 류운룡이 직접 심었다는 만송정 숲에서 바람이 불어온다. 그윽한 정취가 일품이지만 여닫는 시간이 일정치 않다.

📍 경북 안동시 풍천면 광덕리 37 🅿 가능

THEME 02

하회마을 이외의 볼거리 먹거리

안동의 으뜸가는 볼거리를 꼽자면 단연 하회마을이지만, 하회마을만 보고 안동 여행을 마치기엔 놓치기
아쉬운 명소가 많다. 한국문화유산답사회에서 "안동 답사는 다른 어느 지역보다 발품을 많이 팔아야 한다"고
했을 정도로 멋스러운 볼거리와 개성 있는 먹거리가 적지 않다. 퇴계 이황 선생이 머물던
도산서원부터 젊은이들의 피크닉 명소인 낙강물길공원까지 안동의 매력을 꼼꼼하게 살펴보자.

만대루가 보여주는 서원 건축의 백미

#거리두기스폿 #서애류성룡 #만대루

병산서원

유네스코 세계 문화유산에는 '한국의 서원' 9개가
묶여 등재되어 있다. 그중에서도 서애 류성룡을 기
념하는 병산서원은 서원 건축의 백미로 꼽힌다. 복
례문으로 들어서면 200명도 앉을 만큼 커다란 누
각 만대루가 보인다. 휘어진 모습 그대로 기둥이 된
나무들이 자연스럽다. 입교당 마루로 올라가면 유
생들의 기숙사였던 동재와 서재, 만대루 너머 병산
의 자락과 푸른 하늘까지도 서원의 일부가 된다. 이
런 풍경을 두고 학문에 매진한 유생들이 존경스럽
다. 서원 뒤쪽에는 목판을 보관하는 장판각과 제사
를 지내는 사당 공간이 자리하고 있다. 한 폭의 동양
화 같은 풍경이 SNS에서 인생 사진 명소로 알려지
면서 찾는 사람이 늘었다.

만대루

📍 경북 안동시 풍천면 병산길 386 🅿 가능 📞 054-858-
5929 🕐 09:00~18:00, 동절기 09:00~17:00
🏠 www.byeongsan.net

우리나라에서 규모가 가장 큰 서원

#거리두기스폿 #퇴계이황 #한석봉의편액

도산서원

완락재

한석봉의 현판

손꼽히는 대학자인 퇴계 이황이 머물던 도산서당은 간소하기 그지없다. 완락재라 부르는 방 한 칸에 암서헌이라 부르는 마루가 전부지만 둘러싼 연못과 나무들이 운치있다. 그의 성품이 엿보인다. 선생이 세상을 떠난 후 제자들은 서당 뒤편에 사당을 짓고 서원으로 확장했다. 서당이 사사로이 학문을 가르치던 곳이라면 서원은 국가에서 공인받은 대학에 준한다. 책을 보관하던 도서관인 광명당 두 채를 지나 유생들이 교육을 받던 강당 건물인 전교당으로 오른다. 선조가 내린 '도산서원陶山書院'이라는 편액이 걸렸다. 한석봉의 글씨라니 한 번 더 눈여겨본다. 옥진각에 전시된 유물 중에는 선생의 손길로 반질반질해진 명아주 지팡이가 인상적이다.

📍 경북 안동시 도산면 도산서원길 154 P 가능 📞 054-856-1073 ⏰ 09:00~18:00, 동절기 09:00~17:00 ₩ 성인 2,000원, 어린이·청소년·군인 1,000원 🏠 www.andong.go.kr/dosanseowon

피크닉을 즐기는 안동의 공원

낙강물길공원

#거리두기스폿 #인스타성지 #사진여행

나무 사이로 햇살이 드리운 연못이 분수를 뿜어내고 크고 작은 폭포수가 무지개를 그린다. 안동댐과의 낙차를 이용한 무동력 친환경 분수와 폭포다. 예쁜 풍경 앞에는 어김없이 벤치가 놓였고, 넓은 잔디밭은 커다란 파라솔이 그늘을 만든다. 안동 사람들만 안다는 비밀의 숲이었는데 포토존으로 소문이 나면서 국민 여행지로 등극했다.

📍 경북 안동시 상아동 423 🅿 가능 📞 054-840-3433

외나무다리가 건네는 운치

만휴정

#드라마촬영지 #사진여행 #핫플레이스

드라마에서 본 만휴정은 물길 위에 오롯이 놓인 외나무다리에 서정적인 서사를 덧붙여 애타는 마음, 차마 건너지 못하는 마음, 건너지 않으면 닿지 못하는 마음을 그려낸 공간이었다. 하지만 늦은 휴식을 담는다는 정자의 이름이 무색하게도 사진을 찍으려면 길게 줄을 서야 할 만큼 관광객이 많아졌다. 만휴정을 온전히 즐기고 싶다면 아침 일찍 가자.

📍 경북 안동시 길안면 묵계리 1081 🅿 가능 📞 054-856-3013 🕙 10:00~18:00
₩ 입장료 1,000원, 한복 체험 35,000원

낙동강을 가로지른 달빛이 내려앉는
월영교

#분수쇼 #데이트코스 #야경명소

주민들의 뜻을 모아 지었다는 다리의 이름이 참 낭만적이다. 우리나라에서 가장 긴 목재 다리를 사뿐히 건너는 동안 벌써 마음에 달빛이 차오른다. 안동댐 건설로 수몰된 지역에서 다리 위의 정자인 월영정을, 강 건너에는 월영대를 옮겨와 야경 명소로 탈바꿈시켰다. 주말에는 하루 세 번씩 난간 옆으로 분수를 뿜어내니 시간을 맞추어 방문해보자.

◉ 경북 안동시 상아동 569 ℗ 가능 ⏱ 분수 가동 시간 4~10월 토·일요일 12:00, 14:00, 18:00, 20:00(회당 10분씩 가동)

크림으로 가득한 진정한 크림빵
월영교달빵

#빵지순례 #안동빵집 #크림빵맛집

보름달처럼 둥그런 빵 속에 크림이 터질 듯이 들었다. 차게 먹어도 빵이 부드럽고 크림이 사르르 녹는다. 팥, 흑임자, 요거트, 녹차, 딸기 다섯 종류가 있는데 재료의 맛이 은근하게 배어난다. 천연 발효 버터, 우유크림, 꿀을 넣은 크림은 전혀 느끼하지 않고 부드럽다. 다섯 종류의 빵을 천천히 맛보고 싶다면 냉장 포장을 이용해도 좋다.

◉ 경북 안동시 석주로 199 ℗ 가능 ☎ 054-852-1128
⏱ 11:00~19:00, 금~일요일 11:00~21:00
₩ 크림빵 개당 2,500원

간장 양념 비빔밥에 탕국 한 그릇
맛50년 헛제사밥

헛제삿밥은 쌀이 귀한 시절에 가난한 유생들이 가짜로 축문을 읽고 제삿밥을
차려 먹은 데서 유래했다. 제사상에 올리던 간고등어, 소고기, 상어고기, 다시
마전, 배추전, 삶은 달걀이 놋그릇에 한 조각씩 담겨 나온다. 6가지 나물에 간장
양념을 넣어 비벼 먹으면 입맛이 담백하게 살아난다. 무엇보다 뜨끈한 탕국이
진짜다. 안동식혜를 디저트 삼아 쭉 들이키면 건강해지는 기분.

📍 경북 안동시 석주로 201 🅿 가능 📞 054-821-2944 🕐 11:00~20:00(명절 당일 휴무)
🏧 헛제삿밥 12,000원, 안동식혜 포함 헛제삿밥 13,000원

TIP **발효시켜 만드는 안동식혜**

안동식혜 맛은 흔히 먹는 달콤한 식혜가
아니라 매콤한 동치미 국물 맛과 얼추 비
슷하다. 생강과 고춧가루가 들어가 맵고
향이 강하지만 아작아작 씹히는 무채가
시원한 맛을 더한다. 발효 음식이라 소화
를 돕는다고 하여 잔칫상에 올리거나 명
절에 먹던 음식이니 헛제삿밥에 곁들여
보자.

50년 간잽이 명인의 집
일직식당

강구항에서 잡은 고등어를 안동장에 내다 팔려면 가는 동안 소금을 두 번이나 뿌려
야 했다. 고등어 간잽이로 50년을 일한 이동삼 명인이 "안동에 가야 간고등어의 제
맛이 난다"고 한 이유다. 고등어를 척 보면 무게를 맞추고, 매번 한 치의 오차도 없이
정확한 양의 소금을 집던
명인의 아들이 식당을 이어
받았다. 밥도둑인 간고등어
를 맛보기 위해 아침부터
사람이 몰린다.

📍 경북 안동시 경동로 676
🅿 가능 📞 054-859-6012
🕐 08:00~21:00(월요일 휴
무) 🏧 안동간고등어구이정식
13,000원, 안동간고등어조림
정식 15,000원

아기자기한 포토존과 감성 문구
신세동 벽화마을

#거리두기스폿 #니가오길 #미술프로젝트

원색으로 알록달록하고 강렬한 느낌을 주는
대신 은은한 파스텔 톤으로 자연스럽게 벽
화를 그렸다. 초등학교 건물 위에서 웃음 짓
는 아이들이 골목길의 연주자들을 내려다본
다. 도토리를 나누는 다람쥐, 노란 국화꽃에
내려앉은 나비, 네가 오길 바라는 '니가오길'
이라는 골목길 이름마저 사랑스럽다. 산책 후
출출해졌다면 근처의 맘모스베이커리와 안
동찜닭 골목으로 향해보자.

📍 경북 안동시 신세동 173-21
🅿 신세동 마을 공동 공영주차장

2대째 명성을 잇고 있는 빵집
맘모스베이커리

#맘모스제과 #빵지순례 #안동맛집

소보로빵, 단팥빵 같은 익숙한 빵들부터 쫄
깃한 크림치즈빵, 촉촉한 타르트까지 전국구
빵집의 이름값을 한다. 창업주의 둘째 아들이
프랑스와 일본에서 유학을 마치고 돌아와 46
년의 전통을 잇고 있다. 《미쉐린 가이드》 '그
린 스타' 한국 편에 소개되면서 이제는 세계
적으로 유명해졌다. 짜장면 한 그릇보다 이곳
의 단팥빵 하나가 더 귀하던 시절도 있었다는
데 안동까지 가서 이 맛을 놓치면 아쉽다.

📍 경북 안동시 문화광장길 34 🅿 노상 공영주차장
📞 0507-1438-6019 🕐 08:30~19:00
🏧 크림치즈빵 2,500원, 유자파운드 18,000원
🏠 www.mammoth-bakery.com

진짜 안동찜닭의 맛을 찾아서
안동찜닭 골목

#안동찜닭 #안동맛집 #포장가능

안동에서 전통 음식이 아닌 찜닭이 유명한 이유에 대해서는 의견이 분분하다. 1970년대 초부터 안동 구시장에 생닭과 통닭을 팔던 닭 골목이 있었는데 1980년대에 지금의 찜닭 골목으로 변했다는 이야기가 신빙성이 높다. 서울에서는 보기 드문 커다란 닭을 먹기 좋게 토막 내고 감자, 당근, 양파, 버섯을 큼지막하게 썰어 넣은 다음 청양고추와 간장으로 양념하니 단짠단짠과 매콤함의 조화가 기가 막힌다. 당면까지 듬뿍 넣어 한 접시가 푸짐하다. 찜닭 골목에는 찜닭집이 여럿이니 취향대로 골라 먹자. 중앙찜닭의 오리지널 간장찜닭과 우정찜닭의 묵은지찜닭이 유명하다.

안동찜닭 골목
📍 경북 안동시 서부동 185　🅿 안동 구시장 공영주차장

중앙찜닭
📍 경북 안동시 번영1길 51　🅿 안동 구시장 공영주차장　📞 054-855-7272　🕐 08:00~22:00(첫째·셋째 화요일 휴무)　₩ 안동찜닭(중) 32,000원, 안동찜닭(대) 48,000원

우정찜닭
📍 경북 안동시 번영길 12　🅿 안동구시장 공영주차장　📞 0507-1367-0507　🕐 09:00~21:00(화요일 휴무)　₩ 묵은지쪼림닭(중) 35,000원, 묵은지쪼림닭(대) 48,000원
📷 @rossignol2000

겹겹의 매력이 숨 쉬는 제2의 도시
부산

부산은 서울 다음으로 큰 대한민국 제2의 도시다. 영화 〈해운대〉, 〈국제시장〉의 주요 무대이자 부산국제영화제가 열리는 문화의 도시로 인구가 350만에 이른다. 1880년에 2,000명 정도 모여 살던 작은 어촌이 한국 전쟁 이후 100만의 인구를 품으며 폭발적인 성장을 이루었다. 부산의 잠재된 힘과 팔색조 같은 매력을 찾아 떠나보자.

©윤우섭

부산에선 어디를 갈까?
한눈에 보는 부산

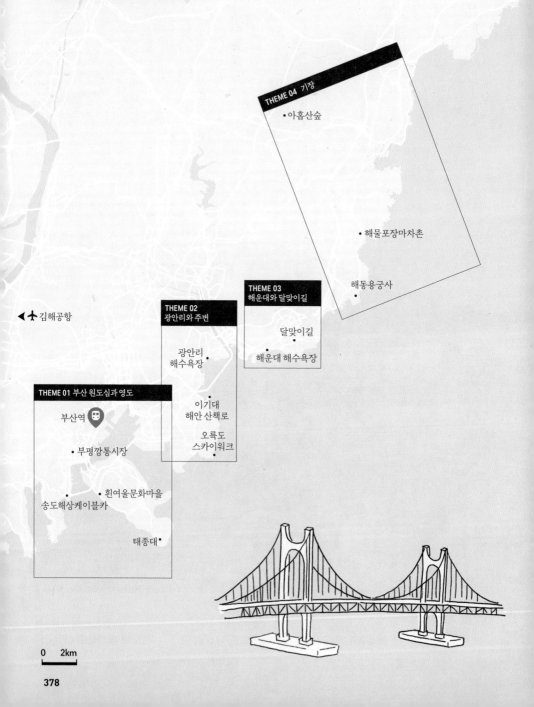

THEME 04 기장
• 아홉산숲

• 해물포장마차촌

해동용궁사

THEME 03
해운대와 달맞이길

달맞이길
해운대 해수욕장

THEME 02
광안리와 주변

광안리
해수욕장

이기대
해안 산책로

오륙도
스카이워크

THEME 01 부산 원도심과 영도

부산역

• 부평깡통시장

• 흰여울문화마을
송도해상케이블카

태종대•

✈김해공항

0   2km

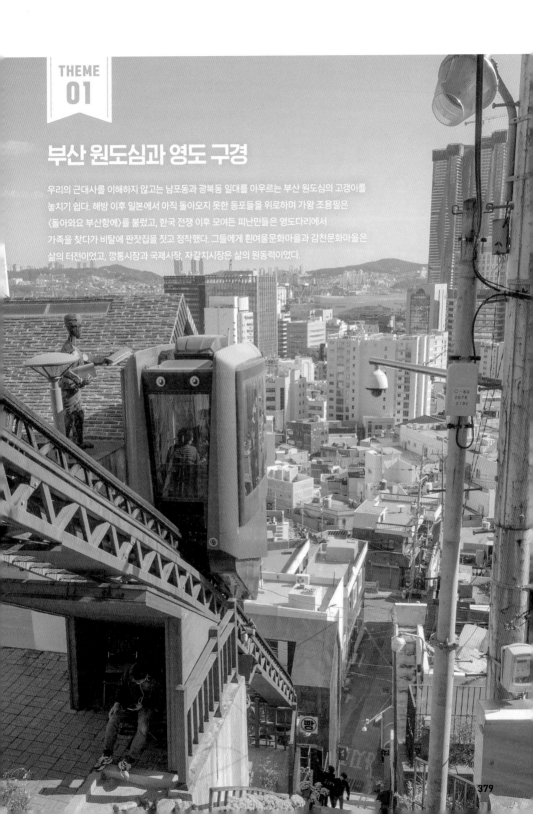

부산 원도심과 영도 구경

우리의 근대사를 이해하지 않고는 남포동과 광복동 일대를 아우르는 부산 원도심의 고갱이를
놓치기 쉽다. 해방 이후 일본에서 아직 돌아오지 못한 동포들을 위로하며 가왕 조용필은
〈돌아와요 부산항에〉를 불렀고, 한국 전쟁 이후 모여든 피난민들은 영도다리에서
가족을 찾다가 비탈에 판잣집을 짓고 정착했다. 그들에게 흰여울문화마을과 감천문화마을은
삶의 터전이었고, 깡통시장과 국제시장, 자갈치시장은 삶의 원동력이었다.

고달픈 현실을 잊게 하는 풍경
흰여울문화마을

#거리두기스폿 #흰여울길 #부산영도

푸른 바다가 마을을 찰랑찰랑 어루만지는 풍경이 여행자들을 불러 모은다. 영도의 해안을 따라 길게 뻗은 마을을 흰여울길이 가로지르고, 파도 소리가 들릴 만큼 바다와 가까운 해변에는 절영 해안 산책로가 펼쳐진다. 버스가 다니는 큰 도로가 생기기 전까지 흰여울길은 영도다리에서 태종대를 잇는 유일한 길이었다. 큰길에서 흰여울길로 내려가는 골목길은 알고 보면 옛 물길이다. 한국 전쟁 이후 피난민들이 영도 바닷가에 자리를 잡고, 물길을 피해 집을 지었다. 돼지도 키우고 닭도 키우던 흰여울길을 찾는 사람이 늘어난 건 영화 〈변호인〉의 공이 컸다. 영화기록관과 영화 촬영지, 카페와 서점이 들어서고 수수했던 벽과 바닥이 화사해졌다. 날씨가 좋으면 남쪽의 흰여울 전망대를 지나 75 광장까지 이어지는 산책길을 걸어도 좋다.

📍 부산시 영도구 영선동 4가 605-3 🅿 절영 해안 산책로 앞 노상 공영주차장, 주말·공휴일 시간제 갓길 주차 허용
📞 051-419-4067 🏠 www.ydculture.com

바다를 보며 먹으면 더 맛있다
흰여울점빵

#뷰맛집 #1인1라면 #웨이팅필수

푸른 바다를 배경으로 양은냄비에 끓인 어묵라면과 토스트를 먹는 흰여울길의 핫플. 바다가 내려다보이는 난간 좌석은 두 사람씩 두 팀만 앉을 수 있어 타이밍이 맞지 않으면 오래 기다려야 한다.

📍 부산시 영도구 흰여울길 121 🅿 절영 해안 산책로 앞 노상 공영주차장, 주말·공휴일 시간제 갓길 주차 허용 🕐 12:00~16:00 ₩ 라면 5,000원, 토스트 4,000원, 에이드 4,000원

커피가 맛있는 서점
손목서가

#영도서점 #흰여울길카페 #고양이네

책으로 둘러싸인 1층에서 주인은 좋은 커피콩을 솎아낸다. 바다를 내다보는 마당에서 커피를 마시며 책 읽기 딱 좋다. 어린이가 방문하면 어린이용 음료를 무료로 제공한다.

📍 부산시 영도구 흰여울길 307 🅿 절영 해안 산책로 앞 노상 공영주차장, 주말·공휴일 시간제 갓길 주차 허용 📞 051-8634-0103 🕐 11:00~19:00 ₩ 드립커피 6,000원, 더치라테 8,000원 📷 @sonmokseoga

부산항을 내려다보는 영도 카페
신기산업

#영도핫플 #부산영도카페 #오션뷰카페

숨넘어갈 만큼 가파른 영도의 산복도로를 지나 신기산업에 도착하면 그제야 숨통이 확 트인다. 부산 앞바다를 지나 부산항까지 시원한 풍경이 내달린다. 통유리로 마감한 실내에서도, 바닷바람 불어오는 루프톱에서도 부산의 정취를 느낄 수 있다. 지하로 내려가면 알록달록한 소품이 유혹하는 신기잡화점이 있으니 부산 여행의 기념품을 잘 골라보자.

📍 부산시 영도구 와치로51번길 2 🅿 가능 📞 070-8230-1116 🕐 11:00~23:00 ₩ 아메리카노 5,500원, 카페라테 6,000원, 신기라테 7,000원 🏠 sinki.co.kr

대한민국 어묵의 역사
삼진어묵 본점

#영도찐핫플 #부산맛집 #부산어묵

연간 100만 명이 방문한다는 삼진어묵 본점은 웬만한 백화점 식품 매장을 능가할 정도로 규모가 크고 어묵의 종류도 다양하다. 남는 게 없더라도 좋은 재료를 써야 한다는 창업주의 유지를 3대째 이어오는 어묵은 어육 함량이 높아 감칠맛이 환상적이다. 가격도 적당해 여러 개를 맛봐도 부담이 없다. 따뜻하게 먹고 갈 수 있도록 전자레인지를 마련해두는 배려도 잊지 않았다.

📍 부산시 영도구 태종로99번길 36
🅿 가능 📞 051-412-5468
🕐 09:00~19:00 ₩ 깐깐한떡말
이어묵 3,600원, 특낙업 5,000원,
삼각당면 5,000원
🏠 www.samjinfood.com

부산 맛집의 클래스
엉터리식당

#사장님큰손 #문어맛집 #영도핫플

문어 작은 접시를 시켰는데 토실한 문어를 통째로 삶아서 내 놀라고, 빙장회 작은 접시를 시켰는데 수북하게 담은 회의 양에 놀란다. 아귀매운탕이 서비스로 나와 또 한 번 놀란다. 언제 가도 사람들이 바글바글한 이유가 있다.

📍 부산시 영도구 남항서로82번길 64-3 🅿 불가 📞 051-413-8886 🕐 12:00~22:00 ₩ 문어(소) 30,000원, 빙장회(소) 20,000원, 꼼장어(소) 20,000원

신선한 회를 깔끔하게 먹는 집
영도횟집

#부산횟집 #신선회 #영도맛집

회가 싱싱하고 맛있기로 소문난 집이다. 예쁜 접시에 담아낸 깔끔한 곁들이 음식에 골고루 손이 간다. 고소하게 오독거리는 참가자미회도, 제철 방어도 만족스럽다.

📍 부산시 영도구 남항로19번길 33 🅿 가능 📞 0507-1371-8600 🕐 11:00~23:00 ₩ 참가자미회(소) 50,000원, 모둠회(소) 35,000원 📷 @limchanho48

태종대

ⓒ김미경

태종대는 신라의 태종이 대마도를 토벌하면서 머무른 곳이자, 조선의 태종이 가뭄을 해소해 달라고 기도를 올린 곳이다. 바다를 향해 뻗은 제단처럼 넓은 바위는 말없이 대마도를 응시한다. 태종대 옆으로 망부석과 신선바위가 있고, 신선바위 아래쪽에는 해산물을 파는 해녀들의 횟집이 있다. 전망대와 영도등대, 수국꽃 만발한 태종사와 물빛 고운 자갈마당이 근사하다.

📍 부산시 영도구 전망로 24 🅿 가능 📞 051-405-8745 🕐 04:00~24:00, 11~2월 05:00~24:00, 우천 혹은 다누비 운행중단 시 주간차량 개방 09:00~22:00, 야간차량 개방 18:00~22:00, 5~9월 20:00~22:00 ₩ 다누비열차 성인 4,000원, 청소년 2,000원, 어린이 1,500원, 유람선 성인 11,000원, 어린이 6,000원, 야간 차량 출입 2,000원 🏠 www.bisco.or.kr/taejongdae

TIP 태종대 둘러보는 법

길이가 약 4km로 걸어서 한 바퀴 돌면 1시간 정도 걸린다. 다누비열차는 전망대, 영도등대, 태종사에서 정차한다. 당일 승차권으로 재승차 가능. 유람선 선사가 여럿인데, 트로트를 들으며 40분 동안 바다에서 신선바위와 영도등대를 볼 수 있다.

ⓒ김미경

ⓒ김미경

ⓒ김미경

새 단장한 부산의 랜드마크
용두산공원과 부산타워

#전망대 #야경명소 #부산항뷰

용이 백두대간을 타고 내려오는 형세라는 용두산은 야트막한 언덕에 가깝다. 번화가의 중심에서 살짝 떨어져 한적한 공원의 역할을 한다. 꽃시계와 종각, 이순신 장군 동상이 여행자들을 맞이한다. 정상에 뿔처럼 솟아 있는 부산타워가 새 단장을 마치고 문을 열었다. 전망대에서 감천문화마을, 영도대교, 부산항, 부산자갈치시장, 오륙도가 360도로 펼쳐진다.

📍 부산시 중구 용두산길 37-55 🅿 용두산 공영주차장 📞 051-601-1800 🕐 10:00~22:00(30분 전 발권 마감) ₩ 성인·청소년 12,000원, 36개월 이상 유아·어린이·65세 이상 9,000원 📷 @busantower_official

ⓒ김미경

┃TIP┃ 약속의 다리, 영도대교

영도대교는 일제 강점기에 가설한 동양 최초, 국내 유일의 도개교지만, 전쟁 통에 피난민들이 꼭 살아서 영도다리 위에서 만나자고 약속했던 장소로 더 유명하다. 코로나19 팬데믹 이전 매일 열리던 도개교는 다리의 안전성 점검을 위해 매주 토요일 오후 2시부터 15분간 열린다(부산관광안내소 051-253-8253).

영화의 도시에서 만나는 영화 같은 순간
부산영화체험박물관

#체험형박물관 #영화의도시 #부산여행

1층으로 들어서면 유명한 영화의 캐릭터 피규어가 관람객을 맞이한다. 2층에 매표소, 3층과 4층에 걸쳐 체험 전시관이 이어진다. 전시관에서는 영화의 역사와 장르, 제작 방법, 음악, 포스터 같은 다양한 볼거리를 제공한다. 스튜디오에서 직접 출연하는 영상을 찍어 보고 후시 녹음으로 자신의 목소리를 녹음하는 등 30개의 체험 코너를 즐기다 보면 시간이 훌쩍 지난다.

📍 부산시 중구 대청로126번길 12 🅿 가능 📞 0507-1377-4201 🕐 10:00~18:00(월요일 휴무) ₩ 부산영화체험박물관 성인 10,000원, 어린이·청소년 7,000원, 부산 시민 30% 할인, 부산영화체험박물관+트릭아이뮤지엄 통합 입장권 성인 12,000원, 어린이·청소년 9,000원 🏠 busanbom.modoo.at

보수동 책방 골목

#50년역사 #헌책방 #골목여행

헌책 새 책 모두 모인 문화 골목

피난민들이 미군 부대에서 나온 잡지와 만화를 팔기 시작하면서 하나둘 늘어난 책방이 많을 때는 70개가 넘게 골목을 채웠다. 전쟁 통에도 헌책을 사고팔며 공부하던 사람들의 희망이 오래된 책 냄새로 머문다. 참고서나 신간을 파는 서점, 트렌디한 카페도 늘어나 슬렁슬렁 둘러보기 좋다.

📍 부산시 중구 대청로 67-1 🅿 보수동 책방 골목 공영주차장 🏠 www.bosubook.com

부평깡통시장

#1호야시장 #깡통은어디에 #시장구경

깡통 대신 다양한 먹거리

한국 전쟁 이후 미군 부대에서 군수품으로 나온 깡통들을 사고팔던 시장이었다. 지금은 깡통을 파는 집은 찾기 어렵고, 어묵과 건어물, 먹거리를 주로 판다. 부평깡통시장을 중심으로 북쪽의 보수동 책방 골목, 동쪽의 국제시장, 남쪽의 비프광장과 자갈치시장까지 도보로 둘러볼 수 있다.

📍 부산시 중구 부평1길 48 🅿 부평 공영주차장 혹은 부평깡통시장 부평지하주차장 📞 0507-1416-1131
🕐 19:30~24:00 🏠 www.bupyeong-market.com

소문난돼지국밥

#돼지국밥 #부산맛집 #깔끔한국물

남포동의 담백한 돼지국밥

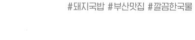

부산의 소울푸드를 꼽으라면 돼지국밥을 빼놓을 수 없다. 깡통시장 끄트머리에서 30년이 넘도록 자리를 지킨 소문난돼지국밥은 사골국물처럼 잘 우려낸 뽀얀 국물에 고기를 양껏 넣어준다. 담백한 국물에 밥을 말아 먹으면 남포동을 지켜온 맛집의 저력이 새삼스럽다.

📍 부산시 중구 부평1길 27 🅿 부평 공영주차장
📞 0507-1307-5184 🕐 07:30~21:30 ₩ 돼지국밥 9,000원, 순대국밥 9,000원, 섞어국밥 9,000원

군것질하는 재미 가득
국제시장

#남포동먹방 #도떼기시장 #영화촬영지

평생 필요한 물건들을 다 살 수 있다는 국제시장에는 2층짜리 상점이 들어선 12개 동이 있어 규모가 크고, 들고나는 입구도 많다. 동명의 영화 때문에 찾았다가 떡볶이, 정구지지짐, 유부전골에 팥빙수까지 실컷 먹고 가게 된다.

📍 부산시 중구 신창동 4가 🅿 국제시장로 1구간 노상 공영주차장 📞 051-245-7389 🕐 09:00~20:00(일요일 휴무)
🏠 www.gukjemarket.co.kr

줄서서 먹는 호떡
비프광장 씨앗호떡

#영화의거리 #호떡맛집 #부산명물

영화감독과 배우들의 손바닥 도장이 새겨진 영화의 거리에 씨앗호떡을 파는 빨간 천막들이 진을 쳤다. 잘 구운 호떡을 반으로 갈라 7가지 견과류를 아낌없이 넣어주는 독특한 호떡이다. 외국인 관광객들도 줄서서 사 먹는 남포동의 대표 간식.

📍 부산시 중구 비프광장로 36 🅿 부산극장 주차장 혹은 롯데시네마 민영주차장 📞 051-253-8523 ₩ 씨앗호떡 2,000원

오이소! 보이소! 사이소!
부산자갈치시장

#부산대표시장 #시장구경 #수산물맛집

부산에서 자갈치는 고유명사에 가깝다. 1930년대까지 자갈이 널려 있던 해변이 한국 전쟁 이후 수산물 시장으로 거듭났다. 새벽마다 기운찬 바다를 불러오는 자갈치 아지매들이 건물 1층에서 해산물을 팔고, 2층부터는 식당을 운영한다. 근처에 곰장어집, 고래고기집이 즐비하다.

📍 부산시 중구 자갈치해안로 52 🅿 가능 📞 051-245-2594
🕐 05:00~22:00(첫째·셋째 화요일 휴무)
🏠 bisco.or.kr/jagalchimarket

부산의 곰장어 골목은 바로 여기
부산 곰장어 골목

#부산맛집 #곰장어골목 #소주안주

곰장어집이 많은 부산이지만 현지인이 찾는 골목은 따로 있다. 자갈치역 4번 출구 뒤편의 작은 골목에는 파라솔 밑에서 연탄불에 곰장어를 굽는 집이 즐비하다. 곰장어의 쫄깃하고 고소한 맛이 일품이다.

남해원조장어구이
📍 부산시 서구 자갈치로 12-1 🅿 자갈치 공영주차장 📞 051-243-9859 🕐 10:00~23:00(둘째·마지막 목요일 휴무) ₩ 꼼장어(소) 35,000원, 꼼장어(중) 50,000원

©윤유섭

형형색색의 지붕이 다닥다닥
감천문화마을

#지성이면감천 #마을여행 #사진여행

TIP 사생활 침해를 주의해주세요

마을 입구 안내판에 "사생활을 지키며 촬영의 품격을 높이세요"라고 쓰여 있다. 드론으로 마을 전체를 촬영하는 것도 금지. 골목에서는 황토색으로 포장된 길로만 다니자. 사생활 침해, 주차, 소음으로 주민들이 불편을 호소한다. 타인의 삶을 존중하는 마음으로 돌아보자.

비탈길을 따라 늘어선 파스텔 톤 집들이 서로에게 기대어 벽이 되고 지붕이 된다. 감천마을 최고의 포토존인 어린 왕자 옆에 앉으면 저 멀리 손바닥만 한 바다도 보인다. 한국의 마추픽추라며 도시 재생의 사례로 손꼽히는 마을이다. 2014년 수능 문제에 문화예술체험마을로 소개되었고, 2016년 대한민국 공간문화대상 최고상인 대통령상을 수상했다. 잠시 들렀다 가는 관광객에겐 알록달록 예쁜 마을이지만 이곳에는 아직 떠날 수 없어 머무는 사람이 많다. 연간 250만 명에 가까운 관광객이 찾는 관광지의 혜택이 거주민들에게 돌아갈 수 있도록 가능하면 마을 카페와 마을 기업을 이용하자.

감천문화마을 안내센터

📍 부산시 사하구 감천동 감내2로 203 🅿 감내 공영주차장, 제일 민영주차장, 한영 민영주차장 📞 051-204-1444 🕐 09:00~18:00, 11~2월 09:00~17:00 🏠 www.gamcheon.or.kr

©윤유섭

한없이 푸른 바다 위를 나르는 쾌감

#부산송도 #해상케이블카 #에어크루즈

송도 해상케이블카

동쪽의 송림공원에서 서쪽의 암남공원까지 바다 위를 날아서 가보자. 구불구불한 송도 구름 산책로가 거북섬을 가로지르며 바다에 그림을 그린다. 거북섬에는 용왕의 딸과 사랑에 빠진 젊은 어부를 안타깝게 여긴 용왕이 그를 거북바위로 만들어 두 사람이 영원히 함께할 수 있도록 했다는 전설이 전해진다. 한쪽으로는 아기자기한 송도 해수욕장, 반대쪽으로는 남항대교와 영도의 흰여울문화마을이 선명하다. 해안 절벽을 따라 조성된 송도 해안 산책로는 위에서 내려다봐도 절경이다. 안남공원 정류장에서 동섬으로 삐죽하게 이어지는 송도 용궁구름다리에 서서 맑은 부산을 즐겨보자.

송도 해상케이블카 하부 송도 베이스테이션
📍 부산시 서구 송도해변로 171 🅿 가능 📞 051-247-9900
🕐 09:00~20:00(30분 전 발권 마감) ₩ 일반 캐빈 왕복 성인·청소년 17,000원, 어린이 16,000원/ 투명 캐빈 성인·청소년 왕복 22,000원, 어린이 12,000원 🏠 www.busanaircruise.co.kr

송도 해상케이블카 상부 송도 스카이파크
📍 부산시 서구 암남공원로 181 🅿 가능

느리게 둘러보는 추억의 골목

#피난민마을 #테마거리 #부산항뷰

초량 이바구길의 168계단과 모노레일

평지가 좁은 부산의 원도심은 차도 강렬한 엔진 소리를 내
며 힘들어할 만큼 가파르고 계단도 많다. 피난민들의 만남
의 장소로 유명했던 중앙동 40계단만큼이나 피난민들의
굴곡진 인생을 담아내기로는 초량동 168계단도 만만치
않다. 버스 정류장 바로 앞 이바구공작소에서 마을의 역
사를 담은 흑백사진과 산복도로 사람들의 일상이 담긴 펜
화전을 보고 여행을 시작하자. 타일로 아기자기하게 꾸민
168계단 위에 서면 그 자체로 전망대다. 물장수와 지게꾼,
공장 노동자들이 오르내리던 계단 옆으로 모노레일이 오
르내리니 세월이 무색하다. 8명까지 탈 수 있는 작은 모노
레일은 주민들의 편의를 위한 무료 시설이니 어르신들이
계실 땐 자리를 양보하자.

★ 2024년 1월 현재 모노레일 안전 정비 공사로 운행 중지

📍 부산시 동구 초량동 865-48 🅿 초량2동 공영주차장
📞 051-468-0289 🕐 모노레일 6~9월 07:00~21:00, 10~5월
07:00~20:00 🏠 www.2bagu.co.kr

젊은 광안리에서 즐기는 부산

요즘 부산의 젊은이들은 수영구에서 모인다. 오륙도와 이기대, 신선대 같은 옛 관광지부터 횟집이 즐비한 민락동,
박고지김밥으로 유명한 광안시장, 카페와 펍이 늘어선 광안리 해수욕장, 각종 문화 공간, 카페와 베이커리,
꽃집이 유혹하는 광안종합시장까지, 옛 모습에 녹아든 요즘 감성까지 함께 즐겨보자.

해안 절벽 위에서 오륙도 감상

오륙도 스카이워크

#거리두기스폿 #심장쫄깃 #오륙도는몇개

오륙도는 동쪽에서 보면 여섯 봉우리, 서쪽에서 보면 다섯 봉우리라고 해서 지은 이름이다. 뭉뚱그려 오륙도인 줄 알지만 방패섬, 솔섬, 수리섬, 송곳섬, 굴섬, 등대섬이라는 고유의 이름도 있다. 예전에는 육지에서 이어진 땅이었으나 오랜 세월 파도의 힘을 이기지 못하고 섬이 되었다. 오륙도를 조망하는 스카이워크는 해안 절벽 위에 U자로 놓였다. 바닥이 투명한 유리라서 아래를 내려다보면 심장이 쪼그라든다. 스카이워크에서는 6개의 섬이 정확하게 보이지 않아 아쉽지만 이기대수변공원 아래 에메랄드빛 바다와 해운대 해수욕장까지 담긴 풍광을 즐길 수 있다. 동쪽으로는 해파랑길이 시작되고, 남쪽으로는 부산 갈맷길이 이어진다.

📍부산시 남구 오륙도로 137 🅿가능 📞051-607-4062
🕐09:00~18:00

ⓒ윤유섭

옛이야기 따라 걷는 해안 길

이기대 해안 산책로

#거리두기스폿 #수변공원 #갈맷길2코스

용호동 구름다리에서 출발해도 좋고 오륙도 스카이워크에서 출발해도 좋다. 눈부시게 푸르른 바다에 펼쳐진 4.7km의 산책로를 따라 걸으며 치마바위, 해식동굴, 농바위를 만난다. 어울마당에 앉으면 동백섬과 해운대 일대가 수평선을 그린다. 임진왜란 때 잔치에 불려간 기생 2명이 왜장을 껴안고 투신한 장소라는 넓적한 바위에 하얗게 파도가 부서진다.

📍부산시 남구 용호동 산 14-3 🅿이기대수변공원 제1공영주차장 혹은 제2공영주차장 📞051-607-6398

신선의 발자취는 어디에

신선대유원지

#거리두기스폿 #야경명소 #사진여행

산봉우리에 신선의 발자취가 남아있다고도 하고 최치원이 신선이 되어 나타난 곳이라고도 해서 신선대라 한다. 꼭대기에 오르면 용당부두부터 감만부두, 영도, 부산항대교가 내려다보인다. 해 질 무렵이면 카메라를 둘러멘 신선들이 올라와 야경 사진을 찍는다.

📍부산시 남구 용당동 산170 🅿신선대 주차장

ⓒ윤유섭

부산의 과거와 현재를 한눈에

부산박물관

#부산여행 #볼거리쏠쏠 #박물관여행

동래관과 부산관을 죽 돌아보는 것만으로도 부산의 과거를 지나 현재까지 구석구석을 여행한 기분이다. 특별 전시와 다도 체험 및 부산관 복도에서 만나는 최민식 작가의 사진도 놓치지 말자.

📍부산시 남구 유엔평화로 63 🅿가능 📞0507-1427-7111
🕘09:00~18:00(월요일·1월 1일·공휴일 다음 날 휴관)
🏠museum.busan.go.kr/busan

와이어 공장에서 문화 공장으로 변신

F1963

#서점과도서관 #국제갤러리 #테라로사

1963년부터 45년 동안 와이어를 생산하던 공장이 복합 문화 공간으로 재탄생했다. F는 공장Factory이라는 뜻. 온라인 서점 YES24의 첫 번째 플래그십 스토어에서 책과 굿즈를 고르고, 국제갤러리에서 동시대 미술 작가들의 작품을 감상한다. 테라로사 카페와 복순도가 막걸리, 체코 맥주를 파는 프라하993도 입점했다. 야외 정원에는 달빛 가든과 회원제로 운영하는 예술도서관이 있다.

📍 부산시 수영구 구락로123번길 20 🅿 가능 📞 051-756-1963 🕐 09:00~21:00 🏠 www.f1963.org

국물 맛도 고기 맛도 끝내줘요

엄용백돼지국밥

#국밥맛집 #수육맛집 #부산맛집

미군 부대에서 나오는 돼지 뼈로 육수를 우려 밥을 말아 먹던 국밥이 부산의 향토 음식으로 자리 잡았다. 엄용백 돼지국밥에는 돼지 뼈를 고아 진하게 우려낸 밀양식 국밥과 돼지의 살코기로 맑게 끓여낸 부산식 국밥 모두 있다. 국밥 속에 실한 고기가 가득하고, 부추김치와 고추짠지가 입맛을 돋운다.

📍 부산시 수영구 수영로680번길 39 🅿 88 민영주차장 혹은 신신 민영주차장 📞 051-757-8092 🕐 11:30~22:00, 브레이크 타임 15:00~17:00 ₩ 부산식 돼지국밥 11,000원, 밀양식 돼지국밥 13,000원, 항정수육 16,000원

광안대교가 보이는 도심 속 해수욕장

광안리 해수욕장과 광안대교

#거리두기스폿 #낭만의거리 #반월형백사장

고층 빌딩이 늘어선 해운대 해수욕장과 달리 광안리 해수욕장은 아기자기한 횟집과 술집이 많아 젊은이들을 사로잡는다. 부산의 랜드마크가 된 광안대교도 한몫한다.

📍 부산시 수영구 광안해변로 219 🅿 수영구 광안 공영주차장 📞 051-622-4251 🏠 www.suyeong.go.kr/tour

조용한 시장 한구석 핫한 빵집
럭키베이커리

#빵지순례 #부산빵집 #엄지척

빵 냄새가 마음까지 물들이는 작은 공간에 사장님의 빵부심이 가득 담겼다. 맛있는 빵을 맛본 사람들이 단골이 되면서 아침에 구운 빵이 점심때 다 팔리기 일쑤다. 인기 메뉴인 단호박크림치즈나 샌드위치를 먹으려면 예약하고 방문하자. 충분히 시간을 들여 다음 날의 빵을 준비하기 때문에 일찍 문을 닫는다. 따끈한 수프나 스튜도 다양하게 선보인다.

📍 부산시 수영구 무학로49번길 71 🅿 부산시 수영구 광안동 89-20 주차 후 도보 이용 📞 010-9627-6898 🕐 금·토요일 10:00~17:00, 일요일 10:00~15:00(재료 소진 시 마감, 인스타그램 운영 공지 참고) ₩ 카프레제 오픈샌드위치 4,800원, 크랜베리사워도우 7,000원, 단호박크림치즈사워도우 7,700원
📷 @_lucky_bakery

맛있다는 입소문에 줄을 서는
타타 에스프레소바

#느낌그대로 #인스타핫플 #커피맛집

이불집과 쌀집이 늘어선 시장 골목에 느닷없이 카페가 들어서더니, 젊은이들이 북적거려 주변 상인들이 무척 놀라워했다고. 럭키베이커리에서 빵을 득템하고 타타의 커피와 함께 맛보면 행복지수가 바로 높아진다.

📍 부산시 수영구 무학로33번길 57 🅿 부산시 수영구 광안동 89-20 주차 후 도보 이용 📞 0507-1356-0727 🕐 11:00~19:00(화요일 휴무) ₩ 플랫화이트 5,500원, 에스프레소마키아토 4,000원
📷 @tata_espressobar

회를 먹을 땐 막장이 맛있어야지
연희초장

#막장맛집 #초장맛집 #부산맛집

횟집이 아니라 상차림집이다. 광안리 민락어패류
시장에 있는 연희초장은 막장이건 초장이건 작은 종
지가 아니라 넓적한 접시에 넉넉하게 담아준다. 땅콩과
고추, 마늘, 깨소금이 잔뜩 들어간 막장은 그냥 먹어도 고소하
다. 부산상회에서 횟감, 만장굴상회에서 해산물을 구입해 지하로 내려가면 푸
짐하게 상을 차려준다.

📍 부산시 수영구 광안해변로 278 🅿 가능 📞 051-757-4795 🕐 09:00~22:00(수요일
격주 휴무) ₩ 상차림 1인 5,000원, 매운탕 10,000원, 회비빔아채 2,000원

귀한 박고지로 만든
광안시장 박고지김밥

#전국구김밥집 #부산맛집 #줄을서시오

껍질과 씨앗을 제거한 박을 길쭉하게 썰어 잘 말렸다가 불려
나물이나 조림으로 먹던 박고지를 김밥에 넣었다. 점심시간
이 지나면 매진되어 못 먹을 확률이 높다. 여럿이 쓱싹쓱싹
김밥을 말아 포장 판매만 하기 때문에 대기 줄이 금방 줄어
든다. 김치말이김밥과 참치김밥도 맛있다.

📍 부산시 수영구 수영로603번길 14 🅿 광안시장 공영주차장
📞 051-755-0960 🕐 08:30~15:00(재료 소진 시 마감, 일요일 휴
무) ₩ 박고지우엉김밥 2,500원, 참치말이김밥 3,000원

깔끔한 국물에 밑반찬도 맛있는 집
자매국밥

자매국밥만의 쌈장과 깔끔하게 매운 다대기 맛을 좋아하는 마니아가 많아서
부산의 국밥집에서 둘째가라면 서러울 맛집으로 꼽힌다. 대기표인 주전자나 국
자를 들고 웨이팅을 하고 있으면 차례대로 입장을 시켜준다. 어떤 국밥을 시키
든 작지만 알찬 수육 서비스를 내어준다. 신선한 겉절이 무침이 고소하게 입맛
을 돋운다. 국물이 깔끔하고 진하다.

📍 부산시 수영구 민락본동로27번길 56
🅿 불가 📞 051-752-1912
🕐 10:00~21:00(일요일 휴무)
₩ 돼지국밥 9,000원, 순대국밥 9,000원,
수육(소) 18,000원

회를 제대로 먹으려면 부산에 가야지
부산상회

처음 가는 지방의 회센터에 가면 믿을 만한 횟감인지 고민되기 마련이지만 부
산상회는 믿고 갈 만하다. 주인장이 넘치게 권하지 않고, 횟감과 칼질에 대한 자
부심이 있으니 계절별로 권하는 횟감을 추천받아 보자. 싱싱하고 고소한 밀치회
나 소방어를 맛보면 역시 회는 부산이구나 싶다. 민락어패류 시장이 아니라 밀
레니엄센터의 부산상회이니 헷갈리지 말자.

📍 부산시 수영구 민락수변로 103 1층 🅿 가능 📞 051-752-6456 🕐 09:00~23:50
₩ 광어 25,000~35,000원, 우럭 25,000~30,000원, 참돔 30,000~55,000원

광안리의 새로운 핫플레이스

밀락더마켓

#광안리핫플 #부산여행 #인스타핫플

광안리의 푸르른 바다와 광안대교가 유리창 너
머로 손에 잡힐 듯하다. 지하 1층부터 지상 2층
까지 2,300평이 넘는 공간은 오픈한지 몇 달 되
지 않아 부산의 젊은이들을 불러 모으는 핫플레
이스로 등극했다. 버스킹 스퀘어와 오션뷰 스탠
드가 탁 트인 풍경을 자랑하고, 트렌디한 패션
브랜드와 다양한 아트숍이 입점해 개성을 뽐낸
다. 우리 술과 와인을 함께 판매하는 보틀숍, 공
간을 풍성하게 만드는 가구숍, 편안하게 낮맥을
즐길 수 있는 비어바가 여기저기서 유혹의 손길
을 보낸다. 부산뿐만 아니라 경주와 서울에서 유
명한 카페와 맛집이 이곳에 몰려 있다. 한 바퀴
돌아보면 무엇을 먹어야 할지 고민이 될 정도. 좋
아하는 음식을 골라 가게에 앉아 먹어도 좋지만
오션뷰 스탠드로 가져와서 부산 앞바다의 정취
까지 두 배로 즐겨보자.

📍 부산시 수영구 민락수변로17번길 56   🅿 가능
📞 0507-1371-5671   🕐 10:00~24:00
📷 @millac_the_market_official

여전히 인기 있는 해운대와 달맞이길

부산 여행을 계획할 땐 우리나라에서 으뜸가는 피서지로 꼽히는 해운대 해수욕장을 가장 먼저 떠올린다. 영화 〈해운대〉를 보면 아웅다웅하며 살아가는 인물들 뒤로 여름 피서객의 인파와 동백섬, 미포철길, 미포방파제 등 해운대 일대를 잘 묘사해 여행하듯 들여다보는 재미가 쏠쏠하다. 해운대의 스카이라인을 뒤로하고 송정 해수욕장까지 뻗은 달맞이길은 부산 제일의 데이트 코스답게 예쁜 카페가 많다.

©김미경

부산을 대표하는 해수욕장

해운대 해수욕장

#거리두기스폿 #사계절여행지 #부산국제영화제

부산에는 송정, 광안리, 송도, 다대포 등 여러 해수욕장이
있지만 부산을 여행할 때 제일 먼저 떠올리는 해수욕장은
해운대. 신라 말기 대학자 최치원이 동백섬의 절경에 감
탄한 나머지 자신의 호인 '해운'을 동백섬 바위에 새긴 것에
서 해운대라는 지명이 유래했다. 매년 여름이면 500만 명
에 가까운 피서객이 몰리는 우리나라 대표 해수욕장으로
명성이 자자하다. 작은 어선들이 옹기종기 모인 동쪽의 미
포방파제에서 초승달처럼 휘어진 해수욕장 서쪽 끝으로 동
백섬과 누리마루 APEC 하우스가 보인다. 넓은 백사장과
따뜻한 수심, 다양한 축제와 즐길 거리, 편안한 숙박 시설
을 갖추어 세계의 어느 휴양지와 비교해도 뒤지지 않는다.

📍부산시 해운대구 우동 621-5 🅿️해운대 해수욕장 광장 공영주
차장, 동백 공영주차장, 미포 민영주차장 등 📞051-749-4000
🏠www.haeundae.go.kr/tour

부산의 야경을 즐기는 방법

더베이101

#야경명소 #마린시티뷰 #야외맥주

길쭉길쭉하게 하늘로 뻗은 건물들이 불빛을 휘감으면 바닷물에 비친 또 하나의 도시가 세워진다. 동백섬의 서쪽에서 마린시티를 바라보는 풍경이다. 이 풍경을 제대로 즐기려면 더베이101 요트 클럽으로 가자. 1층의 핑거스앤챗에서 피시앤칩스와 맥주를 주문해 야외 자리에 앉으면 홍콩의 야경 부럽지 않다. 여름 성수기엔 자리 경쟁이 치열하지만 감수할 만하다.

📍 부산시 해운대구 동백로 52 더베이101 🅿 가능 📞 051-726-8888 🕐 더베이101 08:00~24:00, 핑거스앤챗 12:00~24:00 ₩ 대구와 감자튀김 22,000원, 새우와 감자튀김 23,000원 🏠 www.thebay101.com

©김미경

1970년생 복국집

금수복국 해운대본점

#복국맛집 #복지리 #부산맛집

아침부터 메뉴판도 보지 않고 복국과 소주를 주문하시는 어르신들을 보면 이 집의 저력이 느껴진다. 복어의 양 때문이 아니라 복어의 종류에 따라 맛이 달라지고 가격 차이가 난다. 쫄깃한 식감을 원한다면 밀복국 이상으로 주문하자. 콩나물과 미나리를 넣은 국물이 시원하고 복어살이 푸짐하게 들어 있어 안주로도, 해장으로도 좋다.

📍 부산시 해운대구 중동1로43번길 23 🅿 가능 📞 051-742-3600 🕐 24시간 ₩ 은복국 14,000원, 밀복국 20,000원

평양에선 냉면, 부산에선 밀면

해운대 가야밀면

#냉면이냐밀면이냐 #육수맛집 #해운대맛집

밀면은 구호품이었던 밀가루로 면을 만들어 먹은 데서 유래한 부산의 향토 음식이다. 부산 토박이들은 동네마다 자기들만의 단골 밀면집이 있다고 큰소리친다. 48시간 이상 끓여낸 달큼한 육수에 고기를 듬뿍 얹은 가야밀면의 쫄깃한 맛을 느껴보자.

📍 부산시 해운대구 좌동순환로 27 🅿 가능 📞 0507-1404-9404 🕐 09:00~20:50 ₩ 밀면 9,000원, 비빔면 9,500원, 만두 6,000원

해운대가 내려다보이는 브런치 맛집
콜라보 위드 문탠바

#데이트코스 #브런치맛집 #해운대뷰

달맞이길에서 해맞이를 하며 브런치를 먹어볼까. 호텔 일루아 2층에서 베이커리와 브런치를 파는 콜라보 위드 문탠바의 통창으로 햇살이 쏟아진다. 창밖으로는 해운대 해수욕장의 스카이라인과 동백섬이 바다 위에 둥실거린다. 에그 베네딕트나 베이컨과 수란이 얹어진 오픈 샌드위치 같은 푸짐한 브런치 외에도 파스타, 버거, 샐러드, 피자까지 다양한 메뉴를 갖췄다. 빵과 케이크 종류도 여럿이라 커피와 함께 간단한 식사가 가능하다. 느긋하고 우아하게 창밖 풍경을 즐기고 싶다면 미리 창가 자리를 예약하자.

📍 부산시 해운대구 달맞이길 97 호텔 일루아 2층
🅿 가능 📞 051-741-3001 🕐 10:00~21:00(45분 전 주문 마감) 💰 베이컨 에그 베네딕트 19,000원, 오픈 샌드위치 18,000원, 아메리카노 5,000원
🏠 collabowithmoontanba.modoo.at

부산에 갔으면 기장에 들러야지

부산 시내 중심에서 해운대를 지나 북쪽으로 한참 올라가면 기장이다. 연화리와 칠암리 곳곳에서 자연산 회를 맛볼 수 있고,
일광 해수욕장과 임랑 해수욕장이 있어 여름휴가를 보내기에도 좋다. 36km에 이르는 해안을 따라
해동용궁사와 오랑대 같은 절경이 이어지고, 힐튼 호텔과 용왕단을 잇는 약 12km의 구간을 오시리아 해안 산책로로
가꾸어 거닐기 좋다. 신비로운 아홉산숲의 대나무 군락도 놓치지 말자.

바다와 가장 가까운 절

#용궁같은절 #관음성지 #기장여행

해동용궁사

관세음보살은 용을 타고 바닷가에 나타난다
는 자비의 화신이다. 해안가에 있는 양양 낙산
사와 남해 보리암, 해동용궁사가 한국의 3대
관음 성지로 꼽히는 이유다. 원래 고려시대에
지은 절인데 임진왜란 때 불타 1930년대에 중
창했다. 입구에는 어른 키만 한 12지신상이 일
렬로 늘어섰다. 일주문을 지나 대나무 사이로
108계단을 내려가면 시야가 확 트이면서 해동
용궁사가 모습을 드러낸다. 바닷속 용궁이 솟
아오르면 이런 모습일까. 용머리가 위엄 있는
대웅보전, 바다를 향한 진신사리탑, 와불을 모
신 광명전, 복을 내려준다는 포대화상, 경내를
굽어보는 해수관음대불, 지하에 숨겨진 돌샘
약수까지 볼거리가 넘친다. 푸근한 표정을 짓는
황금빛 지장보살 옆에서 잔잔한 파도가 바위를
쓰다듬는다.

📍 부산시 기장군 기장읍 용궁길 86 🅿 가능
📞 051-722-7744 🕐 04:30~19:20(30분 전 입장
마감) 🏠 www.yongkungsa.or.kr

나무를 사랑한 선조들의 정성
아홉산숲

골짜기가 아홉이라 아홉산이라 불리는 산자락에 남평 문씨 가문에서 400년 동안 가꾸어온 숲이다. 2015년까지 일반인의 출입을 허용하지 않아 산토끼와 고라니, 꿩도 산다. 입이 떡 벌어지는 금강송도 놀랍지만 울창한 맹종죽이 거대한 당간지주를 품은 풍경은 더욱 신비롭다. 거북 등딱지 같은 구갑죽, 아름다운 종택 관미헌도 놓치지 말자. 시내에서 좀 멀지만 막상 가면 참 잘했다 싶다.

📍 부산시 기장군 철마면 미동길 37-1 🅿 가능 📞 051-721-9183 🕐 09:00~18:00 (1시간 전 입장 마감) ₩ 성인 8,000원, 청소년·어린이·우대 5,000원, 65세 이상 7,000원 🏠 www.ahopsan.com

#거리두기스폿 #드라마촬영지 #대나무숲

TIP 절에 세우는 당간지주가 왜 여기에?

당간지주는 절 앞에 세워 깃대를 고정하는 한 쌍의 기둥을 말한다. 맹종죽숲 한가운데 대나무가 자라지 않는 둥근 빈터가 있었다. 옛사람들은 이곳에 아홉산 산신령의 영험이 있다고 믿어 굿을 하거나 치성을 드렸다. 드라마를 촬영하면서 시공간을 넘나드는 차원의 문을 상징하는 당간지주를 놓았다가 촬영 후 그대로 두어 사진 명소로 거듭났다.

바다의 맛을 품은 해산물 천국
연화리 해물포장마차촌

#그래이맛이야 #부산인심 #기장맛집

빨간 대야 속에서 멍게, 해삼, 개불, 소라, 석화, 낙지, 가리비, 전복이 꿈틀거린다. 모두가 싱싱하고 푸짐한 모둠 해물의 재료다. 일찌감치 문을 닫는 포장마차에서 짭조름한 바다의 맛을 보려고 대낮부터 찾는 사람이 많다. 전복죽도 먹어보지 않으면 후회할 만큼 진하고 맛있다. 해녀촌이라 해녀들이 운영하는 실내 횟집도 많아 겨울에도 갈 만하다.

📍 부산시 기장군 기장읍 연화리 119-10 🅿 가능 📞 09:00~19:00 ₩ 해물 모둠 소 30,000원, 중 40,000원, 대 50,000원, 전복죽 1인 10,000원

경치가 좋아 풍류를 즐기던 자리
오랑대공원

#거리두기스폿 #일출명소 #사진여행

선비 5명이 기장에 유배당한 친구를 찾아와 술잔을 기
울였다는 오랑대가 공원으로 거듭났다. 오시리아 해안
산책로를 따라 용왕단, 오랑대, 거북바위를 만난다. 촛
대바위가 있던 용왕단에 작은 암자를 짓고 해수관음상
을 모시는 용왕대신에게 바닷길의 안전을 기도한다. 요
즘은 오랑대보다 용왕단의 일출 사진이 훨씬 유명하다.

📍 부산시 기장군 기장읍 연화리 산64-13 🅿 오랑대 공영주차
장(신용카드 무인주차) 📞 051-792-4996

부산에서 보기 드문 예쁜 건물
죽성드림세트장

#사진여행 #드라마촬영지 #작은어촌마을

코발트빛 바다를 배경으로 빨간 첨탑, 회색 벽돌로 지
은 성당 건물이 또렷하게 살아난다. 실제 성당이 아니라
드라마 세트장이다. 한때는 커플 기념사진이나 웨딩 촬
영을 하러 오는 사람이 많았다. 사진만 찍으러 가기엔
거리가 멀지만 조용한 바다를 즐기고 싶다면야.

📍 부산시 기장군 기장읍 죽성리 134-7 🅿 가능

책을 좋아하는 여행자들을 위한 천국
이터널저니

#안목을칭찬해 #다양한아트북 #부산서점

힐튼호텔에 위치해 분위기가 고급스럽고 굿즈의 가격
이 높은 편이지만 넓은 규모에 주제별로 책을 진열한 센
스가 예사롭지 않다. 디자인 외서, 전시, 클래식, 미술
섹션이 눈에 띈다. 국내외의 책뿐 아니라 예술적인 오
브제와 전시 작품에 눈이 호강한다.

📍 부산시 기장군 기장읍 기장해안로 268-31 아난티 힐튼 지하
2층 🅿 가능 📞 051-604-7222 🕐 서점 10:00~21:00, 카페
12:00~20:00 🏠 www.ananti.kr/kr/cove/eternal.asp

옛 노래 흥얼거리며 골목 여행
대구

대구 여행은 근대사를 온몸으로 겪어낸 근대문화 골목에서 시작하자. 2시간 남짓이면 19세기 후반에서 20세기 초반 대구의 과거를 산책할 수 있다. 여행의 마무리는 음악으로 감성이 충만해 지는 김광석 다시그리기길을 추천한다. 김광석의 노랫말이 새겨진 벽화 거리를 걷고 근처 카페 와 펍에서 피로를 씻어낸다.

대구 근대 문화
골목 걷기 여행

TIP 골목 투어 제2코스 핵심만 쏙쏙

청라언덕에서 3·1만세운동길로 내려가 길을 건너면 계산 주교
좌 대성당이 나온다. 성당 옆으로 조금만 걸으면 이상화 고택
과 서상돈 고택이 나란히 위치한다. 교남YMCA, 구 제일교회,
약령시 한의약박물관도 옹기종기 모여 있다. 김원일의 마당 깊
은 집에서 길남이를 만나고, 진 골목에서 미도다방에 들르자.
코스를 따라 걷다 보면 2시간이 금방 간다.

대구제일교회부설
기독교역사관
(구 제일교회)

맨션5 ●

● 약령시 한의약박물관

진 골목

● 김원일의 마당 깊은 집

● 교남 YMCA

미도다방 ●

계산 주교좌 대성당 ●

3·1만세운동길 ●

이상화 고택 ● ● 서상돈 고택

청라언덕
선교사 주택

0 50m

봄의 교향악이 울려 퍼지는 언덕

청라언덕 선교사 주택

#거리두기스폿 #유형문화재 #의료선교

중구 일대에는 19~20세기의 근대 문화유산을 둘러보는 테마 골목
이 5개나 있다. 볼거리가 많은 약 1.6km의 골목 투어 2코스가 인기
다. 어디서부터 시작해도 좋지만 청라언덕에서 출발하는 편이 무
난하다. 1893년부터 대구를 찾아와 의료 선교를 하던 미국 선교사
들이 1910년대에 붉은 벽돌로 집을 지었고, 푸른 담쟁이가 둘러싸
인 이곳을 청라언덕이라 불렸다. 현재 의료선교박물관으로 이용하
는 스윗즈 주택의 정원은 대구에 서양 사과나무를 처음 심은 곳이다.
동서양의 의료기기를 전시해 의료박물관으로 사용하는 챔니스 주
택, 교육·역사박물관으로 사용하는 블레어 주택이 고풍스럽다. 가곡
〈동무 생각〉의 가사가 적힌 노래비도 반갑다.

📍 대구시 중구 달구벌대로 2029　🅿 가능　📞 053-661-3327
🏠 www.jung.daegu.kr/new/culture(골목 투어 카테고리)

챔니스 주택

청라언덕

스윗즈 주택

태극기 물결치는 계단길
3·1만세운동길

#태극기휘날리며 #역사여행 #골목여행

청라언덕에서 계산 대성당 쪽으로 향하는 길에 현재의 태극기와 진관사 태극기가 함께 흩날리는 50m의 계단길이 있다. 공부보다 더 중요한 것이 나라의 독립이라며 3·1운동에 나선 계성고, 신명여고, 대구고보의 교사와 학생들이 일본군을 피해 몰래 만세 장소로 이동하던 길이다. 당시의 대구 사진과 3·1운동의 기록이 흑백으로 벽에 걸렸다.

📍 대구시 중구 동산동 881-3　🅿 불가
📞 053-661-3327

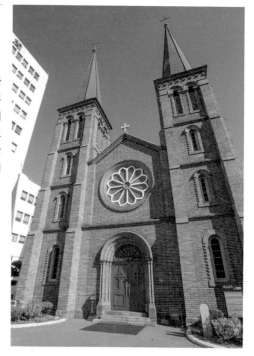

1900년대의 성당 건축물
계산 주교좌 대성당

#대구카톨릭 #건축여행 #사진여행

초대 주임 로베르 신부는 1899년 십자형 한옥 성당과 해성재를 지었다. 해성재는 신자가 아닌 학생들도 공부하던 대구 최초의 서양식 교육기관이었다. 정원 한쪽에 당시의 흑백사진이 있다. 한옥 성당과 해성재가 화재로 소실된 후 1930년에 벽돌로 재건립한 것이 지금의 계산 주교좌 대성당이다. 우리나라에서 서울과 평양에 이어 세 번째로 세워진 고딕 양식의 성당이다.

📍 대구시 중구 서성로 10　🅿 신도만 가능　📞 053-254-2300
🏠 www.gyesancathedral.kr

> **TIP** **성당 안의 이인성 나무**
>
> 이인성은 대구에서 나고 자란 화가다. 그가 1930년대에 그린 작품 〈계산동 성당〉에는 성당 앞에 크게 자란 감나무가 있다. 이 감나무를 '이인성 나무'라고 부른다. 성당에 들른 김에 이인성의 그림과 나무도 보자.

빼앗긴 들에도 봄은 오는가
이상화 고택

#민족시인 #근대문화유산 #대구여행

이상화 시인은 1940년대 친일 문학을 일삼
던 문인들 사이에서 굴하지 않고 꿋꿋하게 민
족정신을 담은 시를 썼다. 대구에서 태어난
시인은 이 고택에서 마지막 작품 〈서러운 해
조〉를 쓰고 숨을 거두었다. 한옥 마당에 돌로
만든 시비 3개가 그의 뜻을 기린다. 근대문화
체험관인 계산예가에서는 이상화, 현진건, 이
인성, 박태준 등 대구 예술인들의 자취를 살
필 수 있다.

📍 대구시 중구 서성로 6-1 🅿 계산 오거리 공영 유
료 노상주차장 혹은 약령시 서문 공영주차장
📞 053-256-3762 🕐 하절기 09:00~18:00, 동절
기 09:00~17:00(명절 당일 휴관)

국채보상운동을 벌인 민족운동가
서상돈 고택

#민족운동 #경제운동 #독립운동가

한국의 재정을 일본에 예속시키려는 차관 공
세에 맞서 국민들은 담뱃값을 아껴가며 범국
민적 국채보상운동을 벌였다. 그 중심에 서상
돈 선생이 있었다. 그는 보부상으로 시작해 대
상인으로 성공한 뒤 대구 광문사의 부사장으
로 재직하면서 국채 1,300만 원의 보상취지서
를 작성하고 발표하며 2,000만 동포에게 애국
을 호소했다. 거부였던 그의 소박한 집이 외려
고아하다.

📍 대구시 중구 서성로 6-1 🅿 계산 오거리 공영 유
료 노상주차장 혹은 약령시 서문 공영주차장
📞 053-256-3762 🕐 하절기 09:00~18:00, 동절
기 09:00~17:30(명절 당일 휴관)

경북 지역 최초의 개신교 교회
대구제일교회 기독교역사관 _{구 제일교회}

#근대문화유산 #작은전시 #골목여행

미국의 존슨 의료 선교사는 1899년 제일교회 예배당 옆
초가집에 '미국약방'을 차려 약을 나누어주고, '제중원'이
라는 간판을 걸고 진료를 시작했다. 1994년까지 100여 년
간 제일교회로 자리를 지키면서 3·1운동을 이끌고 학교를
세운 경북 지역 기독교의 역사를 사진과 자료로 전시했다.

📍 대구시 중구 남성로 23 Ⓟ 불가 📞 053-253-2615
🕐 09:00~18:00

150개가 넘는 한약방의 약전 골목
약령시 한의약박물관

#체험여행 #약령시 #걷기여행

약령시는 조선시대에 한약재를 전문으로 다룬 장을 일컫
는다. 360년 전통의 대구 약령시는 해외로도 약재를 공급
하던 한약재 유통의 거점이었고, 일제 강점기에는 독립운
동 자금과 연락의 거점이기도 했다. 대구 약령시의 유래와
발전 과정을 재미있게 관람하고 족욕 체험도 해보자.

📍 대구시 중구 달구벌대로415길 49 Ⓟ 가능 📞 053-253-4729
🕐 09:00~18:00(월요일 휴관) ₩ 입장료 무료, 한복 체험 무료,
한방 족욕 체험 5,000원, 한방 비누 만들기 3,000원
🏠 www.daegu.go.kr/dgom

1950년대 대구 피난민들의 삶
김원일의 마당 깊은 집

#근대문화유산 #소설의배경 #한옥

《마당 깊은 집》은 전쟁이 막 끝난 1954년에 피난민들
로 가득하던 대구를 묘사한 김원일 작가의 자전적 소설
이다. 소설의 실제 장소는 아니지만 작은 문학 체험 공간
에서 주인공 길남이의 1950년대 대구를 만난다.

📍 대구시 중구 약령길 33-10 Ⓟ 불가 📞 053-426-2250
🕐 09:00~18:00(월요일·1월 1일·명절 당일 휴관)

약령시에 자리한 근대 문화유산 건물
교남 YMCA

#환경체험 #근대유산 #걷기여행

독특한 한약 냄새가 점점 짙어지면 약령시에 가까워졌
다는 뜻이다. 일제 강점기에 대구의 3·1운동을 주도한 교
남 YMCA 건물은 맞은편의 구 제일교회와 똑같이 붉은
색 벽돌 건물 그대로 남아 있다. 최초의 서양 전시회와
최초의 서양식 결혼을 진행한 당시의 모습을 사진으로
볼 수 있어 우리나라 근대의 모습을 짐작케 한다.

📍 대구 중구 남성로 22 Ⓟ 주차 불가 📞 053-255-1914
🕐 평일 11:00~18:00, 주말 13:00~18:00, 브레이크 타임
12:00~13:00(월요일 휴무)

레트로 무드 즐기며 쌍화차 한잔
진 골목과 미도다방

#감성돋는 #골목여행 #시간여행

미도다방
📍 대구시 중구 진골목길 14 🅿 불가
📞 053-252-9999 🕐 09:30~22:00(명
절 당일 휴무) ₩ 쌍화차 5,000원, 약차
4,000원, 냉커피 4,000원, 커피 2,500원

진 골목은 대구의 재력가인 달성 서씨의 집성촌이자 1970년대까지 대구의 부
자들이 살던 100m 남짓한 골목이다. 대구 최초의 2층 양옥인 정소아과의원, 정
치인과 예술인들이 모여들던 미도다방이 있다. 옛 모습 그대로인 다방에서 달
걀노른자를 띄운 쌍화차를 마시며 〈미도다방〉이라는 시를 음미한다. 햇살 같은
정인숙 여사가 40년 넘도록 한결같이 단골을 맞는다.

고즈넉한 한옥에서 맛보는 브런치
맨션5

#브런치맛집 #데이트코스 #한옥카페

동성로의 소문난 브런치 맛집이다. 한옥 대문을 들어서면 잔디마당에 파라솔
이 펼쳐져 있다. 실내에는 창살로 햇살이 떨어지는 자리마다 테이블이 놓였다.
에그베네딕트, 오믈렛, 떡볶이, 샌드위치, 치킨 같은 음식과 베이커리, 여러
종류의 맥주도 있다. 선선한 아침의 브런치를 즐기거나 볕 좋은 날 마당에
서 맥주 한잔하며 담소를 나누어도 좋다.

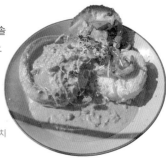

📍 대구시 중구 중앙대로79길 28 🅿 중앙시네마 주차장 📞 053-421-1225 🕐 10:00
~22:00(주문 마감 21:30), 브런치 10:00~15:00, 주말 10:00~18:00 ₩ 스크램블브런치
15,000원, 새우로제파스타 15,000원, 에이드 6,000원 📷 @mansion5_daegu

마음을 읽어주는 노랫길
김광석 다시그리기길

#거리두기스폿 #가수김광석 #벽화거리

서른두 살 젊은 나이에 생을 마감한 가수 김광석은 방천시장 근처에서 어린 시절을 보냈다. 그를 기리기 위해 방천시장 옆 약 350m의 둑길을 벽화 거리로 조성했다. 〈서른 즈음에〉, 〈이등병의 편지〉, 〈사랑했지만〉 같은 노랫말을 연상케 하는 그림마다 추억이 묻어나 가슴이 먹먹해진다. 매년 가을이면 '김광석 노래 부르기 경연대회'가 열려 듣는 이들에게 위로를 전한다.

◎ 대구시 중구 대봉동 6-11 ⓟ 김광석길 공영주차장

청명한 날 만나는 루프톱 카페
에이플레인

#끝내주는뷰 #루프톱카페 #달달한휴식

대구에서 뷰가 가장 좋은 카페라는 자부심을 내건 루프톱 카페. 멀리 계산 대성당의 뾰족한 첨탑이 보이고, 가까이 신천을 따라 차들이 흘러간다. 화이트 톤 인테리어가 깔끔하고 통창이 넓어 실내에서 뷰를 즐기는 기분도 산뜻하다. 복숭아 셔벗과 망고, 탄산이 조화로운 시그니처 메뉴 핑크볼에이드를 시키면 먹는 방법까지 자세히 알려준다.

◎ 대구시 중구 동덕로 36-15 6층 ⓟ 가능
☎ 053-257-5535 ⏰ 12:00~20:00(월요일 휴무)
₩ 아메리카노 4,500원, 카페라테 5,000원
◉ @a.plane_

대구를 대표하는 브루어리
대도양조장

#김광석길 #대구브루어리 #맛있다그램

자체 양조 시설을 갖춰 14종류의 맥주를 탭에서 콸콸 따라준다. 가벼운 라거와 골든 에일부터 풍부한 과일 향의 대도 IPA, 호피한 메가홉스를 취향대로 골라 마신다. 안주로는 맛있게 매운 감바스와 멕시칸 피자, 다양한 종류의 파스타가 있다. 저녁에는 야외에 근사한 조명을 주렁주렁 걸어 분위기가 더 좋아진다. 마음에 드는 맥주를 골라 테이크아웃도 가능하다.

📍 대구시 중구 동덕로 14길 47 ⓟ 가능 📞 0507-1446-2345 🕐 월~목요일 15:00~24:00, 금요일 15:00~01:00, 토요일 13:00~01:00, 일요일 13:00~23:00 ₩ 대도 IPA 8,000원, 감바스 21,000원 📷 @daedo_brewing

싱글 몰트위스키의 향연
소나무

#한옥바 #인스타핫플 #대구여행

한옥 카페나 한옥 펍은 더러 있지만 한옥 바는 신선하다. 그것도 싱글 몰트위스키 전문 바다. 와인과 칵테일, 전통주도 갖췄다. 척 봐도 부잣집이었을 고풍스러운 한옥을 개조해 고급스러운 원목 테이블과 샹들리에로 마감했다. 벽을 가득 채운 술병을 마주하면 황홀해진다. 친절한 바텐더가 손님의 취향에 맞춰 술을 권한다.

📍 대구시 중구 동덕로 56-5 소나무 ⓟ 가능 📞 0507-1345-1341 🕐 18:00~01:00, 금·토요일 18:00~02:00(화요일 휴무) ₩ 싱글몰트위스키 12,000~40,000원, 크래프트칵테일 15,000~20,000원 📷 @bar_sonamu

하얀 벚꽃 흐드러지는 봄날
하동

봄소식을 제일 먼저 알려주던 광양의 불긋한 매화가 지고, 구례의 노란 산수유도 떨어질 즈음 이때다 싶게 벚꽃이 핀다. 맑고 푸른 섬진강변의 연둣빛 녹차밭을 따라 분홍 속살을 드러낸 벚 꽃길을 걷다 보면 두근두근, 봄을 맞은 사슴처럼 가슴이 뛴다. 소설 《토지》의 무대인 최참판댁 을 들러보고 평사리에 오뚝 솟은 부부송을 만나보자. 야생차박물관에서 우리나라의 차 문화에 대해 알아보고 여운이 오래 남는 차도 한잔 마시자.

©김미경

봄바람 휘날리며 벚꽃 잎 흩날리는
하동 십리벚꽃길

남쪽에서 넘어온 봄기운을 받은 벚나무가 봄을 알리는 폭죽을 터뜨린다. 하동의 송림에서 남도대교를 지나 섬진교까지 이어지는 약 40km 길이 '섬진강 100리 테마로드'로 거듭났다. 1930년대부터 심어온 벚나무와 복숭아나무가 섬진강을 굽어보며 화려한 꽃을 피운다. 꽃터널 중에서도 가장 아름다운 구간을 꼽으라면 화개장터에서 쌍계사까지 이르는 약 6km의 하동 십리벚꽃길이다. 사랑하는 남녀가 십리벚꽃길을 함께 걸으면 부부로 맺어진다 하여 혼례길이라고도 부른다. 이렇게 아름다운 꽃길을 걸으면 누군들 사랑에 빠지지 않을까. 꽃비를 맞으며 〈벚꽃 엔딩〉을 흥얼거린다.

📍 경남 하동군 화개면 화개로 142
🅿 화개장터 주차장
📞 055-880-2380

TIP 전라도와 경상도를 가로지르는 화개장터

화개장터는 대중가요 덕분에 전국에서 가장 유명해진 5일장이다. 평소에는 예전의 북적임을 찾아보기 어렵지만 벚꽃 철이면 각종 농산물과 향기로운 봄나물, 섬진강의 은어회와 재첩국을 파는 좌판이 늘어선다. 꽃 축제가 열리면 도로가 주차장이 되니 부디 새벽에 출발하시길.

©김미경

쌍계사

꽃다운 문화재가 가득

#꽃놀이 #사찰여행 #신라사찰

지리산 자락에서 내려오는 두 갈래의 물이 매표소 앞 다리 아래에서 만나 흘러간다. 신라 성덕왕 때 지은 쌍계사는 2층 누각인 팔영루, 국보 진감 선사 탑비, 탑돌이를 하는 9층 석탑, 불상이 아닌 석탑을 품은 금당, 대웅전과 팔상전의 불화, 흙 담장에 기와로 새긴 꽃무늬 등 다채로운 문화재를 품었다. 벚꽃보다 아름다운 사찰이라더니, 그만큼 보기에 흐뭇하다.

📍 경남 하동군 화개면 운수리 207 🅿 가능 📞 055-883-1901 🕐 08:00~17:30
🚾 무료 🏠 www.ssanggyesa.net

최참판댁 드라마 세트장

대하소설《토지》의 배경

#토지촬영지 #사진여행 #문학여행

동학혁명부터 근대사까지 아우르는 박경리의 대하소설《토지》는 하동 악양면의 평사리가 배경이다. 하동의 최참판댁은 실제 있었던 집이 아니라 드라마 세트장이다. 소설 속의 만석꾼 지주 최참판 댁과 용이네, 칠성이네 같은 등장인물의 초가집까지 세심하게 구현했다. 박경리 문학관과 평사리 문학관에서 작가의 삶을 엿본다. 가을에는 이곳에서 토지문학제가 열린다.

📍 경남 하동군 악양면 평사리길 66-7 🅿 가능 📞 055-880-2960
🕐 09:00~18:00 🚾 성인 2,000원, 청소년·군인 1,500원, 어린이 1,000원

악양 벌판의 서희와 길상이 나무

부부송

#평사리 #전망대 #사진여행

평사리를 품은 하동의 풍경이 얼마나 아름다웠으면,
중국의 신선경으로 손꼽히는 악양과 닮았다며 '악
양면'이라 불렀다. 중국의 지명을 따오는 김에 아예
평사리 강변 모래밭을 금당이라 하고 모래밭 안에
있는 호수를 동정호라고 했다. 한산사 전망대에 올
라 내려다보면 부부송이 사이좋은 부부처럼 반긴다.

한산사 전망대
📍 경남 하동군 악양면 평사리 825 🅿 가능
부부송 📍 경남 하동군 악양면 평사리 293-2 🅿 불가

왕이 마시던 하동의 차

야생차박물관

#다례공부 #차한잔 #하동여행

일교차가 심해 차나무가 자라기 좋은 하동은 통일신
라의 사신 김대렴이 당나라에서 가져온 차를 재배하
던 우리 차의 시배지이기도 하다. 야생 차밭 곁에 자
리한 박물관에서 시대별 차 문화와 각종 다구를 살
펴보고, 3층에서 전문 다기 세트를 이용해 우리의
다례를 배우며 깊은 차향을 음미하자.

TIP 다례 체험하며 차 한잔

큰 솥에 찻잎을 넣고 직접 덖는 덖음 체
험, 매년 5~8월 사이에 찻잎을 따는 찻
잎 따기 체험, 11~4월 사이에 솥에 찐
찻잎으로 차포를 만드는 돈차 체험은
미리 전화로 예약해야 한다.

📍 경남 하동군 화개면 쌍계로 571-25 🅿 가능 📞 055-
880-2956 🕐 3~10월 09:00~18:00, 11~2월 09:00~
17:00(월요일·1월 1일·명절 휴관) ₩ 입장료 무료, 다례 체
험 5,000원 🏠 www.hadongteamuseum.org

섬진강에서 캐낸 감칠맛

재첩정식

#작은조개 #재첩국 #하동의맛

재첩은 민물에 사는 까맣고 작은 새조개다. 섬진강
맑은 물에서 자란 재첩은 봄이면 살이 올라 더욱 시
원한 국물 맛을 낸다. 재첩무침, 재첩전, 재첩국으로
차린 정식 한 그릇 먹어보자.

금양가든
📍 경남 하동군 하동읍 섬진강대로 1877 🅿 가능 📞 055-
884-1580 🕐 08:00~20:00 ₩ 모둠 정식 18,000원, 재첩국
10,000원, 재첩회덮밥 13,000원

가슴이 뻥 뚫리는 풍경이란 이런 것
남해

한산도에서 여수까지를 일컫는 한려수도의 아름다움을 뽐내기로는 서쪽에 여수를 두고 동쪽에
통영을 둔 남해가 제격. 바다 위로 솟아오른 섬과 섬이 이어져 다채로운 수평선을 그려내는 남해
로 가자. 금산에 올라 남해의 빼어난 경치를 눈에 담고, 짭조름한 멸치쌈밥과 독일마을의 맥주
로 남해를 맛본다.

남해를 굽어보는 비단산 자락

남해 금산 보리암

신라의 원효 대사는 이곳에서 관세음보살을 만나 보
광사를 지었다. 태조 이성계는 여기서 백일기도를 마
친 후 조선 왕조를 세우고 산 이름을 금산이라 칭했다.
현종은 왕실을 열어준 이곳에 보리암이라는 이름을
붙였다. 아름다운 상주 은모래 해변을 내려다보며 보
리암에 오른다. 웅장한 대장봉, 금산 38경을 내려다보
는 망대, 인도에서 제작돼 용왕의 호위를 받으며 이곳
에 왔다는 관세음보살상, 부처님의 진신사리가 묻혔다
는 3층 석탑이 비단을 두른 듯 산에 둘러싸였다. 나라
를 세우겠다는 소원도 들어준 곳인데, 바다를 내려다
보며 여행이 무탈하기를 빈다. 해수관음상이 다정한
얼굴로 굽어본다.

📍 경남 남해군 상주면 보리암로 665 🅿 경차 2,000원, 중
소형차 4,000원, 대형차 6,000원/ 주말 및 성수기 중소형차
5,000원, 대형차 7,500원 📞 055-862-6115 ₩ 성인 1,000
원 🏠 www.boriam.or.kr

신선놀음하며 먹는 컵라면
금산산장

#거리두기스폿 #뷰맛집 #마당이한려수도

금산에서 남해를 내려다보는 기암절벽 위에 금산산장이 있다. 보리암에서 20분 정도 더 걸어 올라간다. 한때는 산신령과 함께 마시는 막걸리가 일품이라고 소문난 곳이었지만 이제는 주류를 판매하지 않는다. 햇빛 쨍한 날 바다를 내려다보아도 아름답고, 발밑에 구름이 깔린 흐린 날도 멋스럽다. 할머니가 부쳐주시는 부침개에 뜨끈한 컵라면 국물을 곁들이면 이게 바로 신선놀음.

📍 경남 남해군 상주면 보리암로 691 🅿 가능 📞 055-862-6060 🕐 07:00~18:00, 동절기 07:00~17:00 ₩ 해물파전 10,000원, 메밀김치전병 10,000원, 컵라면 3,000원, 사이다 2,000원 📷 @geumsansanjang

남해의 별미 죽방멸치
멸치쌈밥

#멸치도생선 #멸치요리 #남해맛집

멸치가 많이 나는 남해에서는 새참으로 멸치찌개와 막걸리를 즐겼다고 한다. 죽방렴으로 잡은 통멸치를 넣고 칼칼하게 양념한 멸치찌개를 자작하게 조려 쌈에 싸 먹는다. 멸치쌈밥은 호불호가 갈리지만 새콤달콤하게 무쳐 먹는 멸치회무침은 고소해서 누구나 맛있게 먹는다. 대부분의 멸치쌈밥집에서 멸치회와 멸치쌈밥, 멸치튀김 등을 세트 메뉴로 판다.

남해향촌
📍 경남 남해군 삼동면 동부대로 1278
🅿 가능 📞 055-867-7791
🕐 09:00~21:00 ₩ 멸치쌈밥 세트 2인분 34,000원, 향촌스페셜 세트 2인분 40,000원, 멸치쌈밥 12,000원

풍운정
📍 경남 남해군 삼동면 동부대로 1587
🅿 가능 📞 055-867-0204
🕐 08:00~20:00 ₩ 풍운정생선 세트 2인분 50,000원, 풍운정멸치 세트 2인분 34,000원, 멸치쌈밥 13,000원

한국 속의 작은 독일
남해 독일마을

#독일광장 #맥주거리 #남해여행

1960년대에 독일로 떠나 우리나라의 경제 발전에 기여한 광부와 간호사들이 귀국해 정착한 마을이다. 남해파독전시관에서 그들의 애환을 엿보고 독일식 포장마차 '도이처 임비스'에서 독일식 맥주와 소시지를 맛본다. 푸른 바다가 내려다보이는 언덕 위 빨간 지붕 집 40여 곳이 펜션이니 맥주 실컷 마시고 하룻밤을 보내도 좋다. 매년 10월 초에 이곳에서도 독일의 맥주 축제인 옥토버페스트가 열린다.

📍 경남 남해군 삼동면 물건리 1074-2　🅿 가능　🏠 남해독일마을.com

독일식 소시지와 수제 맥주
완벽한인생

#수제맥주 #안주맛집 #남해맛집

완벽한 인생이 있느냐고 물으면 남해에 있다고 대답해야지. 까무잡잡한 광부의 인상을 담아낸 스타우트 '광부의 노래', 홉 향이 매력적인 '은하수' 수제 맥주에 독일식 양배추김치 사우어크라우트와 남해 시금치를 넣은 소시지, 남해 특산물인 흑마늘 진액과 오징어 먹물로 반죽한 석탄치킨을 곁들인다. 식사는 실내에서만, 탁 트인 전망의 테라스에선 음료와 사진만 가능.

📍 경남 남해군 삼동면 독일로 30　🅿 가능　📞 055-867-0108　🕐 10:00~21:00
🅦 광부의노래 6,800원, 은하수 6,800원, 하우스소시지 25,000원
📷 @perfectlife.official

CITY
35

예술적 감각이 살아나는 도시
통영

박경리는 소설 《김약국의 딸들》에서 통영을 "조선의 나폴리"라 묘사했다. 여전히 "동양의 나폴리"로 불리는 통영은 여러모로 매력적이다. 바다 냄새를 몰고 온 고깃배가 항구를 드나들고, 북적이는 시장통이 펼쳐진다. 통영에서 나고 자란 문화 예술인들의 흔적이 거리마다 남아 있다. 하루에 다섯 끼로도 모자랄 만큼 먹거리가 풍부해 여행이 더욱 행복해진다.

아름다운 풍경이 꽃피운 예술적 감성

통영만큼 예술인을 많이 배출한 고장이 또 있을까. 예향이라는 명성에 걸맞게 시내 곳곳에 청마 유치환 거리,
초정 김상옥 거리, 작곡가 윤이상 거리가 있고, 김춘수 유품전시관, 백석 시비가 골목 여행자들의 마음을 사로잡는다.
박경리기념관, 청마문학관, 전혁림미술관 등 걸출한 예술가들의 자취를 돌아보기에도 하루가 짧다.

한국 현대문학의 거장

박경리기념관

#토지 #문학여행 #통영의문인

전쟁 통에 남편과 아들을 잃고 고통 속에서 글을 썼던 힘, 26년 동안 한 작품을 꾸준히 집필했던 힘은 어디에서 나왔을까. 소설가 박경리는 고향인 통영을 일러 "내 문학의 지주요, 원천"이라고 했다. 어쩌면 통영에는 그런 원초적인 힘이 숨겨져 있는지도 모른다. 기념관에는 작가의 연보와 사진이 정리되어 있고, 벽에는 시가 걸렸다. 《토지》의 친필 원고, 직접 바느질한 누비저고리, 작가의 생가가 위치한 통영의 옛 모습, 영화 〈김약국의 딸들〉 포스터가 있고, 재봉틀과 두꺼운 사전, 돋보기를 두어 원주에 머물던 작가의 서재를 재현했다. 시비와 동상을 지나 10분 정도 걸으면 작가의 묘소가 나온다. 개인의 불행과 시대의 아픔을 모두 작품으로 녹여낸 거장이 먼 바다를 내려다본다.

📍 경남 통영시 산양읍 산양중앙로 173　🅿 가능　📞 055-650-2541
🕐 09:00~18:00(월요일·법정 공휴일 다음 날 휴관)
🏠 www.tongyeong.go.kr/pkn.web

통영은 언제나 봄날
봄날의 책방

#책방여행 #서점그램 #출판사그램

출판사 남해의봄날에서 운영하는 봄날의 책방 덕분에 통영 여행이 풍요로워진다. 북스테이 봄날의 집에서 시작한 책방은 작가의 방, 예술가의 방, 책 읽는 부엌 같은 센스 있는 공간을 만들어 통영의 장인들과 젊은 예술가들의 작품으로 채웠다. 봄날의 책방에서만 만날 수 있는 책과 굿즈가 다양하다. 서점의 마일리지를 모아 2층의 다락방에 머물 수 있다.

📍 경남 통영시 봉수 1길 6-1 🅿 가능
📞 070-7795-0531 🕐 10:30~18:30(월·화요일 휴무)
🏠 www.bomnalbooks.com

통영의 바다를 닮은 화가
전혁림미술관

#코발트블루 #바다의화가 #미술여행

'바다의 화가'이자 '색채의 마술사'로 알려진 전혁림 화백의 그림에는 짙푸른 통영의 바다를 닮은 푸르스름한 색조가 넘실거린다. 화백이 살던 집을 허물고 외벽에 7,500개의 타일을 붙여 미술관을 지었다. 1층과 2층에는 전혁림 화백의 작품 80점과 유품 50여 점을 상설 전시한다. 외부 계단을 지나 3층으로 오르면 아들인 전영근 화백의 그림과 도자기를 감상할 수 있다.

📍 경남 통영시 봉수 1길 10 🅿 가능 📞 055-645-7349
🕐 10:00~17:00(월·화요일 휴무)

독일에서 활동한 현대음악가

윤이상기념공원과 윤이상기념관

#세계적작곡가 #현대음악 #음악여행

우리나라보다 유럽에서 훨씬 유명한 작곡가 윤이
상은 통영이 낳은 세계적인 예술가다. 베를린음악
대학의 교수를 역임하고, 오페라 〈심청〉을 작곡하
며 동양사상을 담은 서양음악으로 음악사에 남았
다. 매년 3월에는 통영국제음악제, 매년 10월에는
윤이상국제음악콩쿠르를 열며 그를 기념한다. 깔
끔한 전시실, 모던한 야외 공연장과 호수정원까지
아름답다.

📍 경남 통영시 중앙로 27 🅿 가능 📞 055-644-1210
🕐 윤이상기념관 09:00~18:00(월요일 휴무)

사랑했으므로 행복하였네라

청마문학관

#청마유치환 #우체통 #문학여행

통영시에는 청마문학관, 거제시에는 청마기념관,
부산에는 유치환우체통을 마련해 청마 유치환의
시를 기린다. 통영의 청마문학관에는 평생 12권의
시집을 낸 그의 육필 원고를 포함해 100여 점의
유품과 문헌 자료 350여 점을 전시한다. 〈깃발〉,
〈행복〉, 〈생명의 서〉, 〈광야에 와서〉 같은 작품이
그의 생애와 함께 전개된다. 문학관 위쪽으로 초
가를 얹어 복원한 생가가 있다.

★ 2024년 1월 현재 전시실 공사로 임시 휴관 중.
  개관일은 홈페이지 참고

📍 경남 통영시 망일1길 82 🅿 가능 📞 055-650-2660
🕐 하절기 09:00~18:00, 동절기 09:00~17:00(월요일
휴무) ₩ 성인 1,500원, 어린이 1,000원
🏠 www.tongyeong.go.kr/literature.web

골목 구석구석이 알록달록
동피랑 벽화마을

#거리두기스폿 #원조벽화마을 #사진여행

동피랑은 '동쪽'과 비탈의 사투리인 '비랑'이 합쳐진 말이다. 마을이 그만큼 가파른 비탈에 서 있다는 뜻. 2007년 이곳은 이순신 장군이 설치한 통제영의 동포루를 복원하고 공원을 조성할 계획으로 철거될 위기였다. 그러나 통영의 시민단체가 마을 벽화 그리기 공모전을 열었고, 예쁜 벽화를 보려는 사람들이 몰리면서 통영시는 동포루 주위의 집 세 채만 철거해 동포루를 복원했다. 2년에 한 번씩 벽화를 새로 그려 언제나 화사하다.

📍 경남 통영시 동피랑 1길 6-18　ⓟ 태평 공영주차장

동피랑 벽화마을에서 바라본 강구안

아름다운 통영항과 한려수도
통영 케이블카

#바다뷰 #미륵산정상 #힐링여행

통영은 원래 '충무'라고 불리던 육지와 2개의 다리로 연결된 미륵도, 그리도 150여 개의 섬으로 이뤄졌다. 미륵산에 오르면 통영항과 한려수도의 다도해 조망이 한눈에 보이기로 유명했다. 고려 말부터 봉수대를 세웠던 미륵산에서는 한산대첩도 볼 수 있었을 것이다. 케이블카를 타면 10분 만에 미륵산 전망대에 도착한다. 한쪽으로는 아기자기한 강구안과 통영항이 내려다보이고 한산도 너머 거제도, 홍도와 매물도까지 한려수도의 아름다움을 뽐낸다. 전망대에서 미륵산 정상까지는 400m 정도. 사방의 경치를 감상하며 걷다 보면 힘든 줄 모르고 오르게 된다. 청명한 날은 일본의 대마도까지 보일 정도로 탁월한 전망을 자랑한다.

📍 경남 통영시 발개로 205　ⓟ 가능　📞 1544-3303　🕐 평일 10:00~17:00, 주말 09:30~17:30(월요일 격주 휴무, 홈페이지 참조)　₩ 성인·청소년 왕복 17,000원, 어린이 왕복 13,000원
🏠 cablecar.ttdc.kr

최초 삼도수군통제영

한산도 이충무공 유적

#한산도대첩 #제승당 #섬여행

소설가 박경리는 "통영에서 예술가가 많이 난 것은 이순신에서부터 출발한다"라고 했다. 이순신은 덕장이며 예술가였다. 이순신 장군이 머물던 집무실인 제승당까지 가는 한산만의 전경이 수려하다. 수루에 올라 바다를 내려다보며 충무공이 읊던 시를 음미하고, 충무공의 영정을 모신 충무사에서 그의 정신을 기려보자. 활터인 한산정이 공활하다.

통영항 여객선 터미널

📍 경남 통영시 통영해안로 234 🅿 가능 📞 1666-0960 🕐 통영 출발 1일 8회 07:15~20:00, 제승당 출발 1일 8회 06:30~20:30 ₩ 성인 11,000원, 청소년 9,900원, 어린이 5,500원, 경로 8,800원, 제승당 입장료 성인 1,000원 🏠 한산도 여객선 예약 센터 www.hansandoferry.com

평화로운 바다를 산책하는

이순신공원

#거리두기스폿 #사진여행 #바닷가공원

이순신공원은 한산대첩의 승리를 기념한다. 한산대첩은 충무공이 이끄는 조선 수군이 학익진을 펼쳐 일본 수군을 대파하고 남해의 해상권을 장악한 전투다. 이순신 장군의 동상이 당시를 회상하듯 바다를 내려다보며 늠름하게 서 있다. 해안 산책로를 따라 바다까지 이어진 길은 통영에서 놓치면 아쉬운 절경이다. 이순신 장군이 지켜낸 아름다운 바다가 뭉클함을 선사한다.

📍 경남 통영시 멘데해안길 181 🅿 가능 📞 055-650-1410

THEME 02

통영, 어디까지 먹어봤니?

통영은 새벽부터 분주하다. 한 걸음 앞에서 고깃배가 오가고, 또 한 걸음 앞에서 시장 상인들이 오간다.
매일 새로 잡아오는 싱싱한 해산물로 회도 썰고, 탕도 끓이니 얼마나 맛있을까
해물짬뽕, 멍게비빔밥, 충무김밥에 다찌까지 해산물을 좋아하는 사람이라면 누구나 통영을 사랑하게 된다.

통영 여행은 이 맛이지!

통영 활어시장

#어시장 #싱싱한제철회 #통영맛집

청정한 통영 앞바다에서 새벽부터 잡아
올린 신선한 물고기들이 빨간 대야에서
펄떡인다. 한 바구니에 2~3마리의 튼실
한 물고기가 종류별로 담겼고, 서너 명이
충분히 먹을 만큼 신선한 회를 30,000~
40,000원이면 구입할 수 있다. 통영굴,
산낙지, 뿔소라, 멍게, 전복, 해삼 같은
갖가지 해산물이 수북하게 쌓여 유혹한
다. 해가 질 무렵이면 자리를 정리하는
아지매들이 푸짐하게 덤을 안기는 어시
장의 매력! 시장 안쪽으로는 젓갈과 건
어물을 파는 가게들이 늘어섰고, 어시장
을 둘러싼 횟집에서는 상차림 비용을 받
고 매운탕을 끓여준다. 회나 해산물은
바로 손질해 포장해주니 숙소에서 편히
먹어도 좋다. 통영 활어시장만으로도 통
영을 다시 찾을 이유는 충분하다.

📍 경남 통영시 태평동 437-5 🅿 중앙전통시
장 공영주차장

©김미경

가난한 시절의 따끈한 추억
서호시장의 우짜와 빼떼기죽

#시장구경 #우동짜장 #고구마죽

말린 고구마에 잡곡을 더해 끓인 것이 빼떼기죽이다. 주린
배를 채우던 달큼한 맛이다. 우짜는 우동 국물에 짜장 양념
을 얹었다. '짜장이냐 짬뽕이냐'가 아니라 '짜장이냐 우동이
냐'를 고민한 결과다. 고춧가루에 단무지까지 얹은 우짜의 맛
은 비벼 먹어봐야 묘한 맛을 안다. 50년 전통의 할매우짜에
서는 가난했던 시절에 즐겨 먹은 2가지 음식을 모두 판다.

할매우짜 ♥ 경남 통영시 새터길 42-7 ℗ 서호복개천 공영주차장
☎ 055-644-9867 ⏰ 08:00~18:00(화요일 휴무) ₩ 우짜 5,000
원, 빼떼기죽 6,000원

은은한 바다의 향을 머금은
멍게비빔밥

#통영멍게 #해산물 #바다의맛

신선한 해산물로 차려낸 밑반찬이 푸짐하다. 비빔밥을 시키면 계절에 맞는 생선
구이, 신선한 해산물 몇 종류, 회무침이 나온다. 어디서 왔느냐고 묻는 주인에게
선선히 대답하고 나면 달걀말이 위에 케첩으로 지역명을 써준다. 김과 날치알
만 넣어 멍게의 맛을 살린 비빔밥을 쓱쓱 비벼 먹으면 은은한 바다의 향이 입에
감돈다. 은근히 양도 많아 만족스럽다.

장방식당
♥ 경남 통영시 서송정 3길 4 ℗ 가능
☎ 055-641-4753 ⏰ 08:00~19:00
₩ 멍게비빔밥 13,000원, 성게비빔밥
17,000원

통영을 여럿이 즐기는 방법
다찌

#푸짐한횟집 #주인맘대로 #통영다찌

다찌는 통영의 독특한 횟집 문화다. 단골 뱃사람들이 인원수대로 술을 시키면 주인은 그날의 가장 신선한 해산물에 막회를 썰어주곤 했다. 술을 더 시키면 다른 안주를 추가로 내주었다. 최근 통영의 다찌는 상차림이 거해지면서 일반 횟집과 비슷해졌다. 물보라다찌와 대추나무가 그나마 옛 모습으로 남아 있고, 울산다찌, 벅수다찌는 현대적인 모습으로 단장했다.

대추나무 ♀ 경남 통영시 항남 1길 15-7 ℗불가 ☎ 055-641-3877 ⏰ 화~일요일 18:00~24:00, 월요일 17:00~24:00(비정기 휴무) ₩ 2인 기본 80,000원, 소주 5,000원

울산다찌 ♀ 경남 통영시 미수해안로 157 ℗가능 ☎ 0507-1401-1350 ⏰ 12:00~22:00 ₩ 다찌 기본상 90,000원, 큰상 120,000원

해물짬뽕 역시 통영
서호짬뽕

#짬뽕맛집 #중국집 #통영맛집

통영 앞바다에서 잡은 해산물로 짬뽕을 끓여주는데 맛이 없을 수 있겠나. 어느 집에 들어가도 웬만하면 실패하지 않는다. 서호짬뽕에는 전복과 가리비, 오징어를 넣어 감칠맛 나는 다양한 크기의 짬뽕이 있다. 짬뽕이 제일 유명하지만 알고 보면 탕수육 맛집.

♀ 경남 통영시 새터길 74-3 ℗ 서호복개천 공영주차장 ☎ 0507-1320-6348 ⏰ 10:00~20:30 ₩ 명품짬뽕 13,000원, 왕짬뽕 2인 29,000원, 탕수육(소) 14,000원

밥 따로 속 따로 김밥
충무김밥

#김밥맛집 #섞박지 #꼬마김밥

뚱보할매김밥과 달인충무김밥이 유명하다. 옛날충무꼬지김밥에서는 오징어 외에 주꾸미, 홍합, 어묵 등도 나온다.

뚱보할매김밥 ♀ 경남 통영시 통영해안로 325 ℗ 중앙전통시장 공영주차장 ☎ 055-645-2619 ⏰ 06:00~22:00 ₩ 1인분 6,000원(포장 2인분부터 가능)

옛날충무꼬지김밥 ♀ 경남 통영시 새터길 53 ℗ 서호동 공영주차장 ☎ 055-641-8266 ⏰ 09:00~21:00(월요일 휴무) ₩ 옛날충무꼬지김밥 6,000원

환상적인 거제도 드라이브
거제

우리나라에서 제주도 다음으로 큰 섬 거제도에는 몽돌을 어루만진 바람이 분다. 외도와 내도, 해금강, 바람의 언덕과 신선대, 동백섬 지심도가 거제 해안의 비경을 품고 있다. 바닷바람에 실려 오는 봄내음 따라 동백꽃이 몽글몽글 피어나기 시작하는 거제도와 지심도로 떠나보자. 바람의 언덕, 매미성뿐만 아니라 신선대, 해금강을 따라 이어지는 해안도로가 아름다워 드라이브하기 딱 좋다.